Ordem e forma em biossistemas

CB123259

FUNDAÇÃO UNIVERSIDADE DE BRASÍLIA

Reitor
José Geraldo de Sousa Junior

Vice-Reitor
João Batista de Sousa

EDITORA UnB

EDITORA UNIVERSIDADE DE BRASÍLIA

Diretor
Norberto Abreu e Silva Neto

Conselho Editorial
Denise Imbroisi
José Carlos Córdova Coutinho
José Otávio Nogueira Guimarães
Lúcia Mercês de Avelar
Luís Eduardo de Lacerda Abreu
Maria José Moreira Serra da Silva
Norberto Abreu e Silva Neto – *Presidente*

CÓPIA NÃO AUTORIZADA É CRIME
ABDR
ASSOCIAÇÃO BRASILEIRA DE DIREITOS REPROGRÁFICOS
RESPEITE O DIREITO AUTORAL

Manuel Mateus Ventura

Ordem e forma em biossistemas

Base física

Editora UnB

Equipe editorial
Dival Porto Lomba • Supervisão editorial
Rejane de Meneses • Coordenação editorial
Sonja Cavalcanti • Acompanhamento editorial
Jupira Correa • Preparação de originais
Danúzia Maria Queiroz Cruz Gama • Revisão
Raimunda Dias • Diagramação
Ivanise Oliveira de Brito • Capa
Elmano Rodrigues Pinheiro e Luiz Antonio R. Ribeiro • Supervisão gráfica

Copyright © 2005 *by* Manuel Mateus Ventura

Direitos exclusivos para esta edição:
Editora Universidade de Brasília
SCS Q. 2 – Bloco C – nº 78
Ed. OK – 1º andar
70302-907 – Brasília-DF
Tel.: (61) 3035-4200
Fax: (61) 3225-5611
www.editora.unb.br
e-mail: contato@editora.unb.br

Todos os direitos reservados. Nenhuma parte desta publicação poderá ser armazenada ou reproduzida por qualquer meio sem a autorização por escrito da Editora.

Impresso no Brasil

Ficha catalográfica elaborada pela
Biblioteca Central da Universidade de Brasília

V468 Ventura, Manuel Mateus.
Ordem e forma em biossistemas : base física / Manuel Mateus Ventura. – Brasília : Editora Universidade de Brasília, 2008.
284 p. ; 23 cm

ISBN: 978-85-230-0898-7

1. Auto-organização. 2. Organização biológica. 3. Biossistemas. 4. Morfogênese. 5. Estrutura dissipativa. 6. Reação-difusão. 7. Interações intermoleculares. 8. Complexos biomacromoleculares. 9. Termodinâmica. I. Título.

CDU 57

Para Aglaêda e nossos filhos. Ela e eles são o que de melhor tenho na vida.

Sumário

PARTE II

ORDEM E FORMA

CAPÍTULO 5

CAPÍTULO 6

Apêndices

Prefácio

Este livro resultou da atualização e da expansão do seminário sobre "Ordem em biossistemas – base física", realizado no Departamento de Biologia Celular (CEL), Universidade de Brasília (UnB), em abril de 2001, com inclusão e adaptação do curso de termodinâmica do equilíbrio que era dado no Programa de Pós-Graduação em Biologia Molecular daquele departamento.

O seminário destinou-se, principalmente, aos estudantes de pós-graduação em biologia molecular e aos estudantes de graduação das áreas de biologia e química que apresentassem interesse sobre o tema e alguma familiaridade com os fundamentos matemáticos e físicos necessários ao acompanhamento das exposições.

A contribuição da termodinâmica e da teoria de sistemas dinâmicos ao esforço no sentido de ter uma visão mais penetrante da auto-organização (ordem espontânea) e da morfogênese (formação de padrões de ordem espacial e temporal) em sistemas biológicos é particularmente focalizada.

Para isso, foram enfatizadas as contribuições da termodinâmica dos processos irreversíveis em sistemas abertos, perto (domínio linear) ou fortemente afastados do equilíbrio, seguindo o pensamento da escola belga de termodinâmica de Ilya Prigogine e colaboradores.

O seminário, cuja expansão resultou no presente trabalho, fez parte de uma série de palestras, conferências, aulas e seminários programados, principalmente, por iniciativa do grupo de docentes e pesquisadores do Laboratório de Biofísica (CEL), visando a informar estudantes, professores e pesquisadores sobre as questões importantes da biologia contemporânea, a qual se caracteriza por forte interdisciplinaridade.

Esses encontros pretendiam, talvez um tanto utopicamente, constituir-se em um amplo núcleo que viesse a funcionar como um fórum de discussão dos aspectos mais relevantes da biologia de hoje. Tinha-se em vista uma aproximação científica entre os vários setores do Instituto de Biologia, procurando-se vencer as barreiras que ainda afastam biólogos conservadores dos novos biólogos e dos químicos e físicos com interesse em questões biológicas. Em uma avaliação otimista, algo tem sido conseguido nesse sentido.

A nova biologia está a exigir uma maneira diferente de pensar, principalmente quanto a questões fundamentais referentes ao surgimento e manutenção da organização de seus sistemas: células, organismos, populações e ecossistemas.

A questão de como educar as novas gerações de biologistas moleculares, ao levar-se em conta a forte interdisciplinaridade deste domínio de conhecimento, é referida e focalizada por Bruce Alberts, presidente da "National Academy of Sciences – USA" e autor principal do compêndio "Molecular Biology of THE CELL", em "The Cell as a Collection of Protein Molecules: Preparing the Next Generation of Molecular Biologists, *Cell* 92(3), p. 291-294 (1998).

Sem que, em qualquer momento, seja ignorado o contexto biológico, têm de ser usadas abordagens que usem procedimentos qualitativos, relacionais, além dos quantitativos, deterministas, estocásticos e fisico-químicos, ao lado das considerações topológicas e métricas.

Os biólogos, sem que sejam matemáticos ou físicos, progressivamente se capacitam e se habituam a usar recursos matemáticos e de física quando deles necessitam.

Quero chamar a atenção para o fato deste trabalho não refletir qualquer posição de reducionismo extremado, de redução da biologia às ciências físicas. Longe disso, ele apenas se propõe a contribuir para que jovens biólogos penetrem, como já dissemos, nas interfaces da biologia com as ciências chamadas moleculares, a fim de que consigam uma compreensão mais profunda daquele que, sem dúvida, é um dos maiores problemas de toda a biologia – a organização dos sistemas vivos. Ressalte-se que muitas conclusões a esse respeito ainda permanecem como tentativas e muito ainda não tem sido entendido nesse domínio.

O livro é dividido em duas partes. A primeira é devotada à apresentação de idéias básicas sobre termodinâmica clássica ou do equilíbrio e de termodinâmica do não equilíbrio, linear e não-linear, assim como informação a respeito dos sistemas dinâmicos, compreendendo dois capítulos.

Os Capítulos 1 e 2, **Fundamentos termodinâmicos** e **Sistemas dinâmicos**, respectivamente, visam a dar esse embasamento, na medida do possível, para facilitar a compreensão da segunda parte. Termodinâmica e teoria de sistemas dinâmicos são ingredientes indispensáveis para o esforço dirigido ao entendimento da organização e funcionamento dos sistemas vivos. Completa esta parte o Capítulo 3: **Ordem no caos, no equilíbrio e no não-equilíbrio.**

A Parte II, **Ordem e forma**, é composta dos seguintes capítulos: Capítulo 4: **Auto-organização**; Capítulo 5: **Interações intermoleculares**; e Capítulo 6: **Automontagem de agregados biomacromoleculares** os quais têm em vista a apresentação e a compreensão sobre o surgimento e a manutenção da ordem em sistemas ou modelos físicos e químicos, como auxílio à compreensão dessas mesmas questões nos sistemas biológicos, muito mais complexos.

Apesar de sua alta relevância, o que se introduziu de mecânica estatística foi muito pouco. Aconselha-se ao leitor interessado expandir seu conhecimento sobre tal domínio, a fim de melhor se capacitar a entender vários aspectos da biologia teórica.

Dependendo do conhecimento básico do leitor, a leitura sistemática dos dois primeiros capítulos será, ou não, necessária. Ela pode ser limitada à consulta eventual de tópicos, a critério do leitor.

Os Apêndices I e II procuram oferecer, com um pouco de detalhe, o conhecimento relativo a alguns tópicos matemáticos e de eletrostática, respectivamente, que, geralmente, não fazem parte do embasamento matemático e físico do estudante de biologia, como é o caso dos operadores diferenciais em análise vetorial. Entretanto, não houve preocupação com exercícios e demonstrações de proposições. Isto é deixado para a consulta da bibliografia indicada.

A finalidade deste volume é servir como auxiliar para aqueles que desejam aprender o básico referente ao seu tema principal e equipá-los para leituras e contribuições mais avançadas.

Aproveito a oportunidade para agradecer a todos que, de alguma forma, contribuíram para a feitura intelectual e material do trabalho, especialmente os estudantes que, com suas dúvidas, sugestões, opiniões e não tendenciado espírito crítico, foram agentes estimulantes e provocativos para essa tarefa.

Contudo, o autor é totalmente responsável por quaisquer erros que o trabalho apresente.

Manuel Mateus Ventura

Parte I
Base física

Capítulo 1
Fundamentos termodinâmicos

1.1 Sistemas termodinâmicos

Sistema termodinâmico: qualquer porção do universo físico tomada como objeto de nossas considerações de ordem termodinâmica.

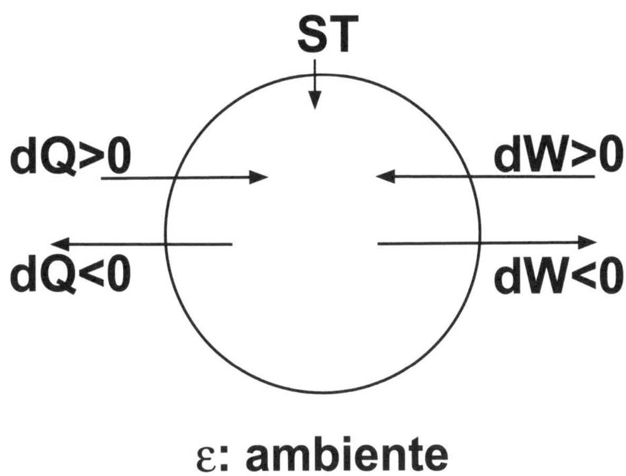

Figura 1.1 – **Sistema termodinâmico**

O sistema é delimitado, fisicamente ou não, por sua *fronteira*. O restante, com exclusão do sistema, é definido como o *ambiente*, que é denotado por ε. Freqüentemente, ε é tomado em sentido mais restrito, como, por exemplo, um termostato que esteja sendo usado em um arranjo experimental para o estudo cinético de uma reação química.

Além de suas interações internas, um sistema interage com seu ambiente, com o qual pode manter trocas de matéria e energia.

De acordo com a possibilidade dessas trocas, um ST pode ser definido como *isolado*, *fechado* ou *aberto*, como veremos a seguir:

- aberto: pode trocar matéria e energia com ε;
- fechado: não troca matéria, troca apenas energia com ε;
- isolado: não pode trocar matéria e/ou energia com ε, isto é, *não interage com o ambiente*; é uma *idealização* e, rigorosamente, para sua melhor realização, seria considerado juntamente com seu ambiente, isto é, sistema isolado = ST U ε, onde U indica união.

O conceito de sistema isolado, apesar de ser uma idealização, desempenha papel importante no formalismo termodinâmico.

A termodinâmica clássica, reversível ou do equilíbrio, trata de sistemas fechados em equilíbrio.

A termodinâmica irreversível ou do não equilíbrio, em sua forma linear (já desenvolvida) e na forma não-linear (ainda em desenvolvimento), trabalha com sistemas abertos e muito afastados do estado de equilíbrio.

Os sistemas vivos, de célula a populações, são sistemas abertos, longe do equilíbrio.

1.1.1 Sistemas homogêneos, heterogêneos e contínuos

Em sistemas homogêneos, as propriedades macroscópicas apresentam-se as mesmas em toda a extensão do sistema, enquanto em sistemas heterogêneos (descontínuos), essas propriedades mostram-se diferentes para os vários pontos, isto é, ocorrem descontinuidades em seus valores, para diversas regiões do sistema.

Regiões homogêneas são chamadas *fases* do sistema, as quais, entre si, apresentam propriedades diferentes. Sistemas homogêneos, portanto, podem ser considerados como unifásicos, enquanto sistemas heterogêneos são multifásicos.

Sistemas contínuos têm suas propriedades variando continuamente ao longo de uma ou várias direções no sistema.

Em sistemas heterogêneos, suas propriedades extensivas (energia, entalpia, energia livre e entropia, por exemplo) são a soma das propriedades extensivas de suas fases:

$$X = \sum X_\alpha \tag{1-1}$$

Onde X é uma propriedade extensiva do sistema, e a soma abrange os valores dessa propriedade em todas as fases.

Em sistemas contínuos, definem-se *valores locais* para propriedades extensivas do sistema. Assim, tem-se

$$X = \int_V dX_v \tag{1-2}$$

onde dX_v é o valor de X para um elemento de volume, e a integral abrange o volume total do sistema.

1.1.2 Sistemas de multiconstituintes

Um sistema pode ser constituído por somente um ou por vários constituintes $\iota = 1, 2, ..., c$, os quais podem estar participando ou não de reações químicas $\rho = 1, 2, ..., r$

1.2 Variáveis termodinâmicas

Variáveis extensivas, proporcionais à massa do sistema ou, em outros termos, funções homogêneas de 1º grau da massa (teorema de Euler). Ex.: volumes, energia, capacidades caloríficas, entropia, etc.; *intensivas*: não dependem, em escala macroscópica, da massa do sistema. Ex.: P, T, densidades, calores específicos, etc. Sobre o teorema de Euler para funções homogêneas, ver o Apêndice I.

Em sistemas de multiconstituintes, a *propriedade molar parcial* para um constituinte i é definida como $(\partial X_i/\partial n_i)_{P,T,}\, n_{j \neq i}$, significando a variação sofrida pela propriedade extensiva X referente a i quando o número de moles deste constituinte varia de dn_i, enquanto permanece constante o número de moles de cada um dos outros constituintes, a P e T constantes. Para simplificação, $X_{(i)}$ denotará, neste trabalho, a propriedade molar parcial referente ao constituinte i. A propriedade molar parcial de i, $X_{(i)}$ pode ser interpretada como o acréscimo em X do sistema por adição, a P e T constantes, de 1 mol de i, considerando-se uma quantidade tão grande do sistema que sua composição praticamente permanece invariável.

Para X, podemos escrever

$$X = X(P, T, n_1, n_2, ..., n_c) \tag{1-3}$$

para indicar que X é função de P, T e dos números de moles dos constituintes.

A diferencial total de (1- 3) é expressa por

$$\begin{gathered} dX = (\partial X/\partial P)_{T, n_1...} dP + (\partial X/\partial T)_{P, n_1} + ... \\ + (\partial X/\partial n_i)_{P,T, n_{j \neq I}} \\ (i = 1, 2, ..., c) \end{gathered} \tag{1-4}$$

Se P e T constantes, tem-se

$$dX_{P,T} = \sum X_{(i)} dn_i \tag{1-5}$$

que, por integração, para um sistema de composição constante N, obtém-se

$$X_{P,T,N} = \sum X_{(i)} n_i \tag{1-6}$$

A diferenciação total de (1- 6), a P e T constantes e composição variável, resulta em

$$dX_{P,T} = \sum X_{(i)} dn_i + \sum n_i dX_{(i)}. \tag{1-7}$$

A comparação de (1- 5) e (1- 7) mostra que

$$\sum n_i dX_{(i)} = 0 \tag{1-8}$$

que é a equação de Gibbs-Duhem.

1.3 Estado termodinâmico (e_k)

Conjunto de variáveis que definem o estado em que se encontra um sistema.

Dizemos que um sistema está em um estado termodinâmico determinado se as observações ou as medidas de suas propriedades macroscópicas resultam sempre nos mesmos resultados.

1.4 Equilíbrio termodinâmico

O estado em que as variáveis do sistema (propriedades macroscópicas) não variam com o tempo. O equilíbrio termodinâmico implica a ocorrência simultânea dos equilíbrios mecânico, térmico e químico.

Em termodinâmica clássica, as variáveis termodinâmicas perdem o sentido quando em condições de não equilíbrio.

1.5 Transformação, mudança ou transição termodinâmica

O sistema deixa um estado e_1 (inicial) e alcança um outro estado e_2 (final), os quais devem ser estados de equilíbrio.

Em transformações ditas cíclicas, os estados inicial e final são coincidentes ($e_1 = e_2$).

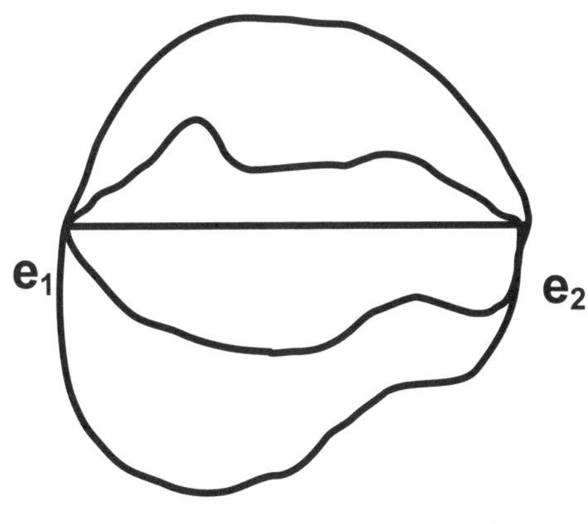

Figura 1.2 – **Transições termodinâmicas entre os estados de equilíbrio e_1 e e_2**

Transformações termodinâmicas:

- isotérmicas: T constante;
- isobáricas ou isopiésticas: P//;
- isocóricas ou isométricas: V//;
- adiabáticas: Q = 0.

Em uma mudança termodinâmica, a variação de uma variável de estado, X, depende apenas do estado inicial, e_1, e do estado final, e_2, e independe do modo como é feita a transformação.

Entre e_1 e e_2, o sistema pode mudar reversível ou irreversivelmente, adiabaticamente ou não, ou sob quaisquer outras condições, porém, o resultado será sempre dado por

$$\Delta X_{12} = X_2 - X_1 \tag{1-9}$$

para a variação de X.

Note-se que e_1 e e_2 são estados de equilíbrio.

Em transformações cíclicas, $e_1 = e_2$ e $\Delta_{12} = 0$.

Em termos diferenciais, tem-se para uma variável de estado

$$\int_{ciclo} dX = 0 \tag{1-10}$$

ou seja, a soma dos elementos diferenciais de X por toda uma transformação cíclica é sempre nula. Em outros termos, diz-se que dX é uma *diferencial exata* ou *total*.

1.6 Reversibilidade e irreversibilidade

Transformação reversível: uma sucessão de estados de equilíbrio extremamente próximos, entre estados de equilíbrio (inicial e final). Rigorosamente é irrealizável, pois, para efetuar-se exigiria tempo infinitamente longo sendo, portanto, uma idealização. Na prática, entretanto, pode ser aproximada, fazendo-se que o processo seja suficientemente lento.

O sistema, então, percorrerá uma sucessão de estados de quase-equilíbrio, até se completar a transformação entre os estados inicial e final. É possível reverter um processo reversível em qualquer de seus pontos, indo em sentido inverso do processo original por trocas infinitesimais. As transformações que não atendem a essas condições são consideradas irreversíveis e não têm lugar significativo no formalismo da termodinâmica clássica.

Uma transformação deixa de ser reversível se for irreversível em qualquer parte do seu percurso, por menor que ela seja.

Os processos naturais, até mesmo os da vida, são processos de não equilíbrio.

1.7 Conservação da massa

1.7.1 Sistemas fechados

Suponha um sistema fechado com n constituintes (moléculas, íons, etc.) em que ocorra apenas uma reação química.

A massa total do sistema permanece constante apesar de variarem as massas das espécies químicas envolvidas na reação.

Para um constituinte i (=1, 2, ..., n),

$$dm_i = \nu_i M_i d\xi \qquad (1\text{-}11)$$

para as variações de massa do constituinte i por causa da reação; ν_i = coeficiente estequiométrico de i ($\nu_i > 0$, à direita, < 0, à esquerda, na equação estequiométrica), M_i = massa molecular de i e ξ = grau de avanço da reação (de Donder) que é definido por

$$d\xi = v\, dt \qquad (1\text{-}12)$$

onde v = velocidade da reação química.

A conservação da massa total do sistema é expressa por

$$m = \sum_i m_i \qquad (1\text{-}13)$$

e a equação estequiométrica por

$$\sum_i \nu_i M_i = 0 \qquad (1\text{-}14)$$

Assim, a partir de (1-13) e (1-11), se tem

$$dm = \sum_i dm_i = \sum_i (\nu_i M_i)\, d\xi \qquad (1\text{-}15)$$

Para o caso mais geral de r reações ($\rho = 1, 2, ..., r$), tem-se

$$dm = \sum_\rho \sum_i dm_{i\rho} = \sum_\rho \sum_i (\nu_{i\rho} M_i) d_\rho = 0 \qquad (1\text{-}16)$$

isto é, a massa total de um sistema fechado é sempre conservada. O que vemos acima, nada mais é do que a expressão mais formalizada do *princípio da conservação da massa*, graças a Antoine-Laurent Lavoisier, ao serem propostas as bases da química moderna.

1.7.2 Sistemas abertos

Em sistemas abertos, em que são permitidas trocas de matéria e energia com o ambiente, as variações de massa dos constituintes decorrem dessas trocas com o exterior e das variações internas.

Assim, tem-se

$$dm_i = d_e m_i + d_{int} m_i \qquad (1\text{-}17)$$

onde $d_e m_i$ = variação para i por trocas com o ambiente e $d_{int} m_i$ = variação por processos internos ao sistema.

Considerando (1-11) e (1-17), obtém-se

$$dm_i = d_e m_i + M_i \sum_\rho \nu_{i\rho} d\xi_\rho \qquad (1\text{-}18)$$

Desde que, por (1-14), $\sum \nu_{i\rho} M_i = 0$, resulta $dm = d_e m$.

Assim, a variação de massa em sistemas abertos corresponde às trocas de massa com o exterior.

1.8 Primeira lei: conservação da energia

1.8.1 Energia interna

A energia interna, U, compreende todas as formas de energia no interior do sistema. As energias cinética e potencial do sistema como um todo não são incluídas em U (Figura 1.1).

Em sistemas isolados tem-se

$$dU = 0 \tag{1-19}$$

Para sistemas fechados,

$$dU = dQ + \Sigma dW_j \tag{1-20}$$

U é uma função termodinâmica de estado, isto é, depende exclusivamente do estado em que se encontra o sistema

$$\Delta U_{1,2} = U_2 - U_1 \tag{1-21}$$

Para uma transformação cíclica,

$$U_2 = U_1 \quad e \quad \Delta U_{1,2} = 0$$
$$\int_{cíclica} dU = 0 \tag{1-22}$$

dU é uma diferencial exata.

U é uma propriedade extensiva: o total de U é a soma de seus valores em todas as partes do sistema (aditividade).

Na expressão (1-20), se a energia é transferida sob forma de calor, do ambiente ao sistema, tem-se dQ>0, e dQ<0, se transferida do sistema ao ambiente (Figura 1.1).

Qualquer trabalho será tomado como positivo se realizado sobre o sistema e negativo em caso contrário. Assim, a soma ΣdW_j poderá ser positiva, negativa ou nula. Essa é a convenção adotada aqui para os sinais dos termos referentes às quantidades de calor e aos trabalhos nas trocas entre o sistema e o ambiente, e está claramente indicada na Fig. 1.1.

Qualquer forma de trabalho pode ser expressa pelo produto de dois fatores, como mostrado a seguir:

fator intensivo (força generalizada)	X	fator extensivo (deslocamento generalizado)
Formas usuais de W:		
mecânico		$Fds\cos\theta$
pressão–volume		$-PdV$
superfície		$\gamma\, dA$
elétrico		$\varepsilon\, dq$
químico		$\mu_I\, dn_I$

A essa altura, podemos reescrever a expressão da 1ª lei como

$$dU = dQ - PdV + \Sigma\, \mu_i dn_I \qquad (i = 1, 2, 3, \ldots, c) \tag{1-23}$$

sendo c = número de constituintes e considerando apenas a existência de *trabalho pressão–volume* e *trabalho químico.*

Uma expressão para dQ será dada pela 2ª lei, que será vista mais à frente.

1.8.2 Função H: entalpia

$$H = U + PV \quad \Delta H_{1,2} = H_2 - H_1$$
$$dH = dU + PdV + VdP \tag{1-24}$$
$$dH_P = dE_P + PdV$$

Entrando em (1-24) com (1-23), tem-se

$$dH = dQ + VdP + \Sigma\, \mu_i dn_i \tag{1-25}$$

$$dH_P = dQ_P + \Sigma\, \mu_i dn_i. \tag{1-26}$$

Em sistemas abertos, dQ em (1-25) seria substituído por dΦ que inclui a energia trocada como calor com o ambiente, d_eQ, mais um termo dando conta da energia que acompanha troca de matéria entre o sistema e o ambiente, $d_e\Phi$.

1.9 Segunda lei: entropia

1.9.1 Função S

Para sistemas isolados (sistema mais ambiente), tem-se uma função termodinâmica, S, a *entropia* a qual é monotonicamente crescente e tende sempre para um máximo, ou seja,

$$dS > 0 \rightarrow dS = 0. \tag{1-27}$$

O estado de entropia máxima, em um sistema isolado, é um estado de equilíbrio termodinâmico.

A tendência ao equilíbrio é irreversível. O sistema não pode abandonar, *espontaneamente*, o estado de equilíbrio.

Sendo S uma função termodinâmica, tem-se

$$\Delta S_{1,2} = S_2 - S_1$$

$\Delta S = 0$ para uma transformação cíclica.

S é uma propriedade extensiva:

$$S = \sum_{\alpha} S_{\alpha} \tag{1-28}$$

onde α se refere às fases do sistema.

Um outro enunciado para a 2ª lei (Clausius): para sistemas fechados, tem-se sempre:

$$dS => dQ/T \tag{1-29}$$

onde a *igualdade é válida para processos reversíveis e a desigualdade para irreversíveis.*

Da expressão (1-29), tem-se

$$dQ_{rev} = TdS \tag{1-30}$$

a qual pode ser introduzida nas expressões para dU e dH, obtendo-se

$$dU = TdS - PdV + \Sigma\, \mu_i dn_i \tag{1-31}$$

$$dH = TdS + VdP + \Sigma\, \mu_i dn_i \tag{1-32}$$

se admitirmos a ocorrência apenas de trabalho P-V e químico.

As expressões

$$dU_v = TdS + dW_{quim} \tag{1-33}$$

$$dH_P = TdS + dW_{quim} \tag{1-34}$$

são obtidas facilmente.

1.9.2 Função A: energia livre de Helmholtz

$$A = U - TS \tag{1-35}$$

$$dA = dU - TdS - SdT \tag{1-36}$$

$$dA_T = dU_T - TdS_T \tag{1-37}$$

ou, em forma finita,

$$\Delta A_T = A_2 - A_1 = \Delta U_T - T\Delta S_T \tag{1-38}$$

dA = diferencial exata

A é uma propriedade extensiva:

$$A = \sum_{\alpha} A_{\alpha} \text{ (}\alpha\text{: fases do sistema)} \quad (1\text{-}39)$$

Entrando com (1-23) em (1-36), tem-se

$$dA = -SdT - PdV + \Sigma \mu_i dn_i \quad (1\text{-}40)$$

$$dA_{V,T} = \Sigma \mu_i dn_i \quad (1\text{-}41)$$

1.9.3 Função G: energia livre de Gibbs ou entalpia livre

$$G = H - TS \quad (1\text{-}42)$$

$$dG = dH - TdS - SdT \quad (1\text{-}43)$$

$$dG_T = dH_T - TdS_T \quad (1\text{-}44)$$

$$\Delta G_T = G_2 - G_1 = \Delta H_T - T\Delta S_T \quad (1\text{-}45)$$

Introduzindo (1-32) em (1-41), obtém-se

$$dG = -SdT + VdP + \sum \mu_i \, dn_i \quad (1\text{-}46)$$

que, para P e T constantes, se tem

$$dG_{P,T} = \sum \mu_i \, dn_i \quad (1\text{-}47)$$

As expressões (1-39) e (1-45) mostram que as variações de A, a V e T constantes, e de G, a P e T constantes, correspondem ao trabalho químico.

Os sinais de $\Delta A_{V,T}$ e de $\Delta G_{P,T}$ são critérios de *espontaneidade termodinâmica* para os respectivos processos:

$$\Delta A_{VT} > 0, \Delta G_{PT} > 0: \quad (1\text{-}48)$$

não espontaneidade;

$$\Delta A_{VT} < 0, \Delta G_{PT} < 0: \quad (1\text{-}49)$$

espontaneidade.

1.9.4 Potencial químico

Vimos anteriormente que o potencial químico do constituinte i, μ_i aparece como o fator intensivo ("força química", em sentido generalizado) do trabalho químico. Sua definição mais geral pode ser dada aqui sob a forma:

$$\mu_i = (\partial U / \partial n_i)_{S,V,} {}_{n_{j\neq i}} = (\partial H/ \partial n_i)_{S,P} {}_{n_{j\neq i}} = (\partial A/ \partial n_i)_{T,Vj\neq i}$$

$$= - T (\partial S / \partial n_i)_{E,V,} {}_{n_{j \neq i}} = (\partial G/ \partial n_i)_{T,P,} {}_{n_{j \neq i}} \equiv G_{(i)} \qquad (1\text{-}50)$$

Vê-se, assim, que o *potencial químico do constituinte i pode ser definido como a energia livre (Gibbs) molar parcial deste constituinte.*

1.9.4.1 Variação do potencial químico com T

À composição constante (termo do trabalho químico nulo), tem-se

$$dG_N = -SdT + VdP \qquad (1\text{-}51)$$

donde, a P constante, se tem

$$(\partial G/ \partial T)_{P,N} = -S. \qquad (1\text{-}52)$$

Admitindo, agora, que a composição possa variar, diferenciemos (1-50) com relação a n_i:

$$(\partial^2 G / \partial T \partial n_i)_{P,} {}_{n_{j \neq i}} = - (\partial S / \partial n_i)_{P,T,} {}_{n_{j \neq i}}$$

$$= - S_{(i)} \qquad (1\text{-}53)$$

$$(\partial \mu_i / \partial T)_{P,\,N} = - S_{(i)} \qquad (1\text{-}54)$$

ou seja, a variação do potencial químico de i com T é dada pela entropia molar parcial de i negativa.

1.9.4.2 Variação do potencial químico com P

A partir de

$$dG_N = VdP - SdT \tag{1-55}$$

tem-se

$$dG_{T,N} = VdP \tag{1-56}$$

$$e\ (\partial G / \partial P)_{T,N} = V \tag{1-57}$$

Derivando (1- 55) com relação a n_i, tem-se

$$(\partial^2 G / \partial P \partial n_i)_{T,\, n_{j \neq i}} = (\partial \mu_i / \partial P)_{T,\, N} = V_{(i)} \tag{1-58}$$

ou seja, a variação do potencial químico de i com P, a T constante, é dada pelo volume molar parcial de i.

1.9.5 Equação de Gibbs–Helmholtz

A partir de G = H –TS, obtém-se

$$\mu_i = G_{(i)} = H_{(i)} - T\, S_{(i)} \tag{1-59}$$

Introduzindo (1-52) em (1-57), tem-se

$$\mu_i = H_{(i)} + T\, (\partial \mu_i / \partial T)_{P,\, N}$$

e, reordenando, obtém-se

$$\mu_i - T\, (\partial \mu_i / \partial T)_{P,N} = H_{(i)} \tag{1-60}$$

que é uma das formas da equação de Gibbs–Helmholtz.

Dividindo ambos os membros de (1-58) por T^2 obtém-se, após trabalhar a expressão resultante:

$$[\partial (\mu_i /T)/ \partial T]_{P,N} = - H_{(i)} / T^2 \qquad (1\text{-}61)$$

uma outra forma usual da equação de Gibbs–Helmholtz.

1.9.6 Potencial químico: expressão de Lewis

O potencial químico pode ser expresso em uma forma muito útil, mas menos geral que a que vimos antes, quando μ_i foi definido como a energia livre molar parcial de i.

Vejamos a seguir como poderemos chegar a essa expressão.

Consideremos um sistema constituído por uma mistura de gases ideais, onde temos

$$V = n_i RT/p_i \qquad (1\text{-}62)$$

onde p_i é a pressão parcial do constituinte i, isto é, a pressão que i apresentaria se, sozinho, ocupasse todo o volume V, à temperatura T e n_i o número de moles de i na mistura gasosa.

Por derivação com relação a n_i, a P e T constantes, obtém-se

$$V_{(i)} = RT/p_i \qquad (1\text{-}63)$$

Considerando a Eq. (1-61), tem-se

$$(\partial\mu_i /\partial P)_{T,N} = RT/p_i \qquad (1\text{-}64)$$

Admitindo-se que a variação de P corra por conta apenas da variação de i, pode-se tomar dP por dp_i, podendo- se obter, então,

$$d\mu_i = RT\, dp_i / p_i \qquad (1\text{-}65)$$

Por integração de (1-65), tem-se

$$\mu_i = \mu^* + RT \ln p_i \qquad (1\text{-}66)$$

que nos dá o potencial químico de i para uma mistura de gases ideais, a T constante, em função da pressão parcial de i e da constante de integração μ^*.

Desde que, para gases ideais,

$$p_i = c_i \, RT \tag{1-67}$$

onde $c_i = (n_i / V)$ RT = concentração molar de i, tem-se, a partir de Eqs.(1-66) e (1-67),

$$\mu_i = \mu_c^* + RT \ln c_i \tag{1-68}$$

onde $\mu_c^* = \mu^* + RT \ln RT$, $\mu_c^* = \mu_i$ para $c_i = 1$.

Para o caso de gases reais, fugacidades são usadas em lugar de concentrações. Assim,

$$\mu_i = \mu_i^* + RT \ln f_i \tag{1-69}$$

Fugacidade (Lewis) tem as dimensões de uma pressão e é definida de modo que f → P quando P → 0, isto é, à medida que o gás real se aproxima do comportamento ideal, fugacidades podem ser tomadas pelas pressões.

Tratando-se de soluções líquidas, o caso que nos é mais interessante, usam-se atividades e concentrações molares nas expressões termodinâmicas.

O potencial químico de i em solução, expresso na forma de Lewis, é dado por

$$\mu_i = \mu_i^o + RT \ln a_i \tag{1-70}$$

onde a_i = atividade de i e μ_i^o = potencial químico padrão, isto é, para atividade unitária.

A atividade é uma quantidade proporcional à concentração:

$$a_i = \gamma_i \, c_i \tag{1-71}$$

onde γ_i = coeficiente de atividade para i.

Para soluções diluídas, isto é, que se aproximam do comportamento ideal, $\gamma_i \rightarrow 1$ e $c_i \rightarrow a_i$. Geralmente, tem-se $\gamma_i < 1$.

Interações entre moléculas e/ou íons respondem pelo afastamento das soluções de um comportamento ideal, o que corresponde a concentrações diferentes de atividades.

Coeficientes de atividade são, geralmente, de difícil ou laboriosa determinação experimental. Assim, o uso de concentrações em lugar de atividades, sem o conhecimento dos respectivos coeficientes de atividade, conquanto usual em bioquímica, por exemplo, é sempre um procedimento aproximado, cujo grau de aproximação é desconhecido; considerando a grandeza dos erros experimentais cometidos em bioquímica, esse uso é plenamente justificável. Não há nenhum transtorno que decorra desse procedimento.

1.9.7 Potencial eletroquímico

Até aqui, não temos incluído constituintes eletricamente carregados (íons) na composição dos sistemas considerados. Íons, além de moléculas neutras, são constituintes obrigatórios dos meios celular e extracelular.

Assim, vamos expandir o conceito de potencial químico, introduzindo um termo referente a espécies carregadas.

O *potencial eletroquímico* de um constituinte i é definido por

$$\mu_i^{\sim} = \mu_i + z_i F \psi \qquad (1\text{-}72)$$

onde

$\mu_i^{\sim}$ = potencial eletroquímico,

μ_i = potencial químico para espécies neutras,

z_i = carga do íon, $z_i \geq$ ou < 0,

F = constante de Faraday ≈ 96490 coulomb/mol,

Ψ = potencial elétrico.

Se a espécie i é neutra, $z_i = 0$ e o termo do trabalho elétrico por mol é anulado, sendo $\mu_i^{\sim}$ reduzido a μ_i.

A Eq.(1-44) para a variação da energia livre de Gibbs pode agora ser reescrita como:

$$dG = -SdT + VdP + \sum \mu_i^{\sim} dn_i \qquad (1\text{-}73)$$

onde o último termo à direita representa o trabalho eletroquímico.

1.9.8 Potencial químico e eletroquímico na distribuição de matéria

1.9.8.1 Sistemas descontínuos

Suponhamos um sistema constituído por dois subsistemas ou fases I e II, em contato um com o outro e que permitam troca de matéria entre eles. Admitamos que I e II estejam a P e T constantes.

Para o sistema considerado, tem-se

$$dG = dG(I) + dG(II) \qquad (1\text{-}74)$$

que, para P(I) = P(II) = P = constante e T(I) = T(II) = T = constante, se tem

$$dG_{P,T} = \mu_i^{\sim}\,(I)\,dn_i + \mu_i^{\sim}\,(II)\,dn_i \qquad (1\text{-}75)$$

admitindo-se que apenas o constituinte i seja transferido entre as fases I e II.

Desde que i é transferido de I para II, tem-se

$$-\,dn_i(I) = dn_i(II) = dn_i. \qquad (1\text{-}76)$$

Levando (1-74) para (1-73), obtém-se

$$dG_{P,T} = [\,\mu_i^{\sim}(II) - \mu_i^{\sim}(I)\,]\,dn_i = \Delta\mu_i^{\sim} dn_i \qquad (1\text{-}77)$$

A transferência de dn_i entre I e II é termodinamicamente espontânea se

$$dG_{P,T} < 0,\ \Delta\mu_i^{\sim} < 0 \text{ ou seja } \mu_i^{\sim}(I) > \mu_i^{\sim}(II),$$

isto é, a transferência espontânea (difusão) ocorre de um potencial eletroquímico mais alto para um mais baixo. A transferência em sentido inverso exigiria a realização de trabalho sobre o sistema.

Em equilíbrio, $dG_{P,T} = 0$ e, portanto, $\mu_i^{\sim}(I) = \mu_i^{\sim}(II)$.

Para sistemas sem fronteiras internas impermeáveis, o equilíbrio exige a igualdade de todos os potenciais químicos ou eletroquímicos de todos os constituintes.

1.9.8.2 Sistemas contínuos

Suponhamos que entre as fases I e II haja continuidade, o que pode ser representado aproximadamente por uma sucessão de estreitas faixas de largura Δx_l (l=0 ... m), as quais podem ser feitas cada vez mais estreitas, para melhor aproximar da continuidade (Figura 1.3).

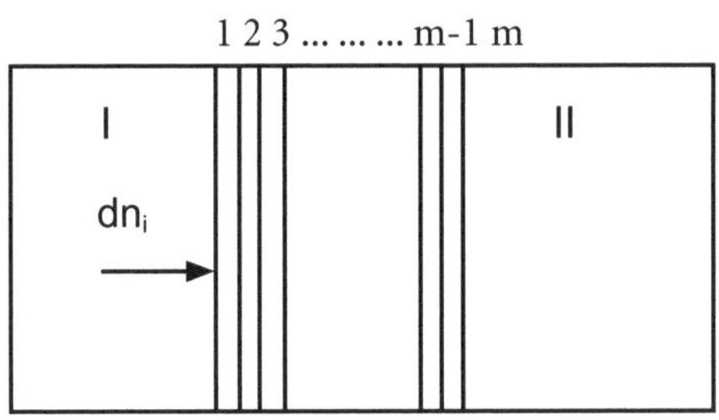

Figura 1.3 – **Aproximação da continuidade entre as fases I e II por sucessão de faixas de largura estreita**

Assim, podemos ter

$$dG = \sum \Delta\mu_i^l \, dn_i \ (l=0 \text{ a } l=m) \qquad (1\text{-}78)$$

ou

$$dG = dn_i \sum (\Delta\mu_i^l / \Delta x_l) \, \Delta x_l \ (l=0 \ldots l=m) \qquad (1\text{-}79)$$

Fazendo $\Delta x_l \rightarrow 0$, tem-se

$$dG = dn_i \int_I^{II} (\partial\mu_i / \partial x) \, dx \qquad (1\text{-}80)$$

que é a variação de G, acompanhando a difusão do constituinte i.

A partir de (1-78), obtém-se

$$d(dG/dn_i)dx = \partial\mu_i/\partial x = \text{grad}\ \mu_i \equiv \nabla\mu_i \qquad (1\text{-}81)$$

Para pequeno afastamento do equilíbrio, tem-se

$$v_i = -\,u_i\,\nabla\mu_i \qquad (1\text{-}82)$$

onde v_i = velocidade média de difusão, u_i = mobilidade e $-\nabla\mu_i$ é a "força" (generalizada) difusiva.

Finalmente,

$$J_i = C_i\,v_i \qquad (1\text{-}83)$$

e

$$J_i = -\,u_i\,C_i\,\nabla\mu_i \qquad (1\text{-}84)$$

onde J_i = densidade de fluxo e C_i = concentração de i.

1.9.9 Afinidade de reação química

O conceito de *afinidade de reação química* foi introduzido por Th. de Donder, um dos fundadores da escola belga de termodinâmica, em 1920, e tem-se mostrado útil na formulação termodinâmica, em conexão com a cinética de reações químicas, assim como em termodinâmica de processos irreversíveis.

A afinidade de reação química é definida como

$$\acute{A} = -\sum v_i\,\mu_i \quad i = 1, 2, ..., c \qquad (1\text{-}85)$$

onde

Á denota a afinidade, v_i = coeficiente estequiométrico de i e μ_i = potencial químico de i.

O símbolo Á é aqui usado em lugar de A, para evitar confusão com a energia livre de Helmholtz.

1.9.9.1 Afinidade e trabalho químico

O trabalho químico $dW_{quim} = \sum \mu_i \, dn_i$ pode ser expresso em termos de Á: desde que $dn_i = \nu_i \, d\xi$ (para uma única reação), tem-se

$$\sum \mu_i \, dn_i = \sum \mu_i \, \nu_i \, d\xi = - Á \, d\xi = - Á \, v \, dt \qquad (1\text{-}86)$$

onde v = velocidade da reação.

É fácil estender o formalismo para r reações simultâneas

1.10 S: interpretação estatística

O macroestado (estado macroscópico) de um sistema (um gás, por exemplo) é realizado por um grande número de microestados (estados microscópicos). Um microestado corresponde a determinado arranjo das partículas do gás, as quais estão incessantemente em agitação, colidindo umas com as outras e com as paredes do recipiente que as contêm. Continuamente, essas partículas ocupam diferentes posições no espaço, com diferentes velocidades.

O número de microestados é a "*probabilidade termodinâmica*", W, do correspondente macroestado.

Um macroestado é realizado por um número extremamente grande de microestados. Maior o número destes microestados, isto é, maior W, mais provável é o macroestado correspondente.

O estado de equilíbrio é o de maior W.

Espontaneamente, um sistema macroscópico evolui sempre de um estado de menor W para um de maior W, nunca de modo contrário. É a isto que se denomina de *irreversibilidade.*

Em escala macroscópica, o tempo é assimétrico, isto é, aponta somente em uma direção: do passado para o futuro, do menos provável para o mais provável. Isto é conhecido como a seta termodinâmica do tempo: passado → futuro.

Vimos que, em sistemas isolados (sistema U ambiente), a entropia S só pode aumentar ($dS > 0$), tendendo monotonicamente para o estado de equilíbrio, onde assume valor máximo ($dS = 0$). Assim, o aumento monotônico de S segue o aumento monotônico de W.

É fácil ver que o aumento de W, sendo aumento do número de microestados, *corresponde ao aumento de desordem do sistema*. Paralelamente, tem-se o mesmo para S.

Portanto, *S está associada ao grau de desordem do sistema*.

1.10.1 Equação de Boltzmann

A dependência entre S e W é dada pela *equação de Boltzmann*:

$$S = k_B \ln W + C \tag{1-87}$$

onde C = constante,

$k_B = R/N_A$: *constante de Boltzmann*;

R = constante dos gases ideais;

N_A = número de Avogadro.

A constante C é a entropia S para o estado de $W = 1$.

1.10.2 Teorema de Nernst

Para um cristal perfeito (em ausência de defeitos, como distorções, vacâncias, contaminações, etc.), $C = 0$, à temperatura de 0 (K).

1.11 Entropia e informação

Se um evento e pode acontecer com uma probabilidade p(e), teremos recebido uma *informação* (Shannon) dada por

$$I(e) = \log_b [\, 1/p(e) \,] \tag{1-88}$$

onde b = base do sistema de logaritmos.

Base	Unidades de informação
2	*bit*
e (base neperiana)	*nat*
10	*hartley*

Assim, maior p(e), menor I(e), isto é, mais freqüente é a ocorrência de um acontecimento, menor é a informação que dele recebemos.

Vejamos, agora, dois sistemas Σ_A e Σ_B com estados macroscópicos realizados por W_A e W_B microestados, respectivamente.

Seja $W_A < W_B$, isto é, o estado A tem menor número de microestados que B, isto é, B é mais provável que A.

Para discriminar um dado microestado dentre W_B microestados, temos de usar mais informação que para fazer o mesmo dentre W_A, desde que $W_B > W_A$.

Nesse sentido, estados mais entrópicos seriam mais "ignorantes" que os de menor entropia.

Entretanto, a obtenção de um microestado dentre W_B fornece mais informação que no caso de W_A

1.12 Produção e fluxo de entropia

Consideremos um sistema aberto, no qual, por definição, podem ocorrer trocas de matéria e energia entre o sistema e o ambiente (Figura 1.4)

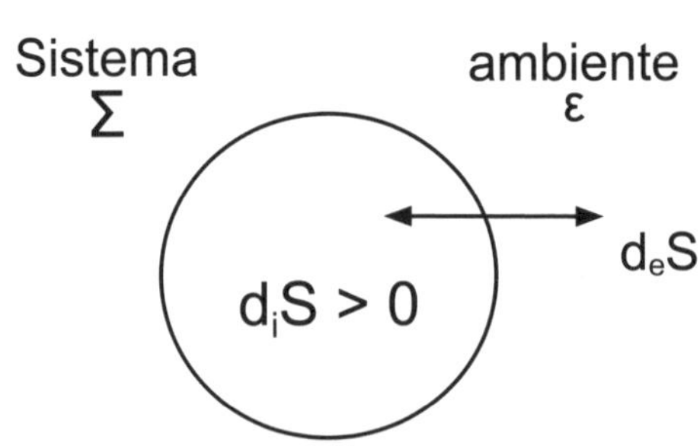

Figura 1.4 – **Sistema aberto: produção d_iS, sempre positiva, e fluxo de entropia d_eS entre o sistema e o ambiente, podendo ser positivo, negativo ou nulo**

onde:
d_iS = produção de entropia por processos irreversíveis a qual, pela 2ª lei, é sempre positiva ou nula (equilíbrio e processos reversíveis).
d_eS = *fluxo de entropia* por trocas de matéria e energia entre Σ e ε; será positivo se Σ recebe mais entropia de ε do que cede e negativo, em caso contrário.
$d_eS = 0$ se a entropia do sistema ao ambiente é compensada pela entropia do ambiente ao sistema ou, no caso do sistema isolado, em que não são possíveis trocas entre Σ e ε.

A variação de S para o sistema é dada por

$$dS = d_eS + d_iS \qquad (1\text{-}89)$$

Derivando (1-87) com relação ao tempo, tem-se

$$dS/dt = d_eS/dt + d_iS/dt \qquad (1\text{-}90)$$

onde os termos representam as variações temporais (velocidades) das respectivas grandezas.

Para um sistema isolado, $d_eS/dt = 0$ e

$$dS/dt = d_iS/dt > 0 \qquad (1\text{-}91)$$

ou seja, em presença de processos irreversíveis, a entropia do sistema aumentará sempre e jamais decrescerá. Isto corresponde a dizer que, *para sistemas isolados*, o *grau de desordem tende a aumenta*r até *maximização* de S (dS=0), no estado de equilíbrio. A partir de (1-91), vê-se que, se $d_eS < 0$, isto é, se o sistema perde mais entropia para o ambiente do que dele recebe, e, desde que d_iS é sempre positivo, por conta dos processos irreversíveis no interior do sistema (2ª lei), tem-se que, se

$$|d_eS| > d_iS \text{ então } dS < 0 \qquad (1\text{-}92)$$

isto é, *a entropia do sistema aberto decrescerá indicando maior ordenação.*

A evolução do sistema para estados de maior ordenação poderá ocorrer por conta da diminuição da ordem do ambiente. Portanto, *para o caso de sistemas abertos, como são os sistemas vivos, não há nenhuma incompatibilidade da 2ª lei com a ordenação nestes sistemas.*

Em sistemas abertos, tem-se:

Equilíbrio:

$$[\, d_eS = 0 \;\; d_iS = 0 \,] \rightarrow dS = 0.$$

Estado estacionário:

$$d_eS < 0 \;\; d_iS > 0$$

$$\text{se } |d_eS| = d_iS \rightarrow dS = d_eS + d_iS = 0.$$

No estado estacionário (*steady state*), o fluxo de entropia é compensado pela produção de entropia.

1.12.1 Produção de entropia em reações químicas

Em sistemas fechados: reações químicas são uma das principais fontes de entropia em sistemas onde ocorrem.

A partir da Eq.(1-23) para a variação de U, tem-se

$$TdS = dU + PdV - dW_{quim} \tag{1-93}$$

onde $dW_{quim} = \sum \mu_i \, dn_i$ = trabalho químico.

A Eq.(1-91) é válida para condições de reversibilidade (dQ = TdS).

Entrando com

$$dU = dQ - PdV$$

em (1-93) obtém-se

$$TdS = dQ - dW_{quim}$$

e, ainda,

$$dS = dQ/T - dW_{quim}/T. \tag{1-94}$$

Comparando (1-94) com

$$dS = d_eS + d_i S$$

tem-se

$$d_eS = dQ/T \text{ e } d_iS = - dW_{quim}/ T. \qquad (1\text{-}95)$$

Desde que $dW_{quim} = - Á\, d\xi$, onde Á = afinidade da reação e ξ = grau de avanço da reação, obtém-se

$$d_eS = dQ/T$$

para o fluxo de entropia entre o sistema e o ambiente e

$$d_iS = Á\, d\xi / T \qquad (1\text{-}96)$$

para a produção de entropia pela reação química.

Derivando (1-96) com relação ao tempo, resulta

$$d_i S / dt = (Á /T)\, d\xi/dt = Á\, v /T > 0 \qquad (1\text{-}97)$$

dando a taxa temporal de produção de entropia de uma reação química em função de sua afinidade química (de Donder) e velocidade.

Considerando-se o caso mais geral de r reações químicas simultâneas, tem-se

$$d_iS / dt = (1/T) \sum_\rho Á_\rho\, v_\rho > 0 \qquad (1\text{-}98)$$

ou seja, a produção de entropia na unidade de tempo é dada pela soma das produções de entropia na unidade de tempo de todas as reações que ocorrem simultaneamente no sistema e que será sempre positiva, por força da 2ª lei.

1.12.2 Reações acopladas

Uma reação, para a qual se tenha $Á_1\, v_1 < 0$, pode acoplar-se a uma outra reação onde $Á_2\, v_2 > 0$, de tal modo que se tenha

$$Á_1\, v_1 + Á_2\, v_2 > 0 \tag{1-99}$$

o que ocorrerá se $| Á_2\, v_2 | > | Á_1\, v_1 |$.

Apesar de uma das reações não ser termodinamicamente espontânea, ela torna-se realizável por acoplar-se energeticamente com a outra reação.

A rede metabólica (metaboloma) da célula torna-se possível por acoplamento de muitas das suas reações, além de ações enzimáticas.

1.13 Afinidade eletroquímica

Assim como o conceito de potencial químico (Lewis) foi expandido para incluir espécies iônicas, pode ser dada uma definição de afinidade que abranja constituintes carregados. Assim, tem-se

$$\tilde{A}_i = -\sum \nu_\iota \tilde{\mu}_\iota \tag{1-100}$$

Considerando (1- 72), tem-se

$$\tilde{A}_i = Á_i - \sum \nu_\iota \zeta_\iota \Phi \psi \tag{1-101}$$

onde os símbolos têm significados já conhecidos.

Vê-se, facilmente, que $\tilde{A}_i$ reduz-se a $Á_i$ para espécies neutras ($z_i = 0$).

1.14 Equilíbrio químico

Admita-se a reação cuja equação estequiométrica geral é a seguinte:

$$\eta_A A + \eta_B\, B + \ldots = \eta_L\, L + \eta_M\, M + \ldots \tag{1-102}$$

As energias livres de Gibbs G_1 e G_2 relativas ao 1º e ao 2º membros, respectivamente, são dadas por

$$G_1 = \sum \nu_i\, \mu_i \;(\, i = \text{índices}_{\,A,\, b,\, \ldots}) \tag{1-103}$$

$$G_2 = \sum \nu_j \mu_j \ (\ j = \text{índices}_{\ L,\ M,\ ...}) \qquad (1\text{-}104)$$

Para a variação de G, a P e T constantes, tem-se

$$\Delta G_{P,T} = G_2 - G_1 = \sum \nu_j \mu_j - \sum \nu_i \mu_i \qquad (1\text{-}105)$$

Entrando em (1-105) com a expressão para o potencial químico, resulta:

$$\Delta G_{P,T} = \left(\sum \nu_j \mu^o_j - \sum \nu_i \mu^o_i\right)$$

$$+ RT \ln \left(\prod a_j^{\nu j} / \prod a_i^{\nu i}\right) \qquad (1\text{-}106)$$

Fazendo

$$\Delta G^o = \left(\sum \nu_j \mu^o_j - \sum \nu_i \mu^o_i\right)$$

$$e\ J = \left(\prod a_j^{\nu j} / \prod a_i^{\nu i}\right),$$ resulta

$$\Delta G_{P,T} = \Delta G^o + RT \ln J \qquad (1\text{-}107)$$

No equilíbrio, $\Delta G_{P,T} = 0$ e $J = K_{eq}$ = constante de equilíbrio, resultando

$$\Delta G^o = - RT \ln K_{eq} \qquad (1\text{-}108)$$

ou

$$K_{eq} = \exp(- \Delta G^o / RT) \qquad (1\text{-}109)$$

onde K_{eq} = constante de equilíbrio à temperatura T e ΔG^o = energia livre no estado-padrão.

O estado padrão é definido para atividades unitárias e é independente de P.

A Eq.(1-107) representa a isoterma da reação.

Se usarmos afinidades, podemos ter a seguinte expressão:

$$Á_T = RT \ln (\ K_{eq} / J\ ). \qquad (1\text{-}110)$$

No equilíbrio, tem-se $Á_T = 0$.

Variação de K_{eq} com P

De (1-109), obtém-se

$$\ln K_{eq} = -\Delta G^o_{P,T} / RT \quad (1\text{-}111)$$

que, sendo derivada com relação a P, resulta em

$$(\partial \ln K_{eq} / \partial P)_T = -[\, \partial (\Delta G^o_{P,T} / RT) / \partial P = 0 \quad (1\text{-}112)$$

desde que o estado-padrão é definido como independente de P. Assim, K_{eq} é considerada independente de P.

1.14.1 Uma propriedade importante do equilíbrio químico

Se A está em equilíbrio químico com B, e B está em equilíbrio com C, então A está em equilíbrio com C.

Em termos mais gerais, para n equilíbrios sucessivos, tem-se

$$
\begin{array}{lll}
A_1 = B_1 & K_1 = B_1 / A_1 & B_1 = K_1 A_1 \\
A_2 = B_2 & K_2 = B_2 / A_2 & B_2 = K_1 K_2 A_1 \\
A_3 = B_3 & K_3 = B_3 / A_3 & B_3 = K_1 K_2 K_3 A_1 \\
\hline
A_n = B_n & K_n = B_n / Na & B_n = K_1 K_2 K_3 \ldots K_n A_1
\end{array}
\quad (1\text{-}113)
$$

A partir de (1-113), vê-se que, por meio dos equilíbrios intermediários, A_1 está em equilíbrio com a espécie terminal B_n, com uma constante de equilíbrio K_n igual ao produto das constantes de equilíbrio $K_1 \ldots K_{n-1}$.

Convém chamar a atenção para o fato de $K_n = k_1 k_2 k_3 \ldots k_n / k_{-1} k_{-2} k_{-3} \ldots k_{-n}$, onde os k´s com índices positivos e negativos denotam as constantes de velocidade das reações diretas e inversas, respectivamente.

1.14.2 Variação de K_{eq} com T

A partir de (1-112), obtém-se

$$d \ln K_{eq} / dT = - d\Delta G^o_{P,T} / dT = \Delta H^o / RT^2 \qquad (1\text{-}114)$$

usando a equação de Gibbs-Helmholtz, e

$$d \ln K_{eq} = (\Delta H^o / RT^2) dT$$

que, por integração, para pequenos intervalos de temperatura, resulta em

$$\ln K_{eq} = - \Delta H^o / RT + \text{const.} \qquad (1\text{-}115)$$

A Eq.(1-115) é conhecida como equação de van´t Hoff.

Por esta equação, a representação gráfica de ln K_{eq} *vs.* T^{-1} é uma linha reta, cujo coeficiente angular permite estimar ΔH^o.Tendo-se ΔG^o e ΔH^o, pode-se calcular ΔS^o a partir de

$$\Delta G^o = \Delta H^o + T\Delta S^o$$

A variação de entalpia ΔH^o, avaliada desse modo, é conhecida como *entalpia de van´t Hoff*, a qual nem sempre é concordante com a entalpia calorimétrica.

Desde que

$$\ln K_{eq} = - \Delta G^o_T / RT.$$

e

$$\Delta G^o = \Delta H^o - T \Delta S^o$$

tem-se

$$\ln K_{eq} = - \Delta H^o/RT + \Delta S^o/R. \qquad (1\text{-}116)$$

A representação gráfica de (1-116), ln K_{eq} *vs.* T^{-1}, é uma linha reta, cujo coeficiente angular e ordenada na origem permitem a avaliação da entalpia-padrão e entropia-padrão, respectivamente, à temperatura T.

1.15 Princípio do "balanço detalhado"

Para uma reação química em equilíbrio, esquematicamente representada por

$$\text{reagentes} \overset{K_{eq,\,T}}{=} \text{produtos}$$

$K_{eq,\,T}$ independe do mecanismo, isto é, das etapas intermediárias pelas quais passe o sistema quando reagentes são convertidos a produtos e vice-versa. Esse princípio pode assumir forma mais geral: em um sistema no equilíbrio termodinâmico, a transferência de matéria ou energia, de uma região X a outra Y, é compensada pela transferência feita de Y para X.

Em equilíbrio, um processo de A para B será revertido de B para A pelo mesmo caminho, sob as mesmas condições. A reversão não poderá ocorrer por outro caminho, pois isso equivaleria a admitir um ciclo isotérmico podendo produzir trabalho, o que seria uma violação da 2ª lei da termodinâmica (Figura 1.5).

Figura 1.5 – **Balanço detalhado: em equilíbrio, o retorno de B para A terá de ser feito pelo mesmo caminho de A para B, em sentido inverso**

1.16 Minimização e maximização (extremização) de funções termodinâmicas

Suponha-se um sistema fechado, a V constante.

Desde que

$$dU = dQ - PdV$$

tem-se

$$dU_V = dQ - Td_eS$$

e, como já vimos,

$$dS = d_eS + d_iS.$$

No equilíbrio, a entropia S é maximizada (dS = 0) e, portanto,

$$d_eS = - d_iS => 0 \ (2^a \text{ lei}).$$

Finalmente, tem-se

$$dU_{S,V} = - Td_iS < = 0. \quad (1\text{-}117)$$

Assim, para sistemas fechados a volume constante, a maximização da entropia (equilíbrio) corresponde a um mínimo da energia interna.

Seguindo o mesmo raciocínio, pode-se mostrar que, para sistemas fechados a P constante, se tem

$$dH_{S,P} = - Td_iS < = 0 \quad (1\text{-}118)$$

que indica a minimização da entalpia, para S e P constantes, em sistemas fechados.

Minimização da energia livre de Helmholtz: em sistemas fechados, a V e T constantes, A energia livre de Helmholtz, A, evolui para um mínimo, que corresponde ao estado de equilíbrio.

Assim,

$$A = U - TS$$
$$dA = dU - TdS - SdT$$
$$dA_{V,T} = dQ - TdS = Td_eS - TdS$$
$$TdS = Td_eS + Td_iS = 0 \text{ (equilíbrio)}$$
$$dQ = Td_eS = - Td_iS$$
$$dA_{V,T} = - Td_iS <= 0 \quad (1\text{-}119)$$

como se desejava mostrar.

Minimização da energia livre de Gibbs: por definição,

$$G = H - TS$$

cuja diferenciação total e subseqüente manipulação, seguindo o raciocínio acima, leva a

$$dG_{P,T} = dQ - TdS$$

Para o equilíbrio,

$$dS = d_eS + d_iS = 0$$
$$d_eS = - d_iS <= 0$$

Desde que

$$dQ = d_eS$$

tem-se finalmente:

$$dG_{P,T} <= 0 \qquad (1\text{-}120)$$

que mostra que $G_{P,T}$ decresce ao tender para o equilíbrio e atinge um mínimo ao ser este estado atingido.

É conveniente notar que a capacidade de realizar trabalho somente existe enquanto o sistema se mantém afastado do equilíbrio. No equilíbrio, um sistema não produz trabalho de qualquer natureza.

Em termodinâmica clássica ou do equilíbrio, as expressões para o trabalho realizado sobre um sistema ou por ele produzido são obtidas admitindo condições de reversibilidade. Quando o sistema tende para o equilíbrio, ele o faz reversivelmente, isto é, por sucessão de estados de equilíbrio próximos um do outro.

1.17 Equação de balanço para uma propriedade extensiva geral

Suponha-se um sistema aberto, delimitado por uma superfície Σ.

O valor de uma das suas propriedades extensivas B(t), dependente do tempo, pode ser definido por unidade de volume quando, então, teremos uma propriedade intensiva b (**r**, t), função da posição (dada pelo raio vetor **r**) e do tempo t, dado o caráter dinâmico do sistema.

O valor de B(t) para todo o sistema é dado por

$$B(t) = \int b(\mathbf{r},t)\, dr \tag{1-121}$$

onde dr = dx dy dz = elemento de volume em r e a soma abrange todo o volume V do sistema.

A variação de B(t) depende: a) de trocas com o ambiente d_eB/dt; e b) de produção interna, d_iB/dt. Assim, tem-se

$$dB/dt = d_eB/dt + d_iB/dt \tag{1-122}$$

O termo d_eB/dt pode representar a grandeza de um fluxo de b, $\mathbf{J}_b$, o qual atravessa a superfície Σ que delimita o sistema de volume V.

O termo d_iB/dt pode ser representado por σ_b, a taxa temporal de produção de b.

Assim, (1-119) pode ser reescrita como a seguir:

$$dB/dt = -\int_\Sigma d\Sigma\, (\mathbf{J}_b \,.\, \mathbf{n}) + \int_V \sigma_b\, dr \tag{1-123}$$

Para melhor entendimento do primeiro termo do 2º membro de (1-123), veja-se a Figura 1.6.

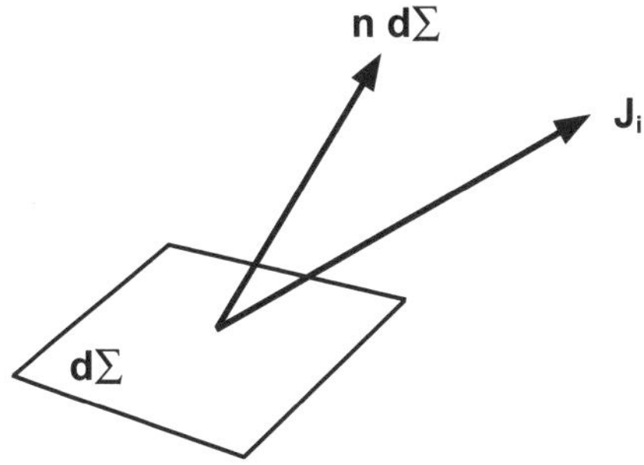

Figura 1.6 – **Fluxo através do elemento de superfície dΣ (veja o texto)**

Um elemento de superfície dΣ pode ser representado por um vetor **n** dΣ, que lhe é normal; **n** é o vetor unitário normal a dΣ e que aponta para fora.

O fluxo $\mathbf{J}_b$ é definido com relação à unidade de área.

O produto escalar $\mathbf{J}_b\ \mathbf{n} = J\cos\theta$ é o módulo da componente de $\mathbf{J}_b$, na direção da normal.

A variação total por troca com o ambiente é obtida então por integração dos elementos diferenciais, abrangendo toda a superfície Σ.

Aplicando o teorema da divergência (Gauss),

$$\int_\Sigma d\Sigma\ (\mathbf{J}_b \cdot \mathbf{n}) = \int_V \text{div}\ \mathbf{J}_b\ dV \tag{1-124}$$

e, introduzindo (1-124) em (1-123), obtém-se:

$$\partial b / \partial t = -\ \text{div}\ \mathbf{J}_b + \sigma_b \tag{1-125}$$

que é a forma diferencial da equação de balanço para b.

1.17.1 Equação de balanço para a concentração

Variações no número de moles do constituinte j, dn_j, resultam de transporte de partículas (difusão e convexão), $d_e n_j$, e reações químicas, $d_i n_j$, tendo-se para a variação total:

$$dn_j = d_e n_j + d_i n_j. \tag{1-126}$$

Representado por $\mathbf{v}_j\ (x,t)$ a velocidade com que se desloca o constituinte j. Na posição x e no tempo t, a equação geral de balanço (1-125) pode ser escrita como

$$\begin{aligned} \partial n_j / \partial t &= \partial_e nj / \partial t + \partial_i n_j / \partial t \\ &= -\nabla\ .\ (n_j\ \mathbf{v}_j) + \sigma_j(n_j) \end{aligned} \tag{1-127}$$

onde $n_j\ \mathbf{v}_j = \mathbf{J}_j$ é o fluxo de j e σ_j, que pode ser nulo, positivo ou negativo, é a produção de j, por unidade de volume, para uma única reação química.

Vimos, anteriormente, que

$$d_i n_j = (1/V)\, \nu_j\, (d\xi / dt)$$

onde νj = coeficiente estequiométrico de j, ξ = grau de avanço da reação e V = volume do sistema.

A produção do constituinte j pela reação, por unidade de volume, é dada por

$$\sigma_j = \nu_j\, v_\rho \tag{1-128}$$

onde v_ρ = velocidade da reação ρ = (1/V) (dξ/dt).

Para o caso mais geral de r reações químicas simultâneas, tem-se

$$\sigma_j = \sum_\rho \nu_{j\rho}\, v_\rho \; (\rho = 1, 2, ..., r) \tag{1-129}$$

Assim, a partir de (1-127) e (1-129), tem-se

$$\partial n_j / \partial t = \partial_e nj/\partial t + \partial_i n_j /\partial t = -\nabla \,.\, (n_j\, v_j) + \sum_\rho \nu_{\varphi\rho}$$

$$= -\nabla \,.\, \mathbf{J}_j + \sum_\rho \nu_{\varphi\rho} \tag{1-130}$$

onde J_j é o fluxo do constituinte j causado por difusão (fluxo não convectivo).

Na convexão, tem-se o deslocamento do centro de massa, cuja velocidade é dada por

$$v_{conv,j} = \sum_j M_j\, n_j\, v_j \,/ \sum_j M_j\, n_j \tag{1-131}$$

onde $\mathbf{v}_{cpnv}$ = velocidade de deslocamento do centro de massa ou velocidade baricêntrica, M_j = massa molar de j, n_j = número de moles de j e $\mathbf{v}_j$ = velocidade de transferência de j.

O fluxo não convectivo (difusão, por exemplo) de j pode ser expresso por

$$\mathbf{J}_{nconv,j} = n_j\, (\mathbf{v}_j - \mathbf{v}_{conv}) \tag{1-132}$$

Em ausência de convexão, (1-123) reduz-se a

$$\mathbf{J}_{nconv,\,j} = n_j\,\mathbf{v}_j. \tag{1-133}$$

Levando (1-133) para (1-130), obtém-se

$$\partial n_j/\partial t = -\nabla\,.\,\mathbf{J}_j - \nabla.(n_j\,\mathbf{v}_{conv}) + \sum_\rho \nu_{j\rho} v_\rho. \tag{1-134}$$

Os fluxos não convectivos não implicam deslocamento do centro de massa, ou seja,

$$\sum_j M_j\,\mathbf{J}_j = 0. \tag{1-135}$$

Portanto, os fluxos $\mathbf{J}_j$ não são independentes, o que será visto mais adiante, ao serem vistas as equações fenomenológicas entre fluxos e forças.

Em ausência de convexão, a expressão (1-134) reduz-se a

$$\partial n_j/\partial t = -\nabla\,.\,J_j + \sum_\rho \nu_{j\rho}\,v_\rho \tag{1-136}$$

onde $\mathbf{J}_j$ são fluxos não convectivos.

1.17.2 Balanço da energia em sistemas abertos e contínuos

A expressão *local* da conservação da energia E de um sistema aberto e contínuo é dada por

$$e = (1/2)\sum_j (M_j\,n_j)\,\mathbf{v}_j^2 + u \tag{1-137}$$

onde
e = E/V = energia específica ou densidade de energia em um dado elemento de volume;
M_j = massa molar do constituinte j;
n_j = número de moles do constituinte de j;
$\mathbf{v}_j$ = velocidade com que se transfere o constituinte j;
u = energia interna específica ou densidade de energia interna no elemento de volume considerado.

O primeiro termo do 2º membro de (1-134) representa a energia cinética de todos os constituintes que se deslocam com velocidade $\mathbf{v}_j$.

Em (1-134), não são consideradas as energias cinética e potencial do sistema como um todo, ou resultantes de potenciais externos (campos magnéticos, elétricos, etc.).

O termo da energia interna, u, corresponde à energia do sistema com exclusão da energia cinética resultante de deslocamentos de massa no interior do sistema.

Sendo $\mathbf{v}_j$ a velocidade do centro de massa, como definida em (1-131), a Eq. (1-137) pode ser escrita como a seguir:

$$e = (1/2)\,\rho\,\mathbf{v}^2 + (1/2)\sum_j M_j n_j(\mathbf{v}_j - \mathbf{v})^2 + u \qquad (1\text{-}138)$$

onde ρ = massa/volume; o 1º termo do 2º membro é a energia cinética do fluxo difusivo, com a velocidade referida ao centro de massa, **v** (velocidade baricêntrica).

Vê-se, assim, que a densidade de energia e é expressa pela soma da energia cinética do deslocamento convectivo, da transferência difusiva e da densidade de energia interna.

A equação de balanço para e é dada por

$$\partial e/\partial t = -\nabla\,.\,\mathbf{J}_e + \sigma(e) \qquad (1\text{-}139)$$

seguindo (1-122). $\mathbf{J}_e$ é a densidade de corrente (fluxo) de energia resultante dos fluxos convectivo e difusivo.

Sendo a energia conservada, tem-se σ(e) = 0, isto é, não há produção ou destruição de energia, sendo (1-136) reduzida a

$$\partial e/\partial t + \nabla.\mathbf{J}_e = 0 \qquad (1\text{-}140)$$

com a supressão do termofonte.

Veja-se agora, com um pouco mais de detalhe, o termo da energia interna u.

Desde que u é função de T e do número de moles do constituinte j, n_j, tem-se para a diferencial total de u:

$$du = (\partial u/\partial T)_N \, dT + \sum (\partial u/\partial n_j)_{T,\, ni \neq j} \, dn_j$$

$$= c_v \, dT + \sum_j u_{(j)} \, dn_j \qquad (1\text{-}141)$$

Sendo P constante, $(\partial u/\partial n_j)_{T,\, ni\neq j}$ corresponde à energia interna molar parcial para o constituinte j, denotada aqui por $u_{(j)}$. c_v é a capacidade calorífica a volume constante, por unidade de volume.

A partir de (1-141), a variação temporal de u é dada por

$$\partial u/\partial t = c_v \, \partial T/\partial t + \sum_j u_{(j)} \, \partial n_j/\partial t \qquad (1\text{-}142)$$

admitindo c_v constante.

Entrando em (1-142) com a equação de balanço para o número de moles (1-136), obtém-se

$$\partial u/\partial t = c_v \, \partial T/\partial t + \sum_{j\rho} u_{(j)} \, \nu_{j\rho} \, v_\rho - \sum_j u_{(j)} \, \nabla \cdot \mathbf{J}_j \qquad (1\text{-}143)$$

onde o 3º termo do 2º membro expressa a variação de energia interna por unidade de volume, a T constante, por causa da reação química ρ.

Essa quantidade pode ser negativa para uma reação exotérmica e positiva para uma reação endotérmica.

Pela identidade

$$\nabla \cdot \mathbf{J}_j = \nabla \cdot (u_{(j)} \, \mathbf{J}_j) = - \mathbf{J}_j \cdot (\nabla u_{(j)}) \qquad (1\text{-}144)$$

a expressão (1-143) pode ser reescrita como a seguir:

$$\partial u/\partial t = c_v \, \partial T/\partial t + \sum_\rho (q_{v,T})_\rho \, v_\rho + \sum_j \mathbf{J}_j \cdot (\nabla u_j)$$

$$- \sum_j \nabla \cdot (u_{(j)} \, \mathbf{J}_j). \qquad (1\text{-}145)$$

A partir de (1-138) e (1-145), obtém-se para a variação, com o tempo, da densidade de energia e:

$$\partial e/\partial t = \partial (EC)/\partial t + \partial u/\partial t \qquad (1\text{-}146)$$

onde EC engloba os termos de energia cinética convectiva e difusiva, ou seja,

$$EC = (1/2)\rho\, \mathbf{v}^2 + (1/2)\sum_j M_j\, n_j\, (\mathbf{v}_j - \mathbf{v})^2 \qquad (1\text{-}147)$$

Entrando com (1-145) em (1-146), obtém-se

$$\begin{aligned}\partial e/\partial t &= c_v\,(\partial T/\partial t) + \sum_\rho (q_{v,T})\, v_\rho \\ &+ \sum_j \mathbf{J}_j\, .(\nabla\, u_j) - \sum_j \nabla\, .\, (u_{(j)}\, \mathbf{J}_j) \\ &+ \partial(EC)/\partial t = -\, \nabla\, \mathbf{J}_e \end{aligned} \qquad (1\text{-}148)$$

admitindo que não haja produção de energia, isto é, termofonte nulo.

Agora, defina-se o *fluxo de calor* como

$$\begin{aligned}-\,\nabla\, \mathbf{J}_q &= c_v\,(\partial T/\partial t) + \sum_\rho (q_{v,T})\, v_\rho \\ &+ \sum_j \mathbf{J}_j\, .(\nabla\, u_j) + \partial(EC)/\partial t\end{aligned} \qquad (1\text{-}149)$$

Assim, o *fluxo de calor* é aqui definido como a quantidade cuja divergência negativa é a soma de todos os termos indicados no 2º membro da expressão (1-146).

Então, o fluxo de energia pode ser expresso por

$$\mathbf{J}_e = \mathbf{J}_q + \sum_j u_{(j)}\, \mathbf{J}_j \qquad (1\text{-}150)$$

O fluxo de calor pode ser definido de outros modos, resultando expressões diferentes para a produção de entropia.

Tomando-se a expressão (1-145) para $\partial u/\partial t$ e (1-149) para $-\nabla\, .\, Jq$, obtém-se

$$\partial u/\partial t = -\nabla.\mathbf{J}_q - \nabla\, .\, (\sum_j u_{(j)}\, \mathbf{J}_j) - \partial(EC)/\partial t \qquad (1\text{-}151)$$

Fazendo-se

$$-\nabla\, .\, \mathbf{J}_u = -\, \nabla\, .\, \mathbf{J}_q - \nabla\, .\, (\sum_j u_{(j)}\, \mathbf{J}_j) \qquad (1\text{-}152)$$

o que equivale a $\mathbf{J}_u = \sum_j u_{(j)} \mathbf{J}_j + \mathbf{J}_q$, obtém-se

$$\partial u/\partial t + \nabla \,.\, \mathbf{J}_u = -\,\partial(EC)/\partial t \qquad (1\text{-}153)$$

que é a equação de balanço para a energia interna.

Portanto, a variação de u na unidade de tempo é dada pelo fluxo líquido de u no elemento de volume, menos a variação temporal da energia cinética macroscópica (fluxos convectivo e difusivo).

O fluxo de u, $\mathbf{J}_u$, compreende o fluxo de matéria, $\mathbf{J}_j$, e o fluxo de calor $\mathbf{J}_q$. O termo com a energia cinética EC (convexão e difusão) é dissipativo.

Em presença de campos externos, a equação deverá receber termos adicionais dando conta das respectivas interações.

1.17.3 Balanço da entropia

A equação de balanço da entropia é expressa por

$$\partial s/\partial t + \nabla.\mathbf{J}_s = \sigma_s \qquad (1\text{-}154)$$

onde s é a entropia específica ou densidade de entropia definida por s = S/V, $\mathbf{J}_s$ é a densidade de corrente (fluxo) de s, e σ_s é a produção de entropia específica (termofonte) nos processos irreversíveis (condução de calor, difusão e reações químicas).

Suponha-se a ausência de dissipação por fluxos convectivos e dissipativos e de ação de campos externos.

Tome-se a relação (Gibbs)

$$du = Tds + \sum_j \mu_j\, dn_j \qquad (1\text{-}155)$$

onde u = energia interna específica.

A partir de (1-155), obtém-se

$$\partial s / \partial t = (1/T)\, \partial u / \partial t - \sum_j (\mu_j /T)\, \partial n_j / \partial t \qquad (1\text{-}156)$$

que expressa a variação de s com t.

Tomando as equações de balanço para a concentração (1-136) e para a energia interna (1-155), a Eq. (1-156) pode ser posta sob a forma

$$\partial s / \partial t = -(1/T)\, \nabla . \mathbf{J}_u$$

$$+\sum_j (\mu_j /T)\, \nabla . \mathbf{J}_j - \sum_{j,\rho} (\mu_j /T)\, \nu_{j\rho}\, v_\rho, \qquad (1\text{-}157)$$

admitindo $\partial(EC)/\partial t = 0$, isto é, ausência da energia cinética de convexão e/ou difusão.

Considerando a expressão para a afinidade da reação ρ,

$$A_\rho = -\sum_j \mu_j\, \nu_{j\rho} \qquad (1\text{-}158)$$

e a expressão para a divergência do produto de um escalar y por um vetor **J**,

$$\nabla .(\, y\, \mathbf{J}\,) = \mathbf{J}\, .(\nabla y) + y\, (\nabla . \mathbf{J}) \qquad (1\text{-}159)$$

pode-se escrever (1-157) sob a forma:

$$\partial s / \partial t + \nabla \,.\, [\, (\mathbf{J}_u/T) - \sum_j (\mu_j\, \mathbf{J}_j\,)/T)] =$$

$$\mathbf{J}_u \,.\, \nabla(1/T) - \sum_j \mathbf{J}\, .\nabla\, (\mu_j\, /T)$$

$$+\sum_\rho (A_\rho\, v_\rho) \qquad (1\text{-}160)$$

Comparando (1-154) com (1-160), obtém-se

$$\mathbf{J}_s = \mathbf{J}_u\, /T - \sum_j \mu_j\, \mathbf{J}_j\, /T \qquad (1\text{-}161)$$

e

$$\sigma = \mathbf{J}_u .\nabla\, (1/T) - \sum_j \mathbf{J}_j\, .\nabla\, (\mu_j\, /T)$$

$$+\sum_\rho A_\rho\, v_\rho \geq 0 \qquad (1\text{-}162)$$

Expressando o fluxo de u por

$$\mathbf{J}_u = \mathbf{J}_q + \sum_j u_{(j)}\, \mathbf{J}_j \qquad (1\text{-}163)$$

e desde que

$$u_{(j)} = \mu_j + Ts_{(j)} \tag{1-164}$$

o fluxo de entropia $\mathbf{J}_s$ pode ser expresso por

$$\begin{aligned} \mathbf{J}_s &= \mathbf{J}_q/T + \sum_j \mathbf{J}_j(u_{(j)} - \mu_j)/T \\ &= \mathbf{J}_q/T + \sum_j s_{(J)} \mathbf{J}_j \end{aligned} \tag{1-165}$$

Em (1-165), o termo $\mathbf{J}_q/T$ corresponde ao fluxo de calor e $\sum_j s_{(j)}\mathbf{J}_j$ ao fluxo de entropia por conta do fluxo material dos constituintes j (= 1, 2, ..., c).

No caso de um potencial elétrico ψ e de espécies carregadas (íons) estarem presentes, tem-se, a partir da equação de Gibbs:

$$\partial s/\partial t = (1/T)\, \partial u/\partial t - \sum_j \mathbf{J}_j \mu_j /T \tag{1-166}$$

em que o potencial químico μ_j é substituído pelo potencial eletroquímico $\tilde{\mu}_j$.

Para o fluxo de entropia, tem-se

$$\mathbf{J}_s = \mathbf{J}^{\psi}_j /T - \sum_j \mathbf{J}_j (\tilde{\mu}_j /T) \tag{1-167}$$

A produção de entropia é dada por

$$\begin{aligned} \sigma = \mathbf{J}_u . \nabla (1/T) - \sum_j \mathbf{J}_j . \nabla (\tilde{\mu}_j /T) \\ + \sum_\rho \tilde{A}_\rho v_\rho /T \geq 0 \end{aligned} \tag{1-168}$$

onde

$$\mathbf{J}_u = \mathbf{J}_q + \sum_j u^o_{(j)} \mathbf{J}_j \tag{1-169}$$

e $u^o_{(j)}$ é a energia interna molar parcial de j, em ausência de ψ.

Fazendo-se $I = \sum_j (z_j F) J_j$ e considerando que a força eletromotriz $E = -\nabla \psi$, a expressão (1-165) pode ser reescrita como

$$\sigma = \mathbf{J}_u . \nabla (1/T) - \sum_j \mathbf{J}_j . \nabla (\mu_j /T) + \mathbf{I} . (-\nabla\psi)/T$$

$$+\sum_{\rho} Á\, v_{\rho}/T \geq 0 \qquad (1\text{-}170)$$

É conveniente observar que a expressão para a produção de entropia (1-170), que é uma das expressões fundamentais da termodinâmica irreversível, é a soma de termos constituídos por dois fatores:um correspondendo à força termodinâmica e outro ao fluxo causado pela força correspondente.

Assim, em (1-170), tem-se:

1º termo – condução de calor: fluxo de energia X grad (1/T);
2º termo – difusão: fluxo de difusão X -grad (μ_j /T);
3º termo – condução elétrica: densidade de fluxo iônico X **E** / T;
4º termo – reação química: velocidade da reação X $Á_j$ / T.

1.18 Flutuações

As propriedades de um sistema em equilíbrio podem flutuar em torno de seus valores assumidos nesse estado, isto é, variam aleatoriamente por pequenos valores e logo retornam aos valores de equilíbrio.

A probabilidade de flutuação de um sistema isolado, em equilíbrio, é dada pela fórmula de Einstein para pequenas flutuações:

$$Pr \sim \exp(\,\Delta S/k_B\,) \qquad (1\text{-}171)$$

onde $\Delta S = S_f - S_e$ é a variação de entropia a partir do equilíbrio, tendo-se $\Delta S < 0$ e k_B = constante de Boltzmann.

Pela expressão (1-171), vê-se que, quanto maior o decréscimo de S, ou seja, quanto mais organizante for a flutuação, menor será sua probabilidade de ocorrência.

Expandindo S em torno de seu valor de equilíbrio S_e, obtém-se

$$S = S_e + \delta S_e + (1/2)\delta^2 S_e) + \ldots \qquad (1\text{-}172)$$

No equilíbrio, tem-se $\delta S_e = 0$ e, portanto,

$$\Delta S = S - S_e \approx (1/2)\delta^2 S_e \qquad (1\text{-}173)$$

Entrando com (1-173) em (1-171), obtém-se

$$\Pr \sim \exp(1/2\ k_B)\delta^2 S_e. \qquad (1\text{-}174)$$

A expressão (1-174), proposta para flutuações em torno do equilíbrio, tem sido proposta, também, para situações de não equilíbrio.

1.19 Estabilidade dos estados de equilíbrio – teoria de Gibbs

Os sistemas termodinâmicos, por sua estrutura molecular, podendo assumir várias configurações, têm suas propriedades macroscópicas (T, P, densidade, etc.) como médias temporais dos valores correspondentes a estados microscópicos, os quais constituem, em conjunto, o estado macroscópico ou macroestado.Temos já tratado deste aspecto dos sistemas físicos, quando, anteriormente, vimos a interpretação estatística da entropia.

As propriedades macroscópicas somente têm sentido se o sistema a que se referem têm extensão que garanta um grande número de microestados.

No estado de equilíbrio, temos o número máximo de estados microscópicos realizando o estado macroscópico. As configurações não são estáticas ou "congeladas", mas flutuam quanto às posições e velocidades moleculares. Com relação ao ambiente, o sistema está sujeito a perturbações. Apesar de flutuações e perturbações, o estado de equilíbrio apresenta estabilidade, o que assegura valores definidos para suas propriedades macroscópicas.

Anteriormente, vimos que, para um sistema isolado, a entropia aumenta monotonicamente, $dS > 0$, até o valor máximo ser alcançado, $dS = 0$, onde, para qualquer flutuação, tem-se $dS < 0$.

Para qualquer flutuação, a produção de entropia por processos irreversíveis faz que o sistema retorne (regressão de flutuações) ao equilíbrio, fazendo que este estado seja estável, relativamente a qualquer perturbação ou flutuação que leve à diminuição de S.

Se, em lugar de serem atenuadas ou anuladas, flutuações tendem a aumentar, o sistema não estará em equilíbrio estável, tendo-se $dS > 0$, que é a condição de instabilidade.

Sejam S_{eq} e S a entropia do estado de equilíbrio e a entropia com as variações resultantes de flutuação, respectivamente. Expandindo S em série de Taylor (veja Apêndice I), tem-se

$$S = S_{eq} + \delta S + (1/2)\,\delta^2 S + \ldots \tag{1-175}$$

correspondendo δS aos termos de 1ª ordem de variação das propriedades de estado (δT, δV, δP, por exemplo); $\delta^2 S$ (2ª variação) corresponde aos termos de 2ª ordem ($(\delta T)^2$, $(\delta V)^2$, ...) e, assim, sucessivamente para os termos de ordem superior.

Desde que, no equilíbrio, a entropia tem valor máximo, tem-se $\delta S = 0$ e, assim, tem-se somente a contribuição dos termos superiores, prevalentemente de $\delta^2 S$. Os termos de ordem superior ao 2º são desprezados, por sua muito baixa contribuição.

1.19.1 *Estabilidade térmica*

Para flutuação de T, a segunda variação de S [o termo de 2ª ordem em (1-175)] é expressa por

$$(1/2)\,\delta^2 S = -\,C_v(\delta T)^2/\,(\alpha\, T^2) < 0 \tag{1-176}$$

onde C_v = capacidade calorífica molar a volume constante.

Para $C_v > 0$, tem-se um estado de equilíbrio estável para flutuações de T. Se $C_v < 0$, tem-se equilíbrio instável a flutuações térmicas.

1.19.2 *Estabilidade química*

Reações químicas e processos de transporte (difusão, por exemplo) levam a flutuações do número de moles dos constituintes que participam desses processos. Em primeiro lugar, será estudada a estabilidade química. Nesse caso, flutuações em torno do equilíbrio químico resultam de flutuações do grau de avanço da reação ξ.

Seja a variação de entropia relativa ao seu valor de equilíbrio e que resulte de uma flutuação $d\xi$. Considerando (1-175), tem-se

$$S - S_{eq} = \Delta S = \delta S + (1/2)\,\delta^2 S$$
$$= (\partial S/\partial\xi)_{U,V}\delta\xi + (1/2)\,(\partial^2 S/\partial\xi^2)_{U,V}(\delta\xi)^2. \quad (1\text{-}177)$$

A partir de

$$TdS = dU + PdV + \acute{A}d\xi \quad (1\text{-}178)$$

tem-se, para uma única reação, a U e V constantes:

$$(\partial S/\partial\xi)_{U,V} = \acute{A}/T \quad (1\text{-}179)$$

Entrando com (1-178) em (1-172), obtém-se

$$\Delta S = \delta S + (1/2)\,\delta^2 S$$
$$= (\acute{A}/T)_{eq}\delta\xi + (1/2T)\,(\partial\acute{A}/\partial\xi)_{eq}(\delta\xi)^2 \quad (1\text{-}180)$$

onde T é constante.

Desde que em equilíbrio tem-se $\acute{A} = 0$, vê-se que a 1ª variação de S, $\delta S = 0$ (entropia máxima), como se tem visto anteriormente.

Então, a 2ª variação de S tem de ser negativa:

$$(1/2)\,\delta^2 S = (1/2T)\,(\partial\acute{A}/\partial\xi)_{eq}(\delta\xi)^2 < 0. \quad (1\text{-}181)$$

A condição de estabilidade para o equilíbrio químico será

$$(\partial A/\partial\xi)_{eq} < 0 \quad (1\text{-}182)$$

desde que $T > 0$.

O equilíbrio químico será estável se a flutuação de ξ resultar em uma variação de Á satisfazendo (1-182). Um aumento de ξ deve resultar em decréscimo de Á.

No caso de r reações químicas simultâneas ($\rho = 1, 2, ..., r$), tem-se

$$(1/2)\ \delta^2 S = \sum_{\rho\rho'} (1/2T)\ (\partial Á_\rho/\partial \xi_{\rho'}) \delta\xi_\rho\ \delta\xi_{\rho'}. \qquad (1\text{-}183)$$

para a condição (1-182).

1.19.3 Estabilidade em difusão

Consideremos um sistema com duas partes (ou subsistemas) entre as quais pode ocorrer transporte de matéria, o que leva à variação do número de moles nessas partes. Sendo a entropia uma propriedade extensiva, a variação de S do sistema é a soma de S_1 e S_2, que são as entropias das partes:

$$S = S_1 + S_2 \qquad (1\text{-}184)$$

O desvio relativo ao equilíbrio pode ser dado pela expansão de Taylor:

$$S - S_{eq} = \Delta S = \sum_k [(\partial S_1/\partial n_{1k})\ \delta n_{1k} + (\partial S_2/\partial n_{2k})\ \delta n_{2k}]$$
$$+ \sum_{ij} [(\partial^2 S_1/(\partial n_{1i})(\delta n_{1i}\ \delta n_{1j})/2$$
$$+ [(\partial^2 S_2/(\partial n_{2i})(\delta n_{2i}\ \delta n2j)/2]. \qquad (1\text{-}185)$$

Desde que o número de moles deixando a parte 1 é igual ao número de moles entrando na parte 2, isto é, $\delta n_2 = -\ \delta n_1$ e, tendo-se $(\partial S/\partial n_j) = -\mu_j /T$, a expressão (1-185) pode ser reescrita como

$$\Delta S = \delta S + (1/2)\ \delta^2 S = \sum_j (\mu_{2j}/T - \mu_{1j}/T)\ \delta n_j$$
$$- \sum_{i,j} [\delta(\mu_{1i}/T)/\ \delta n_j + \delta(\mu_{2i}/T)/\ \delta n_j\ ]\ (\delta n_i\ \delta n_j)/2. \qquad (1\text{-}186)$$

No equilíbrio, os potenciais químicos μ_1 e μ_2 são iguais, o que leva à anulação do 1º termo à direita de (1-186).

Se o compartimento 1 for muito maior que o compartimento 2, tem-se

$$(\delta/\delta n_j)(\mu_{1j}/T) << (\delta/\delta n_j)\mu 2j/T. \quad (1\text{-}187)$$

Então, a partir de (1-186), obtém-se

$$\delta^2 S = -\sum_{i,j} (\delta/\delta n_j)(\mu_{2i}/T)\, \delta n_i\, \delta n_j < 0 \quad (1\text{-}188)$$

como a condição para a estabilidade de equilíbrio ao flutuar o número de moles.

1.20 Termodinâmica do não-equilíbrio: leis fenomenológicas

1.20.1 Fluxos, forças termodinâmicas e coeficientes fenomenológicos

No domínio linear da termodinâmica do não-equilíbrio, os fluxos são proporcionais às forças generalizadas ou termodinâmicas que os produzem. Isto é justificável quando o sistema se mantém próximo ao estado de equilíbrio.

Essa dependência entre fluxos e forças pode ser expressa por

$$J_\alpha = \sum_\beta L_{\alpha\beta} F_\beta \; (\alpha, \beta = 1, 2, \ldots, l) \quad (1\text{-}189)$$

onde J_α denota as grandezas dos fluxos ocorrendo simultaneamente, F_β representa as forças termodinâmicas respectivas e $L_{\alpha\beta}$ são coeficientes de proporcionalidade ou coeficientes fenomenológicos.

Escrevendo (1-189) em forma expandida, tem-se

$$\begin{aligned} J_1 &= L_{11}F_1 + L_{12}F_2 + \ldots + L_{1l}F_l \\ J_2 &= L_{21}F_1 + L_{22}F_2 + \ldots + L_{2l}F_l \\ &\text{-------------------------------------} \\ J_l &= L_{l1}F_1 + L_{l2}F_2 + \ldots + L_{ll}F_l \end{aligned} \quad (1\text{-}190)$$

Onde as i forças contribuem para cada um dos fluxos, na forma expressa.

Os coeficientes fenomenológicos formam a matriz

$$[L_{\alpha\beta}] = \begin{bmatrix} L_{11}\, L_{12} \ldots L_{1l} \\ L_{21}\, L_{22} \ldots L_{2l} \\ \text{----------------} \\ L_{l1}\, L_{l2} \ldots L_{ll} \end{bmatrix} \qquad (1\text{-}191)$$

Os coeficientes diagonais $L_{\alpha=\beta}$ são chamados *autocoeficientes* ou *coeficientes próprios* e relacionam os fluxos J_α às forças F_α que diretamente os produzem.

Os coeficientes $L_{\alpha\beta}(\alpha\neq\beta)$, elementos não diagonais da matriz (1-191), são chamados de *mútuos* ou *cruzados* e relacionam fluxos às forças que lhes não são diretamente causadoras, mas que para eles contribuem.

Tome-se, como exemplo, o caso de dois fluxos J_1 e J_2 causados por forças F_1 e F_2, respectivamente:

$$\begin{aligned} J_1 &= L_{11}F_1 + L_{12}F_2 \\ J_2 &= L_{21}F_1 + L_{22}F_2 \end{aligned} \qquad (1\text{-}192)$$

O fluxo J_1 é diretamente causado por F_1, mas recebe a contribuição de F_2; o fluxo J_2 é diretamente causado por F_2 tendo contribuição de F_1.

Diz-se, também, que os dois processos são acoplados e que os coeficientes mútuos são coeficientes de acoplamento. Se os dois processos irreversíveis correspondentes aos fluxos J_1 e J_2 são, por exemplo, condução térmica e difusão, o coeficiente L_{21} que, mais adiante, veremos ser igual a L_{12}, está relacionado ao processo de *termodifusão*, o qual resulta da interação ou do acoplamento dos processos de difusão e condução de calor.

Assim, se em um meio homogêneo surge um gradiente de temperatura, que responde diretamente pelo fluxo térmico, surgirá, concomitantemente, um gradiente de concentração que causa difusão.

1.20.2 Relações de reciprocidade de Onsager

Um importante teorema devido a Onsager estabelece que *a matriz dos coeficientes fenomenológicos é simétrica*: $L_{\alpha\beta} = L_{\beta\alpha}$. Assim, no exemplo anterior da difusão térmica, tem-se $L_{12} = L_{21}$.

Viu-se, anteriormente, que a produção de entropia é expressa pela soma de termos que são o produto de fluxos por suas forças termodinâmicas:

$$d_i s/dt = \sigma_s = \sum_{\alpha\beta} J_\alpha F_\beta > 0 \quad \alpha,\beta = 1, 2, ..., l \tag{1-193}$$

A expressão (1-193) é o que se chama uma forma bilinear.

Entrando em (1-193) com a expressão para os fluxos (1-189), obtém-se para a produção de entropia,

$$d_i s/dt = \sigma_s = \sum_{j,k} L_{jk} F_j F_k > 0. \tag{1-194}$$

Tomando o exemplo de 2 fluxos, tem-se

$$\sigma_s = L_{11} F_{11}^2 + L_{22} F_{22}^2 + L_{12} F_1 F_2 + L_{21} F_2 F_1$$
$$= L_{11} F_{11}^2 + L_{22} F_{22}^2 + (L_{12} + L_{21}) F_1 F_2 > 0 \tag{1-195}$$

A expressão (1-195) é uma forma quadrática que deve ser positiva para F_1, F_2 <> 0, excetuando o caso em que $F_1 = F_2 = 0$, quando $\sigma_s = 0$.

A fim de satisfazer à condição em (1-194), imposta pela 2ª lei, a matriz [L_{jk}] tem de ser positiva-definida, na qual, geralmente, se tem L_{jk} (j=k)>0. Os elementos não diagonais podem ser positivos ou negativos.

Uma condição necessária e suficiente para que [L_{jk}] seja positiva-definida é que seu determinante e seus menores sejam positivos.

As relações de reciprocidade assentam sobre o princípio da *reversibilidade microscópica,* como foi mostrado por Onsager. Esse princípio enuncia que entre dois estados ou duas configurações A e B, uma transição ocorreria muitas vezes tanto de A para B como de B para A, em um dado tempo t.

Além disso, esse princípio vincula-se a um outro já referido anteriormente – o princípio do balanço detalhado, segundo o qual, se uma variável α tem um valor $\alpha(t)$ no tempo t e se, no tempo t + ζ, uma variável correlacionada β tem um valor $\beta(t + \zeta)$, então a transição reversa (no tempo) poderia ocorrer igualmente. Simbolicamente, tem-se

$$< \alpha(t)\ \beta(t+\zeta) > = < \beta(t)\ \alpha(t+\zeta) \tag{1-196}$$

onde os parênteses angulares denotam médias.

1.20.3 Leis fenomenológicas em reações químicas e difusão

Sendo admitidas como válidas as relações de reciprocidade de Onsager, pode-se ver, por sua particular importância, a relação os coeficientes fenomenológicos e a cinética de reações químicas experimentalmente estudada. Para isso, começa-se tomando a expressão para a produção de entropia em uma reação química, em função da afinidade, como foi visto anteriormente, mas ligeiramente modificada:

$$\sigma = \sum_{\rho}(Á_{\rho}/T)(d\xi_{\rho}/dt)/V = \sum_{\rho} Á_{\rho}v_{\rho}/T > 0 \qquad (1\text{-}197)$$

onde ρ se refere à reação ρ (= 1, 2, ..., r), e os demais símbolos têm o significado já adotado neste trabalho.

Em (1-197), as forças termodinâmicas F_{ρ} são os fatores $Á_{\rho}/T$ e v_{ρ} (velocidades) são os fluxos correspondentes, J_{ρ}.

Para reações que podem ser consideradas etapas elementares, verificam-se as seguintes relações:

$$v_{\rho} = (v_{\rho\rightarrow} - v_{\rho\leftarrow}) \qquad (1\text{-}198)$$

$$Á_{\rho} = RT \ln (v_{\rho\rightarrow} / v_{\rho\leftarrow}) \qquad (1\text{-}199)$$

$$v_{\rho\rightarrow} / v_{\rho\leftarrow} = \exp(Á_{\rho}/RT)$$

$$v_{\rho} = v_{\rho\rightarrow}[1 - \exp(-Á_{\rho}/RT)]. \qquad (1\text{-}200)$$

A expressão (1-200) é de grande utilidade para as discussões sobre este tópico.

A expressão (1-198) pode ser facilmente obtida como a seguir:

$$Á_{\rho} = -\Delta G = -(G_2 - G_1) =$$

$$\Delta G^o + RT \ln (\Pi c^{\nu}{}_{produtos} / \Pi c^{\nu}{}_{reagentes})$$

$$\Delta G^o = -RT \ln K_{eq}$$

$$Á_{\rho} = RT \ln (v_{\rho\rightarrow} / v_{\rho\leftarrow}).$$

Para uma reação praticamente irreversível, $v_{\rho\rightarrow} >> v_{\rho\leftarrow}$ e tem-se, no limite, $Á_\rho \rightarrow \infty$.

É preciso acentuar-se que a expressão (1-200) não fornece a velocidade v_ρ em função exclusiva de $Á_\rho$, pois $v_{\rho\rightarrow}$, a velocidade da reação direta, precisa ser conhecida. Na realidade, não há relação geral que permita ter a cinética de uma reação química totalmente em função de sua afinidade.

1.20.3.1 Caso de uma única reação

Considere-se a expressão (1-200) para o caso de uma única reação (ρ=1), a qual deve ser uma etapa elementar:

$$v = v_{\rightarrow}[1 - \exp(- Á/ RT)]. \quad (1\text{-}201)$$

Sabe-se que, no equilíbrio, Á= 0, e fora do equilíbrio, Á $\neq$ 0

Próximo ao equilíbrio, tem-se

$$Á/RT << 1 \quad (1\text{-}202)$$

Denotando-se por $v_{\rightarrow eq}$ o valor de $v_{\rightarrow}$ no equilíbrio, pode-se escrever

$$v = v_{\rightarrow eq} (Á/RT) + \Delta v_{\rightarrow}. \quad (1\text{-}203)$$

por desenvolvimento em série da exponencial e considerando que Á seja muito menor que RT, obtendo-se, então,

$$v = v_{\rightarrow eq} (Á/RT) + ... \quad (1\text{-}204)$$

Desprezando os termos menores em (1-204) e considerando que v = J e a força termodinâmica F= Á/T, tem-se

$$J = LF$$
$$L = v_{\rightarrow eq}/ v = v_{\leftarrow eq}/ v \quad (1\text{-}205)$$

desde que, no equilíbrio, $v_{\rightarrow eq} = v_{\leftarrow eq}$.

1.20.3.2 Caso de multirreações

Seja um sistema em que ocorram várias reações químicas simultâneas entre vários constituintes. Neste caso, as reações podem não ser todas independentes, isto é, algumas reações podem depender de outras. No contexto das equações fenomenológicas, somente afinidades independentes devem ser consideradas entre as forças termodinâmicas e, portanto, temos de selecionar as respectivas reações. Assim, tomemos um exemplo simples, freqüente na literatura, a produção de CO_2 a partir de C e O_2, passando pela formação de CO, como a seguir:

$$2C(s) + O_2(g) = 2CO(g) \qquad (1\text{-}206)$$
$$2CO(g) + O_2 = 2CO_2(g) \qquad (1\text{-}207)$$

$$2C(s) + 2O_2(g) = 2CO_2(g) \qquad (1\text{-}208)$$

A reação expressa por (1-208) é a soma das outras duas, indicando que as três não são todas independentes, podendo a afinidade da última reação ser dada pela soma das afinidades das duas primeiras:

$$Á_3 = Á_1 + Á_2. \qquad (1\text{-}209)$$

No caso em que se tem independência de todas as reações, a afinidade de cada reação contribui para a velocidade de reação respectiva, não contribuindo para as velocidades das demais reações, isto é, não há termos cruzados, o que ocorre sempre quando o número total de reações é igual ao número de reações independentes. Quando isso não acontece, surgem termos cruzados, que indicam interferências entre os respectivos processos irreversíveis.

Para maior simplicidade, sem que, contudo, a generalidade e o resultado sejam afetados, considerem-se três reações unimoleculares:

$$1)\; B \leftrightarrow C \qquad v_{1\rightarrow}, \qquad v_{1\leftarrow}, \qquad Á_1, \qquad v_1$$
$$2)\; C \leftrightarrow D \qquad v_{2\rightarrow}, \qquad v_{2\leftarrow}, \qquad Á_2, \qquad v_2$$
$$3)\; B \leftrightarrow D \qquad v_{3\rightarrow}, \qquad v_{3\leftarrow}, \qquad Á_3, \qquad v_3$$

onde os símbolos têm o significado já conhecido.

Para a reação (3), que é a soma das reações (1) e (2), tem-se

$$Á_3 = Á_1 + Á_2 \qquad (1\text{-}210)$$

À temperatura T, tem-se para a produção de entropia σ, por unidade volume:

$$σ = v_1Á_1/T + v_2Á_2/T + v_3Á_3/T > 0. \qquad (1\text{-}211)$$

Entrando em (1-211) com o valor de $Á_3$ dado em (1-210), tem-se

$$\begin{aligned} σ &= (v_1 + v_3)\,Á_1/T + (v_2 + v_3)Á_2/T \\ &= v_1{'}Á_1/T + v_2{'}Á_2 > 0 \end{aligned} \qquad (1\text{-}212)$$

onde $v_1{'} = v_1 + v_2$ e $v_2{'} = v_2 + v_3$.

Usando estas velocidades e afinidades (independentes), as equações fenomenológicas podem ser escritas como

$$v_1 = L_{11}Á_1/T + L_{12}Á_2/T \qquad (1\text{-}213)$$

$$v_2 = L_{21}Á_1/T + L_{22}Á_2/T \qquad (1\text{-}214)$$

onde fluxos (velocidades) e forças termodinâmicas ($Á_n/T$) aparecem relacionadas pelos coeficientes L_{jk}, para o domínio linear ($Á_n/T << 1$), em que o sistema está pouco afastado do equilíbrio.

Considerando a relação (1-201), tem-se

$$\begin{aligned} v_1{'} &= v_{1\rightarrow}[1 - \exp(-Á_1/RT)] + v_{3\rightarrow}[1 - \exp(-Á_3/RT)] \\ &\approx v_{1\rightarrow eq}\,Á_1/RT + v_{3\rightarrow eq}\,Á_3/RT \\ &= [(v_{1\rightarrow eq} + v_{3\rightarrow eq})/v\,]\,Á_1/T + (v_{3\rightarrow eq}/v)Á_2/T \end{aligned} \qquad (1\text{-}215)$$

desde que, na proximidade do equilíbrio, se tem $v_{\rho\rightarrow} \approx v_{\rho\leftarrow}$.

Assim, os coeficientes fenomenológicos podem ser expressos como

$$L_{11} = [(v_{1\rightarrow eq} + v_{3\rightarrow eq})/v\,],\ L_{12} = v_{3\rightarrow eq})/v \qquad (1\text{-}216)$$

$$L_{22} = [(v_{2\rightarrow eq} + v_{3\rightarrow eq})/v\,],\ L_{21} = v_{3\rightarrow eq})/v \qquad (1\text{-}217)$$

expressões em que aparecem suas relações com as velocidades em equilíbrio. Verifica-se a validade das relações de reciprocidade no domínio considerado.

1.20.3.3 Difusão

Fluxos difusivos serão vistos aqui sob o ponto de vista da termodinâmica de processos irreversíveis, no domínio linear.

Suponha-se um sistema no qual ocorra a difusão simultânea de vários de seus constituintes. A produção de entropia por unidade de volume é dada por

$$\sigma = -\sum_j \mathbf{J}_j \,.\, \nabla (\mu_j/T) > 0 \qquad (1\text{-}218)$$

onde $\mathbf{J}_j$ é o fluxo de difusão da espécie j e μ_j é o potencial químico de j.

Se T é constante, $\mathbf{J}_j$ pode ser expresso por

$$\mathbf{J}_j = -\sum_j (L_{kj} /T) \nabla \mu_j \qquad (1\text{-}219)$$

no domínio linear.

Para relacionar os coeficientes L_{kj} aos coeficientes de difusão D_{kj}, que são experimentalmente determinados, tome -se a lei de Fick, em forma generalizada:

$$\mathbf{J}_j = -\sum_j D_{kj} \nabla n_j (\mathbf{r}) \qquad (1\text{-}220)$$

onde $n_j(\mathbf{r})$ é o número de moles por unidade de volume do constituinte j, na posição dada pelo raio vetor **r**.

Para o caso simples de dois constituintes, a equação de Gibbs–Duhem permite escrever

$$n_1 d\mu_1 + n_2 d\mu_2 = 0 \qquad (1\text{-}221)$$

a T e P constantes.

A expressão (1-221) mostra que os potenciais químicos μ_1 e μ_2 são interdependentes.

Se considerarmos que

$$d\mu_j = d\mathbf{r} \,.\nabla \mu_j \qquad (1\text{-}222)$$

qualquer que seja d**r**, tem-se

$$n_1\nabla\mu_1 + n_2\,\nabla\mu_2 = 0. \qquad (1\text{-}223)$$

Essa expressão, sendo comparada com (1-219), mostra que as forças termodinâmicas, $\nabla(\mu_j\,/T)$, não são todas independentes, e, em conseqüência, os fluxos J_j, também, não são todos independentes.

Geralmente, admite-se que não ocorra fluxo de volume e, portanto, para o sistema de dois constituintes, tem-se

$$\mathbf{J}_1 V_{(1)} + \mathbf{J}_2 V_{(2)} = 0 \qquad (1\text{-}224)$$

onde $V_{(1)}$ e $V_{(2)}$ denotam volumes molares parciais referentes aos constituintes $j = 1, 2$.

A expressão (1-223) admite que, na difusão, os fluxos dos constituintes não são acompanhados de deslocamentos de volumes.

Considerando (1-221), a produção de entropia por causa da difusão (1-228), a T constante, pode ser expressa por

$$\sigma = -\,(1/T)[\mathbf{J}_1 - (n_1/n_2)\mathbf{J}_2]\;.\nabla\mu_1 > 0. \qquad (1\text{-}225)$$

Usando a expressão (1-224), com um fluxo de volume nulo, a produção de entropia pode agora ser dada por

$$\sigma = -(1/T)[1 + (n_1 V_{(1)}/\,n_2 V_{(2)}]\;\mathbf{J}_1.\nabla\mu_1 \;>\; 0. \qquad (1\text{–}226)$$

Desde que o fluxo $\mathbf{J}_1$, no domínio linear, é dado pelo produto de L_{11} pela força conjugada, tem-se

$$\mathbf{J}_1 = -\,L_{11}(1/T)[1 + (n_1 V_{(1)}/\,n_2 V_{(2)}]\;\nabla\mu_1 > \;0. \qquad (1\text{–}227)$$

Tendo-se

$$\nabla\mu_1 = (\partial\mu_1/\partial n_1)\;\nabla n_1 \qquad (1\text{-}228)$$

e relacionando com a lei de Fick para a difusão,

$$\mathbf{J}_1 = -D_1 \nabla n_1 \tag{1-229}$$

tem-se, para o fluxo de difusão do constituinte 1:

$$\begin{aligned} \mathbf{J}_1 &= -L_{11}(1/T)[1 + (n_1V_{(1)}/ n_2V_{(2)}] (\partial\mu_1/\partial n_1) \nabla n_1 \\ &= -D_1 \nabla n_1 \end{aligned} \tag{1-230}$$

que relaciona o coeficiente L_{11} ao coeficiente de difusão D_1.

1.21 Estados estacionários de não-equilíbrio

Viu-se anteriormente que o estado de equilíbrio de um sistema se caracteriza por invariância das propriedades de estado com o tempo e pela produção nula de entropia, $d_iS = 0$, por força da 2ª lei. A produção nula de entropia implica que as forças termodinâmicas e os fluxos para os quais contribuem sejam todos nulos. Resumindo, tem-se para o equilíbrio

$$d_iS = 0,\ F_j = 0,\ \mathbf{J}_j = 0. \tag{1-231}$$

Sistemas em não-equilíbrio, sob determinadas condições, podem alcançar estados em que as variáveis de estado não variam com o tempo, mas $d_iS > 0$ e F_j e $\mathbf{J}_j$ não são todos nulos.Tais estados são chamados de *estacionários* (*steady states*) e podem ocorrer em sistemas fechados ou abertos. Neste último caso, fluxos de matéria e energia podem acontecer entre o sistema e o ambiente.

O tratamento de estados estacionários ficará restrito, aqui, ao domínio linear, em que fluxos são proporcionais às forças que os produzem, o que deve ocorrer em situações de proximidade ao equilíbrio.

Consideremos, por exemplo, um sistema aberto em que ocorra um influxo de substância A do ambiente para o sistema, transformações sucessivas de A em B e C e, finalmente em D que é transferida ao ambiente. Ao ser atingido o estado estacionário, tem-se:

a) $d(A)/dt = d(B)/dt = d(C)/dt = d(D)/dt = 0$;

b) $d_iS > 0$ (produção de S por conta das reações químicas que transformam A em D);
c) manutenção dos fluxos entre o sistema e o ambiente e dentro do sistema.

1.21.1 Estados estacionários: produção mínima de entropia

No estado estacionário, de acordo com as condições estabelecidas para cada caso, a *produção de entropia atinge um valor mínimo.*

Suponha-se que ocorra um fluxo de matéria e um fluxo de energia entre as duas fases I e II de um sistema, as quais são mantidas em temperaturas diferentes $T_1 = T_2 + \Delta T$.

A produção de entropia por unidade de tempo é dada por

$$d\sigma/dt. \equiv d_iS/dt = J_m X_m + J_q X_q \tag{1-232}$$

para o caso em questão.

As equações fenomenológicas correspondentes são

$$\mathbf{J}_m = L_{11}\mathbf{F}_m + L_{12}\mathbf{F}_q \tag{1-233}$$

$$\mathbf{J}_q = L_{21}\mathbf{F}_m + L_{22}\mathbf{F}_q \tag{1-234}$$

e, para o estado estacionário, tem-se

$$\mathbf{J}_m = L_{11}\mathbf{F}_m + L_{12}\mathbf{F}_q = 0 \tag{1-235}$$

$$\mathbf{J}_q = L_{21}\mathbf{F}_m + L_{22}\mathbf{F}_q \neq 0 \tag{1-236}$$

supondo que apenas o fluxo térmico seja mantido, por ser mantida a diferença de temperatura entre as duas fases.

Pela expressão (1-232) e relação de reciprocidade, tem-se

$$d_iS/dt = L_{11}F_m^{\,2} + 2\,L_{12}F_m\,F_q + L_{22}\,F_q^{\,2} > 0 \tag{1-237}$$

Achando a derivada de (1-237) com relação a F_m a F_q constante, obtém-se

$$(\partial/\partial F_m)d_iS/dt = 2\,(L_{11}F_m + L_{12}F_q) = 2\,J_m = 0. \qquad (1\text{-}238)$$

Assim, a condição de $J_m = 0$ é equivalente a $\partial(d_iS/dt)/\partial F_m = 0$ desde que seja considerado o domínio linear de afastamento do equilíbrio. Com a diminuição de F_m até sua anulação, quando $J_m = 0$, $d_iS/dt > 0$ vai diminuindo concomitantemente, até um valor mínimo para $J_m = 0$. Assim, a condição de $\partial(d_iS/dt)/\partial F_m = 0$, para $J_m = 0$, corresponde a um mínimo, no estado estacionário, em que o fluxo térmico é mantido, e o fluxo de matéria é anulado.

O resultado acima pode ser generalizado para o caso de n forças termodinâmicas independentes F_1, F_2, ..., F_n, das quais k são constrangidas a ser diferentes de zero e constantes, ficando as demais n-k livres para tornarem-se nulas. Assim, tem-se

$$J_{k+1} = \ldots = J_n = 0 \qquad (1\text{-}239)$$

para o estado estacionário, correspondendo à produção mínima de entropia, segundo

$$(\partial/\partial F_j)d_iS/dt = 0 \; (\, j = k+1 \ldots n \,) \qquad (1\text{-}240)$$

1.22 Teoremas de Glansdorff–Prigogine

Suponham-se válidas as condições:

- leis fenomenológicas lineares;
- relações de reciprocidade de Onsager;
- coeficientes fenomenológicos constantes.

Teorema 1. A variação da produção total de entropia com o tempo recebe iguais contribuições por variação temporal dos fluxos e das forças.

Assim,

$$d\sigma_{tot}/dt = d_F\sigma_{tot}/dt + d_J\sigma_{tot}/dt < 0 \qquad (1\text{-}241)$$

onde

$$d_F\sigma_{tot}/dt = d_J\sigma_{tot}/dt \qquad (1\text{-}242)$$

e, conseqüentemente,

$$d\sigma_{tot}/dt = 2d_F\sigma_{tot}/dt = 2d_J\sigma_{tot}/dt < 0 \quad (1\text{-}243)$$

A demonstração é simples e, se desejada, é deixada ao leitor.

Teorema 2. Para a termodinâmica do não equilíbrio, linear ou não-linear tem-se

$$d_F\sigma_{tot}/dt = d_J\sigma_{tot}/dt <= 0 \quad (1\text{-}244)$$

onde a igualdade vale para um mínimo no estado estacionário.

Esta proposição é considerada a mais geral de toda a termodinâmica dos processos irreversíveis.

1.23 Estabilidade de um estado estacionário de não-equilíbrio (Lyapunov)

Seja um estado estacionário ϵ_{est} de um sistema físico dinâmico em não equilíbrio. Este estado pode ser representado por um vetor u-dimensional, cujas componentes são variáveis de estado,

$$\epsilon_{est} = (\epsilon_1, \epsilon_2, ..., \epsilon_k) \; k = 1, 2, ..., u \quad (1\text{-}245)$$

A evolução do sistema no tempo pode ser expressa por

$$d\epsilon_k/dt = Z_k\,(\epsilon_1 \,.\, \epsilon_2, ..., \epsilon_k; \lambda_l) \quad (1\text{-}246)$$

onde λ_l são parâmetros que podem ser ou não dependentes do tempo.

Em alguns casos, ϵ_k não são somente funções do tempo, mas também da posição definida em um ponto pelo respectivo raio vetor **r**.

Nesse caso, consideram-se derivadas parciais e, portanto, (1-246) representa um sistema de equações diferenciais parciais. No estado estacionário, tem-se

$$d\epsilon_k/dt = Z_k (\epsilon_1,\epsilon_2, ..., \epsilon_k, \lambda_l) = 0 \qquad (1\text{-}247)$$

que constitui um sistema de equações algébricas simultâneas.

Quando os ϵ_k sofrem pequenas perturbações $\delta\epsilon_k$, a alteração sofrida em ϵ_{est} depende de sua maior ou menor *estabilidade.*

1.23.1 A função de Lyapunov para o estudo da estabilidade de sistemas

Uma função de Lyapunov L é uma função positiva de $\delta\epsilon_k$ (chamada de “distância”) definida no espaço abrangido por ϵ_k e, se entre ϵ_k e o estado perturbado $\epsilon_k + \delta\epsilon_k$, decresce monotonicamente com o tempo t, o estado estacionário é considerado estável:

$$L(\delta\epsilon_k) > 0,\ dL(\delta\epsilon_k)/dt < 0 \qquad (1\text{-}248)$$

Quando ϵ_k são funções de t e **r** (posição), L toma o nome de funcional de Lyapunov.

Referências

BERGETHON, P. R. *The physical basis of biochemistry*. New York: Springer, 1998.

DAUNE, M. *Molecular biophysics: structures in motion.* New York: Oxford University Press, 1999.

DE GROOT, S. R.; MAZUR, P. *Non-equikibrium thermodynamics.* New York: Dover, 1984.

DILL, K. A.; BROMBERG, S. Molecular driving forces: statistical thermodynamics. *Chemistry and biology*. New York: Garland Science, 2003.

GLASSTONE, S. *Thermodynamics for chemists*. New York: Wiley, 1947.*

HAASE, R. *Thermodynamics of irreversible processes.* London: Addison-Wesley, 1969.*

Hatsopoulos, G. N.; Keenan, J. H. *Principles of general thermodynamics.* Malabar, Índia; Florida: Robert E. Krieger Publishing Company, 1981.

Kondepudi, D.; Prigogine, I. *Modern thermodynamics.* New York: Wiley, 1998.*

McQuarrie, D. A.; Simon, J. D. *Molecular thermodynamics.* Sausalito, California: University Science Books, 1999.

Prigogine, I. *Introduction to thermodynamics of irreversible processes.* New York: Wiley, 1962.*

Van Holde, K. E.; Johnson, W. C.; Ho, P. S. *Principles of physical biochemistry.* New Jersey: Prentice-Hall, 1998.

Zotin, A. I. *Thermodynamic aspects of developmental biology.* Basel: S. Karger AG, 1972.

* Particularmente consultadas na elaboração do capítulo.

Capítulo 2
Sistemas dinâmicos: uma breve visão

2.1 As origens mecânicas

A teoria dos sistemas dinâmicos teve origem na mecânica e, depois, veio a sofrer generalização e expansão a outros domínios de ciência, como um dos tópicos mais importantes e férteis da matemática, diretamente ligado ao estudo das equações diferenciais.

Em mecânica clássica, o estado de um sistema, em um dado instante, é completamente determinado se as posições e os momentos cinéticos dos seus componentes são especificados.

Em um espaço euclidiano tridimensional, temos três coordenadas de posição para cada um dos componentes (moléculas), as quais são uma função do tempo. O estado dinâmico do sistema é representado se, além das coordenadas de posição, tivermos três coordenadas de momento, para cada molécula; para isso, o espaço considerado teria de ser 6-dimensional. Assim, teríamos: $x_i, y_i, z_i; p_{xi}, p_{yi}, p_{zi}; i = 1, 2, ..., N$.

Espaços com número de dimensões > 3 não podem ser visualizados, mas podem ser concebidos e usados matematicamente.

Na representação do sistema de N moléculas em um espaço 6-dimensional, vimos que temos N pontos, cada um deles definido por seis coordenadas: três de posição e três de momento.

2.2 Espaço de estado

Tomemos, agora, um hiperespaço de 6N dimensões. Nesse espaço, todo o sistema, com suas N moléculas, é representado por um único ponto definido por 6N coordenadas: 3N de posição e mais três de momento, as quais definem o estado do sistema, em um dado instante. Esse espaço, denominado *espaço de estado* ou *espaço de fase* é um conceito extremamente útil na discussão de sistemas dinâmicos. O *número de graus de liberdade* é dado por f= 3N.

As coordenadas podem ser tomadas como *coordenadas generalizadas* de posição: $q_1, q_2, q_3, ..., q_f$ e de momento: $p_1, p_2, p_3, ..., p_f$.

2.3 Trajetórias no espaço de estado

Ao evoluir no tempo, o ponto representativo do sistema em seu espaço de estado descreve uma *trajetória* representativa da dinâmica do sistema, no intervalo de tempo considerado.

Conhecendo as condições iniciais, qualquer estado dinâmico do sistema pode ser rigorosamente determinado, desde que sejam conhecidas as equações do movimento.

As equações do movimento são geralmente usadas na forma hamiltoniana ou lagrangiana, mais convenientes do que a forma newtoniana para certas situações e, considerando os objetivos deste livro, não serão vistas aqui.

2.4 Sistema dinâmico: generalização

O conceito de sistema dinâmico, que surgiu em mecânica, tem sido generalizado para aplicar-se, fazendo parte de uma teoria consistente e geral, a sistemas que evoluem no tempo e que são encontrados em vários domínios científicos, tais como física, química, biologia, psicologia, ciências sociais e economia. Aqui, nos limites e nos objetivos desta obra, será vista sua significação para a biologia.

Quando, por vezes, usarmos simplesmente a palavra sistema, estaremos referindo-nos a sistema dinâmico.

2.5 Estado de um sistema

Para definir o *estado* de um sistema, em um dado instante, temos de medir certas de suas propriedades.

Dessas medidas resultam valores para as *variáveis de estado* $x_1, x_2, ..., x_n$, as quais são funções do tempo t e são variáveis independentes nas equações diferenciais de suas variações temporais:

$$x_i' \equiv dx_i/dt = F_i(x_1, x_2, ..., x_n) = F_i (\mathbf{X}_i) \quad (2\text{-}1)$$

onde $x_i = x_i (t)$ e $\mathbf{X}_i \equiv \{ x_i \}$ é o *vetor de estado.*

Esses sistemas dependem do tempo por meio de suas variáveis de estado x_i e são chamados de *autônomos.* Se houver dependência explícita do tempo,

$$x_i' = F_i(x_i(t), t) \quad (2\text{-}2)$$

temos os sistemas *não autônomos.*

As equações em (2-1) são as equações de evolução do sistema. N é um número finito e é um número par para sistemas hamiltonianos.

A energia total é invariante em sistemas conservativos e não conservada em *sistemas dissipativos ou não conservativos.*

Para estados de equilíbrio em sistemas conservativos e para estados estacionários em sistemas dissipativos, a seguinte condição terá de ser satisfeita:

$$x_1' = x_2' = ... = x_n' = 0 \quad (2\text{-}3)$$

e, em conseqüência,

$$F_i = 0 \quad . \quad i = 1,2,...,n \quad (2\text{-}4)$$

(2-4) são n equações algébricas simultâneas de n incógnitas.

2.6 Pontos fixos ou singulares

No espaço de estado, a condição (2-3) corresponde a *pontos fixos* ou *singulares.*

O conjunto de pontos fixos e trajetórias representa o estado do sistema em um dado instante e, por vezes, é chamado de o *retrato* do sistema.

Um conjunto de pontos fixos constitui um conjunto invariante por manter-se inalterado na evolução do sistema.

Trajetórias não se intersectam. Assim, para cada ponto do espaço de estado passa uma e somente uma trajetória.

Por qualquer ponto dentro de uma trajetória fechada não pode passar uma trajetória que encontre ou cruze essa órbita, devendo ficar restrita ao espaço interior delimitado pela curva fechada.

2.7 Evolução em tempo contínuo

Como vimos para os sistemas em mecânica, o estado de um sistema em um instante dado pode ser representado por um ponto no espaço de estado. Este é um espaço euclidiano retangular, n-dimensional.

A evolução do sistema no tempo é representada por trajetórias contínuas no espaço de estado, as quais são formadas pelos pontos sucessivos que representam os estados do sistema. Um sistema representado por um espaço de estado n-dimensional, isto é, definido por n variáveis de estado, é dito de n-ésima ordem.

Para cada trajetória, há um ponto de partida (condições iniciais). Os sistemas aqui considerados são deterministas, no sentido de que uma trajetória é determinada por qualquer de seus pontos, desde que conhecidas as equações do sistema.

Sendo, por exemplo, um sistema autônomo representado pelas duas equações diferenciais

$$dx_1/dt = F_1(x_1,x_2) \qquad (2\text{-}5)$$

$$dx_2/dt = F_2(x_1,x_2) \qquad (2\text{-}6)$$

podemos ter

$$dx_1/dx_2 = F_1(x_1,x_2)/F_2(x_1,x_2) \qquad (2\text{-}7)$$

$$x_2 \neq 0.$$

A representação de (2-6) no plano – x_1x_2 é independente do que ocorre com o tempo t. Se x_1 *versus* x_2 for uma trajetória fechada (círculo, elipse ou outra curva fechada), o sistema terá um comportamento "oscilatório". Se uma espiral busca assintoticamente a origem quando $t \to \infty$, teremos oscilações amortecidas. Se a espiral se afasta progressivamente com t, o sistema oscilará com aumento progressivo de amplitude.

Se não temos nenhum desses casos,o sistema não será oscilatório.

2.8 Evolução em tempo discreto

Anteriormente, vimos que o tempo foi admitido como uma variável contínua, sendo a evolução do sistema representada por equações diferenciais. Em outros casos, t é suposto variar discretamente, por intervalos, sendo usadas então equações de diferença (mapa) para traduzir a evolução do sistema:

$$x(n+1) = f(x(n)). \qquad (2\text{-}8)$$

Um mapa unidimensional, por exemplo, gera uma seqüência de membros,

$$x(1), x(2), \ldots$$

por meio da fórmula (2-8), para n=1, 2, 3, ...

O espaço de estado é cheio de trajetórias, pois que cada ponto pode ser um ponto de partida.

2.9 Linearidade e não-linearidade

Sistemas lineares: nenhum dos termos nas variáveis de estado, nas equações do sistema, aparece com grau maior que 1 ou se contiver função não-linear. Em caso contrário, o sistema é dito *não-linear.*

Os sistemas naturais são não-lineares, destacando-se dentre eles os sistemas vivos. A não-linearidade de sua dinâmica é a regra e, nos sistemas complexos, responde pelas peculiaridades de seu comportamento, com a emergência de novas propriedades, como veremos mais à frente. A não-linearidade decorre *das interações entre os elementos ou partes do sistema.*

Em sistemas lineares, efeitos são proporcionais às causas. Se a causa for triplicada, o efeito será três vezes maior. Pela lei de Hooke, a deformação de uma mola é proporcional à força aplicada. Isso, porém, é válido somente para pequenos deslocamentos, o chamado domínio elástico, além do qual o comportamento deixa de ser linear. Em sistemas não-lineares, pequenas causas podem responder por grandes efeitos e pequenos efeitos podem resultar de grandes causas.

A modelagem linear é uma aproximação feita para simplificar o tratamento matemático e a simulação de sistemas não-lineares, dentro de intervalos estreitos de variação dos parâmetros que definem o comportamento do sistema. Entretanto, com o considerável progresso no poder computacional, quer em máquinas, quer em algorítmos, tem possibilitado o tratamento direto de problemas não-lineares nos vários domínios de ciência e engenharia.

Atratores: regiões do espaço de estado para aonde convergem trajetórias que partem de diferentes pontos de um sistema.

Tais trajetórias são diferentes e jamais se cruzam (isto é um importante teorema da teoria dos sistemas dinâmicos).

Quando o atrator é um ponto, isto é, zero-dimensional, todas as trajetórias convergem para um único ponto. O exemplo mais comum de atrator pontual é o do pêndulo com atrito (pêndulo dissipativo ou não conservativo), cujo movimento oscilatório é acompanhado de perda progressiva de energia. No espaço de estado, as trajetórias são espirais que se aproximam assintoticamente da origem (atrator puntiforme).

No caso do pêndulo sem atrito, que é um sistema conservativo, tem-se a seguinte trajetória no espaço de estado: posição x (distância do centro de massa do pêndulo ao diâmetro vertical) *versus*. velocidade v (Figura 2.1) é uma trajetória fechada, periódica, correspondente a um dado valor da energia total. Para diversos valores de energia, temos um conjunto de órbitas concêntricas que não se cruzam. Neste caso *não há atratores*.

No caso do pêndulo dissipativo, a energia decresce progressivamente, as oscilações são atenuadas até o pêndulo permanecer em repouso, em $x = 0$.

Geralmente, se um sistema é perturbado, para afastar-se de seu atrator, a este retornará.

O volume do espaço de estado contendo as trajetórias que levam ao atrator constitui a *bacia de atração* deste. Diz-se que o atrator drena sua bacia.

Bacias de atração não se interpenetram e são delimitadas por uma hipersuperfície chamada de *separatriz.*

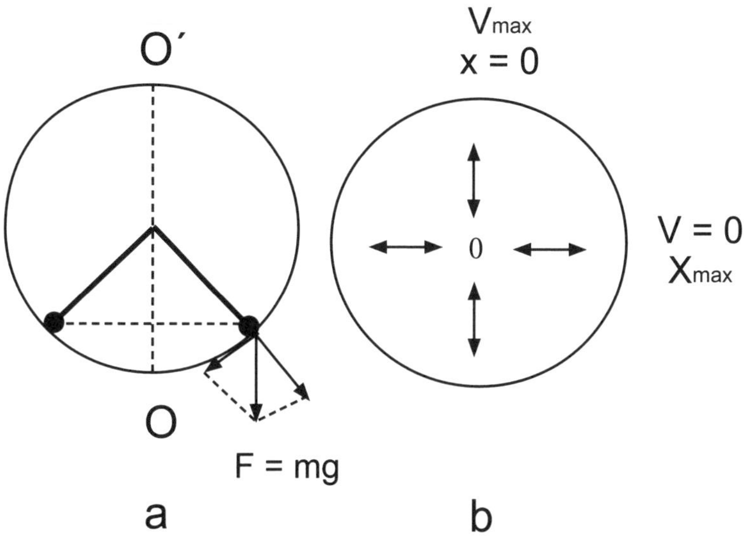

Figura 2.1 – **(a) Pêndulo. (b) Trajetória no plano x *vs.* v (x) = afastamento do diâmetro vertical, (v) = velocidade**

2.9.1 Ciclos-limites

Vimos antes atratores representados, individualmente, por um único ponto no espaço de estado (caso do pêndulo dissipativo). Entretanto, há atratores mais complexos, dos quais o mais simples é o chamado *ciclo-limite.*

O ciclo-limite é uma curva fechada de estados no espaço de estado. Sobre o ciclo-limite, o sistema mantém-se indefinidamente em oscilação

Se perturbado a sair do ciclo-limite, tanto para fora quanto para dentro, o sistema percorrerá trajetórias que se aproximam assintoticamente do ciclo-limite, isto é, aproximam-se em tempo infinito do ciclo-limite, sem contudo atingi-lo. Desde que trajetórias não podem intersectar-se, é claro que nenhuma trajetória pode cruzar o ciclo-limite.

Ciclos limites são atratores unidimensionais e *estáveis.*

2.9.2 Ciclo antilimite

Neste caso, o sistema mantém-se sobre a trajetória fechada, mas, se forçado a deixá-la, tende a afastar-se, progressivamente, sem tender a ela retornar. É, portanto, um *atrator instável.*

2.9.3 Atratores estranhos ou caóticos

Esta importante classe de atratores será vista após vermos algo sobre o *regime caótico* em sistemas dinâmicos.

2.10 Espaço de parâmetros

O comportamento de um sistema pode depender dos valores assumidos por certos parâmetros, cuja variação e influência levam a que se defina um *espaço de parâmetros*, em que cada eixo corresponde a um parâmetro. No espaço de parâmetros, um ponto representa o efeito total resultante de todos os parâmetros.

Assim, no caso de sistemas químicos, em que espécies moleculares reagem entre si, parâmetros tais como temperatura e concentrações influenciam a dinâmica do sistema considerado.

A variação gradual dos parâmetros leva, geralmente, a uma variação gradual suave das trajetórias e dos atratores no espaço de estado do sistema.

2.10.1 Bifurcações

Em certos casos, valores de parâmetros levam a descontinuidades no regime dinâmico do sistema. Haverá mudança brusca, súbita nas trajetórias e nos atratores, surgindo uma situação muito diferente daquela de antes dos valores dos parâmetros serem atingidos. A ocorrência dessa descontinuidade é chamada de *bifurcação*. Um exemplo usual é encontrado no fluxo de líquidos, quando o regime lamelar muda bruscamente a turbilhonar: um parâmetro – o número de Reynolds – ultrapassa determinado valor, o qual depende da natureza do fluido.

Bifurcações assumem grande importância em processos morfogenéticos, em biologia, e, de modo geral, na geração de padrões de ordem e estruturas chamadas dissipativas, como será visto no Capítulo 3.

Bifurcações estão presentes em muitos processos físico-químicos de transição, em que uma variável de estado sofre descontinuidade, na dependência do valor assumido por um parâmetro de controle k.

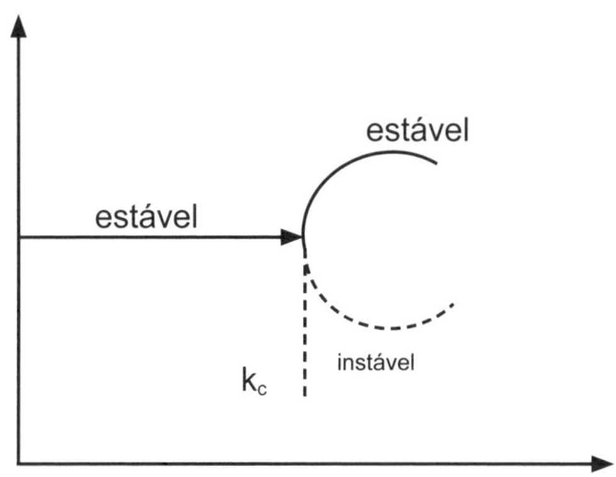

Figura 2.2 – **Diagrama de bifurcação (*vide* explanação no texto)**

Esquematicamente, a Figura 2.2 mostra o que ocorre em um caso simples de bifurcação.

O sistema considerado evolui de modo estável, enquanto o parâmetro de controle k varia até assumir o valor k_c – o *ponto de bifurcação*, quando surge a opção de seguir dois ramos. No caso indicado, um desses é estável, e o outro é instável.

Um sistema, em situação real, pode encontrar sucessivamente vários pontos de bifurcação. A bifurcação pode acontecer suavemente ou de modo brusco quando, então, é denominada de *catástrofe*, apenas pelo seu caráter brusco ao mudar a dinâmica do sistema, não tendo outra conotação com o sentido usual do termo. A teoria de bifurcação tem-se constituído em útil recurso no estudo de sistemas dinâmicos complexos.

Um exemplo simples e usual de bifurcação em sistema mecânico pode ser dado pelo pêndulo submetido a um movimento de rotação em torno do diâmetro vertical, com velocidade angular ω (Figura 2.3).

O sistema é considerado não dissipativo (sem atrito).

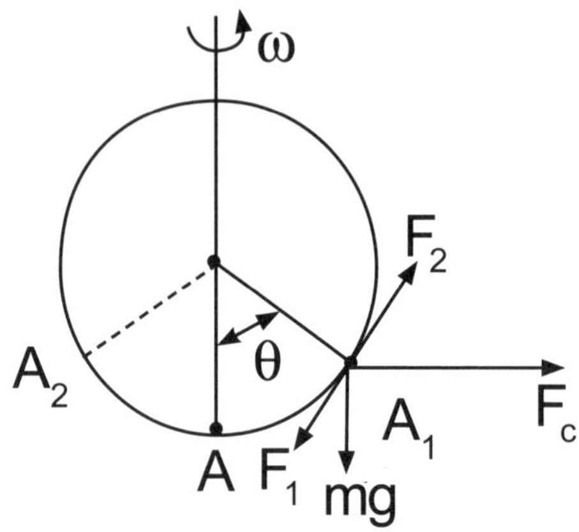

Figura 2.3 – **Pêndulo simples submetido a movimento rotacional em torno do eixo vertical. Ao ser a velocidade angular crítica, o sistema sofre bifurcação, passando a oscilar em torno de uma nova posição de equilíbrio A´ (ou A´´)**

Vejamos o que acontece com o sistema:

a) sem movimento de rotação em torno do diâmetro vertical, o pêndulo, se deslocado de um ângulo θ, de sua posição de equilíbrio A, oscilará indefinida e simetricamente em torno dessa posição. Esse comportamento é o que seria de esperar de um pêndulo simples sob tais condições;
b) a seguir, imprimamos um movimento de rotação com velocidade angular ω crescente, em torno do eixo vertical; o comportamento do pêndulo permanecerá o mesmo visto em (a), isto é, oscilando em torno da posição de equilíbrio A, até que ω atinja um valor crítico de ω_c quando, então, inesperadamente, o pêndulo passa a oscilar como antes, mas em torno de uma nova posição de equilíbrio A´ (ou A´´).
Ao ser atingida a velocidade crítica ω_c, o sistema muda de regime dinâmico, podendo seguir qualquer uma de duas opções: oscilar em torno de A´ ou A´´. A escolha dependerá da situação em que se encontre quando a velocidade angular crítica for atingida. Diz-se que ocorreu então uma bifurcação.
A força F_1 é uma das componentes retangulares do peso F= mg, e F_2 é uma

das componentes retangulares da força centrífuga $F_c = m\omega^2 r$. As outras componentes de F e F_c estão na direção radial e são anuladas pela resistência mecânica do pêndulo. F_2 é a componente que, ao superar F_1, deslocará o pêndulo da posição de equilíbrio A à nova posição de equilíbrio A´.

2.10.1.1 Bifurcações em cascata

Em sistemas complexos podem ocorrer sucessão de bifurcações ou em cascata, conduzindo, por vezes, a uma dinâmica caótica (Figura 2.4).

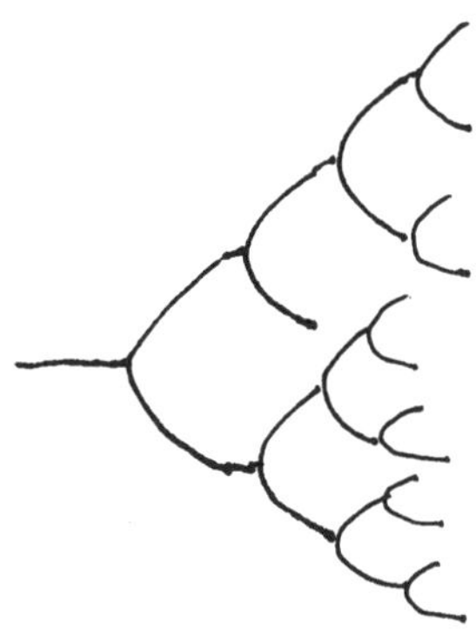

Figura 2.4 – **Diagrama de bifurcações em cascata**

A importância científica das bifurcações resulta do fato de poderem servir de modelo para mudanças qualitativas de comportamento de sistemas, transições e instabilidades, na dependência dos valores assumidos por um parâmetro – o chamado parâmetro de controle.

2.11 Flutuações: regressão e amplificação

Vimos no Capítulo 1, nas preliminares de termodinâmica, que, no estado de equilíbrio, em que variáveis intensivas e extensivas não mudam com o tempo, ocorrem *flutuações* de pequena amplitude, as quais surgem e desaparecem, com retorno ao equilíbrio.

Esse equilíbrio estável corresponde a um atrator pontual, no espaço de estado.

Na teoria das flutuações de Einstein, a probabilidade de uma flutuação atende à expressão

$$Pr \sim e^{\Delta S / k_B} \qquad (2\text{-}9)$$

onde k_B = constante de Boltzmann.

Em qualquer saída do equilíbrio, tem-se sempre $\Delta S < 0$, desde que a entropia é máxima, $\Delta S = 0$.

Em certos casos, entretanto, por conta dessas flutuações, o sistema pode atingir um estado de instabilidade, do qual não retorna ao estado de equilíbrio, passando a adotar novos regimes dinâmicos.

Se isso ocorrer, por exemplo, próximo a um ponto de bifurcação, o sistema pode seguir qualquer de duas opções de regime dinâmico, que lhe são oferecidas.

Transições de fase, como mudanças de estado de agregação (cristalização, por exemplo), são exemplos de mudanças bruscas causadas por amplificação de pequenas flutuações.

Vejamos o que poderia acontecer na liquefação de uma massa de gás, por abaixamento de sua temperatura T.

Ao ser aproximada a temperatura de liquefação (supomos o gás acima da pressão crítica), por flutuação, moléculas do gás aproximam-se o suficiente para que sejam formadas pequenas gotas de líquido de existência fugaz. Esse processo repete-se até que surjam gotículas que ultrapassem em tamanho um certo valor crítico, quando, então, todo o gás será liquefeito. O tamanho crítico é atingido por coalescência das gotículas formadas por flutuação, constituindo os núcleos de condensação. É razoável admitir que, quanto maior for o tamanho crítico, maior a dificuldade em atingi-lo e, portanto, mais dificilmente ocorrerá a liquefação. A condensação propaga-se, então, ao resto do fluido.

2.12 Caos determinista

Vimos, ao iniciar esta seção, que, desde que as condições iniciais de um sistema dinâmico sejam precisamente definidas, a evolução do sistema no tempo, isto é, sua trajetória no espaço de estado, resulta rigorosamente determinada e previsível.

Esse determinismo é uma característica de toda a ciência clássica (isto é, não quântica) e resultou da dominância das idéias mecanicistas de Newton, até as duas ou três primeiras décadas do século XX.

Efetivamente, há sempre certa precisão, maior ou menor, ao definir as condições iniciais de um sistema, e não exatidão perfeita. Assim, essas condições iniciais dificilmente podem ser reproduzidas.

Sistemas dinâmicos não-lineares apresentam um comportamento extremamente sensível às condições iniciais. Diminutas variações nessas condições levam, à medida que aumenta o tempo, a trajetórias, no espaço de estado, que divergem sem se cruzarem. Esse tipo de comportamento é chamado *caótico*.

É preciso acentuar que essas trajetórias são determinadas, havendo, contudo, imprevisibilidade, pela impossibilidade de, exatamente, serem conhecidas suas condições iniciais. Daí a denominação de *caos determinista*.

Medidas, como sabemos, estão sujeitas a erros fortuitos e/ou sistemáticos, os quais não podem ser totalmente evitados e que são fonte de incerteza na definição das condições iniciais.

Assim, se estivermos com um sistema com comportamento caótico, um número inicial 3,500 pode dar um resultado final totalmente diferente em tempo longo, se o mesmo sistema partir de 3,500001.

É, impossível, realmente, fazer qualquer previsão sobre o estado futuro do sistema, a partir de uma dada condição inicial, em um comportamento caótico. É isso o que acontece com os sistemas dinâmicos usados para a previsão de condições meteorológicas. A previsão é valida para tempos não muito longos.

Em certos casos, as trajetórias caóticas concentram-se, após longo tempo, em uma região do espaço de estado, como se fossem para lá atraídas. Uma tal região é conhecida como *atrator estranho ou caótico*.

O atrator caótico pode constituir-se em uma estrutura geométrica mais ou menos complexa.

A desordem criada no espaço de estado pelas trajetórias caóticas é diminuída pela ocorrência de atratores e, como veremos mais à frente, é um exemplo de ordem a partir da desordem.

2.12.1 Aleatoriedade e caos

O regime de caos determinista, como visto antes, está longe de ser aleatório, ao acaso. Na aleatoriedade, que corresponderia à desordem total ou caos absoluto, tem-se a probabilidade de um evento acontecer ser a mesma dele não acontecer. É o que ocorre, por exemplo, ao se jogar uma moeda (não viciada) e se obter cara (ou coroa) com a mesma probabilidade de não se obter.

2.13 Sistemas dinâmicos: exemplos

2.13.1 Modelos matemáticos para o crescimento de populações

2.13.1.1 Modelo exponencial

$$N' = dN(t)/dt = r\,N(t) \qquad (2\text{-}10)$$

em que $r > 0$ = constante ou taxa de crescimento e $N(t)$ = número de indivíduos no tempo t.

Pela equação diferencial (2-10), supõe-se que a população considerada cresça a uma taxa constante r e proporcionalmente ao número de indivíduos no tempo t, $N(t)$. A população inicial ou de partida, em $t = 0$, é representada por N_0. A equação (2-10) é muito simples e pode ser facilmente integrada, separando as variáveis:

$$N(t) = N_0 \exp(r\,t) \qquad (2\text{-}11)$$

Vê-se que, para $t = 0$, $N(t) = N_0$, a população inicial; para $t \rightarrow \infty$, tem-se que $N(t) \rightarrow \infty$, ou seja, a população aumenta exponencialmente, sem controle.

O modelo (2-11), portanto, não é realista, dando resultados adequados para intervalos de t relativamente limitados, como na fase exponencial ou logarítmica do crescimento de células ou microorganismos.

O tempo necessário para a duplicação da população inicial é dado por $t_{(2)} = r \ln 2$.

2.13.1.2 Modelo de Gompertz

O modelo de Gompertz tem sido largamente usado para representar o crescimento de células, microorganismos, organismos e particularmente células tumorais.

Uma das formas da equação diferencial do modelo é

$$N'(t) = dN/dt = -a \ln(bN). \qquad (2\text{-}12)$$

A representação gráfica de N(t) *vs.* t é *sigmoidal.*

Em (2-12), tem-se N= número de células no tumor (*celularidade*), t = tempo e a, b são parâmetros, representando ação proliferativa e regressiva.

Apesar de sua base empírica, várias justificações teóricas têm sido propostas para esse modelo.

A análise de (2-12) mostra que N′(t) é anulada para o caso trivial de N=0 (t=0) e para bN = 1 ou N = 1/b, o máximo de N′(t) que corresponde ao ponto de inflexão da curva N(t) *vs.* t. Assim, a população cresce até N = 1/b e, a partir desse valor, começará a decrescer. Para bN = e (base neperiana), tem-se N′(t) = a N, isto é, até N= e/b, tem-se um crescimento exponencial.

2.13.2 Modelo logístico para crescimento de populações de células

2.13.2.1 Equação diferencial

Admita-se que o suprimento de nutrientes seja suficiente para garantir a população em seu nível estacionário, N_e.

Além disso, suponha-se ausência de predação e competição, e a população cresça proporcionalmente à diferença entre a população estacionária, N_e, e a população em um dado instante, N(t).

Assim, tem-se

$$N'(t) = dN(t)/dt = r\,[\,N_e - N(t)\,]\,N(t) \qquad (2\text{-}13)$$

A taxa de aumento da população, além de ser função de N(t), vai diminuindo à medida que N(t) se aproxima do valor estácionário N_e, quando, então, se torna nula.

Para simplificação gráfica, prescindamos da indicação explícita da dependência funcional a t.

A partir de (2-13), tem-se

$$t = \int \{ dN / \{ r [N_e - N] N \} \qquad (2\text{-}14)$$

Para integrar (2-14), façamos

$$1/ [(N_e - N) N] = K_1/ N + K_2 / (N_e - N N)$$

e achando os valores de K_1 e K_2:

$$K_1 = K_2 = 1/ N_e$$

que, indo para (2-14), se obtém, finalmente,

$$t = [1/ (r N_e)] \{ \ln [N/ (N_e - N)\} + C \qquad (2\text{-}15)$$

onde C = constante de integração, cujo valor depende das condições iniciais.

Por (2-13), vemos que, para valores muito pequenos de N, isto é, para a fase inicial do aumento da população, tem-se

$$r N_e = N' / N .$$

A Eq. (2-15) é graficamente representada por uma sigmóide.

É importante notar que, para cada valor de t, corresponde um único valor de N(t), o que indica a *não ocorrência de oscilações* para o sistema considerado.

2.13.2.2 Mapa logístico

Usar equações de diferença em lugar de equações diferenciais é um procedimento mais simples e usual no estudo de sistemas dinâmicos.

O tempo t, como foi visto anteriormente, pode ser tomado como uma variável discreta, variando por passos ou intervalos.

Para o crescimento de populações, é comum usar-se o *mapa logístico,* parabólico:

$$N(n+1) = f(N(n))$$
$$f(N(n)) = k\,N(n)\,(1 - N(n)) \qquad (2\text{-}16)$$

$$n = 1, 2, \ldots \text{ iterações}$$

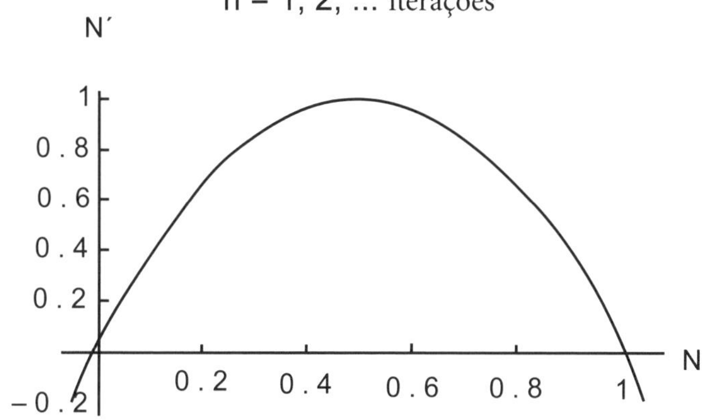

Figura 2.5 – **Mapa logístico: Eq. (2-16) (*vide* texto)**

2.13.2.2.1 Campo de direção para uma equação diferencial

A equação diferencial de um sistema dinâmico pode ser interpretada graficamente, constituindo um modo de pensar muito útil e cômodo no estudo da dinâmica de um sistema.

Consideremos a equação diferencial de 1ª Ordem

$$dy/dx = f(x,y). \qquad (2\text{-}17)$$

Supondo que F (x) seja uma solução de (2-17), cujo gráfico de y *vs.* x representa essa solução. Para qualquer ponto (x, y) do gráfico de y = F (x) pode ser traçado um pequeno segmento de reta com a direção dada por F´(x, y), isto é, pela tangente, nesse ponto, à curva de F (x). Pode-se ter assim uma coleção desses segmentos de tangentes, constituindo o que se denomina um *campo de direção*, que ajuda a interpretar a equação diferencial. Ele nos dá informação relativa às soluções da equação diferencial. Uma interpretação do comportamento das soluções de uma equação diferencial pode ser obtida a partir de seu campo de direção.

2.14 Pontos fixos: estabilidade em sistemas de uma variável

Pontos fixos correspondem aos valores nulos de x´.

Em sistemas de uma só variável, x´ = f (x), a estabilidade de pontos fixos pode ser facilmente discutida, graficamente, com base no campo de direção sobre o eixo – x.

Para x´> 0 acerca do ponto fixado considerado, põe-se, sobre o eixo-x, uma seta para a direita, para x´< 0, a seta apontará para a esquerda.

Um ponto fixo é considerado *estável* (atrator) se para ele convergem as setas. Se as setas divergem, o ponto é *instável* (Figura 2.6 e Figura 2.7).

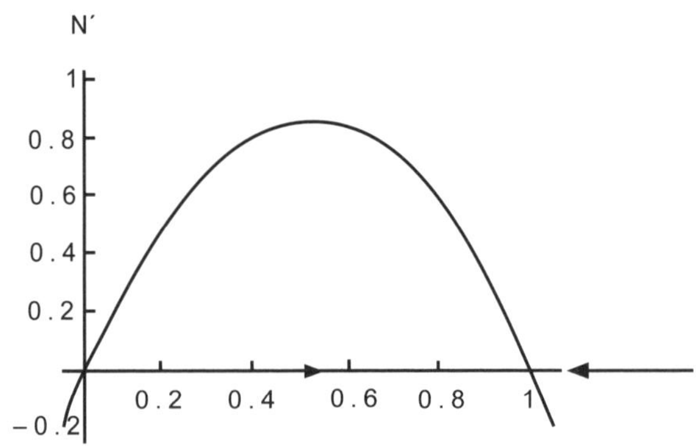

Figura 2.6 – **Mapa logístico: estabilidade de pontos fixos. O ponto fixo na origem (N = 0) é *instável*. O ponto fixo em x = N (à direita) é *estável***

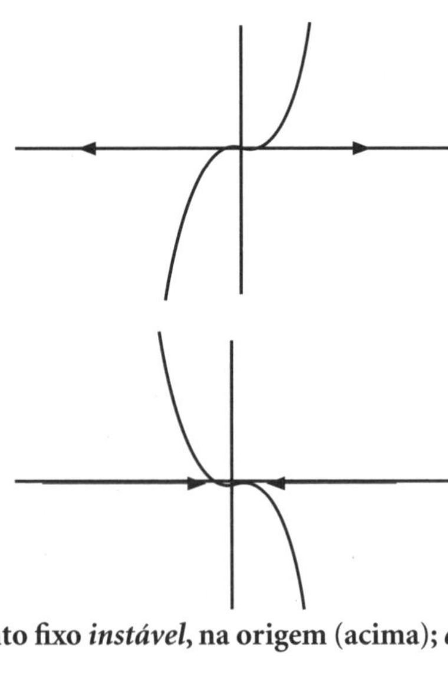

Figura 2.7 – **Ponto fixo *instável*, na origem (acima); *estável* (abaixo)**

2.15 Mapa logístico: comportamento dependente do parâmetro de controle

O comportamento do mapa logístico (Eq. 2.16) depende dramaticamente do valor do parâmetro k. Assim:

k <= 1: as iterações levam progressivamente a valores menores, tendendo a 0 (atrator);

1 < k < 3: as iterações convergem para um atrator que aumenta até 0.667;

3 <= k < 3.5: não há convergência para um único valor e sim um atrator constituído por vários pontos; assim, para k = 3.4, as iterações levam a um atrator de dois pontos periódicos;

k = 3.5: o cálculo sistemático das iterações conduzem a um atrator de 4 pontos, 0.875, 0.283, 0.827 e 0.501; continuando a aumentar k, surgem atratores com número ainda maior de pontos.

Observações

Computação das iterações em mapa logístico.

Usando o programa *Mathematica*, a computação sistemática das iterações do mapa logístico pode ser facilmente realizada. Por exemplo, as seguintes declarações podem ser usadas:

```
In[1]=
k = 0.95
y= 0.4

For[i=1; y=x . i<10, i++, y=k t (1-y); Print[y]

Out[1]=
 0.95

Out[2]=
        0.4
        0.0855
        0.0742803
```

0.0653246
0.0580044
0.0519079
0.0467528
0.0423386
0.0385188
0.0351833

É claro que outros programas (MatLab, Maple, etc.) podem ser usados para efetuar esses e outros cálculos.

Outras reiterações de mapas de sistemas dinâmicos podem ser feitas com os programas anteriormente referidos.

Cálculos mais sofisticados e extensivos podem ser feitos com *Dynamics: Numerical Explorations* (Helena E. Nusse e James, A. Yorke. Springer).

2.16 Dinâmica de populações com interação de espécies

Quando ocorre interação entre espécies, as dinâmicas das respectivas populações tornam-se complexas, diferindo do comportamento em ausência de interação.Veremos aqui o sistema constituído por somente duas populações de espécies que interagem entre si. Neste caso, podemos ter os seguintes tipos de interação:

a) a taxa de crescimento da espécie Y (predador) aumenta, enquanto decresce a da espécie X (presa);
b) ambas as taxas de crescimento, das populações Y e X, decrescem, havendo, então, competição entre as espécies;
c) aumentam as taxas de crescimento de Y e X, tendo-se mutualismo ou simbiose entre as espécies.

2.16.1 Modelo presa–predador de Lotka–Volterra

O modelo presa–predador de Lotka–Volterra consiste no seguinte sistema de equações diferenciais:

$$dX/dt = c_1X - c_3XY \quad (2\text{-}18)$$

$$dY/dt = -c_2Y + c_4XY \quad (2\text{-}19)$$

onde X(t): população da presa,Y(t): população do predador, e c_1, c_2, c_3, c_4 são parâmetros positivos.

O modelo é baseado sobre as seguintes hipóteses:

- a taxa de crescimento da população da presa, em ausência do predador, aumenta proporcionalmente a ela própria, como indica o termo c_1X na Eq. (2-18);
- o predador diminui a taxa de crescimento de X de modo proporcional a X e Y, como indica o termo c_3XY em (2-18), ou seja, a diminuição no crescimento de X é proporcional aos encontros presa–predador; se não houver presa (X=0), a população do predador decresce exponencialmente, tendendo à extinção, para X=0;
- a presa contribui para o crescimento da população do predador de modo proporcional aos encontros presa–predador, o que é indicado pelo termo c_4XY em (2-19).

O termo -dY refere-se ao decréscimo de Y por sua própria taxa de mortalidade.

Os termos c_3 XY e c_4 XY em (2-18) e (2-19), respectivamente, representam a interação entre as duas espécies, nas equações de evolução do sistema.

A hipótese da população da presa, X, aumentar sem limite em ausência do predador é um dos aspectos irrealistas do modelo (2-18), (2-19).

A solução das equações do modelo produz, para certos valores dos parâmetros, trajetórias fechadas no plano de fase X,Y, como mostra a Figura 2.8. As curvas fechadas indicam que, no início, a população do predador Y cresce, crescendo ainda, entretanto, a população da presa, X. Após, passagem por um ápice, X começa a decrescer, por ser consumida pelo predador. À medida que X decresce, vai-se tornando insuficiente a manutenção do crescimento de Y, cuja população tem decrescida sua taxa de crescimento, tendendo para o valor inicial. Então, os encontros de Y com X tornam-se em número muito pequeno, o que é favorável ao aumento da população da presa e, conseqüentemente, Y recomeça a aumentar, seguindo a mesma trajetória de antes. Tem-se, assim, um comportamento periódico ou oscilatório, o qual, com alguma limitação, tem sido aplicado, tentativamente, a outras situações.

2.17 Sistemas de "lei de potência" e S-sistemas

Um sistema de "lei de potência" consiste no sistema de equações diferenciais

$$dX_i / dt = \sum_j \alpha_{ij} \prod_k X_k^{g_{ijk}} \qquad (2\text{-}20)$$

onde

$$i, k = 1, \ldots, n$$
$$j = 1, \ldots, p_i.$$

Por analogia com as equações da cinética química, os coeficientes α_{ij} são chamados de *constantes de velocidade* e os expoentes g_{ijk}, de *ordens cinéticas*.

Os sistemas de "lei de potência" são freqüentemente usados na modelagem de sistemas dinâmicos não-lineares, desde os trabalhos iniciais de Savageau (1960s e 1970s). Têm larga aplicação em várias áreas de ciência, tais como bioquímica, biofísica, engenharia bioquímica, fisiologia, etc.

No domínio das equações diferenciais, esses sistemas mostram grande importância por sua estrutura matemática.

Os *S-sistemas* são uma subclasse dos sistemas de "lei de potência", tendo a seguinte forma:

$$dX_i / dt = \alpha_i \prod_k X_k^{g_{ik}} - \beta_i \prod_k X_k^{h_{ik}}. \qquad (2\text{-}21)$$

2.18 Seção de Poincaré

O padrão dos pontos que são as interseções das trajetórias no espaço de estado que chegam ao atrator, por meio de um plano não paralelo ao fluxo ou ao feixe dessas trajetórias, constitui o que é chamado de seção de Poincaré (Figura 2.8).

Uma seção de Poincaré é útil em dar uma outra visão das trajetórias do sistema e ajudar na identificação do tipo de atrator.

As interseções são consideradas sempre do mesmo lado do plano intersector ou, em outros termos, as interseções são obtidas para uma mesma direção das trajetórias; um outro padrão de pontos se a direção invera for considerada. Se forem considerados os pontos de interseção em direções inversas, tem-se, então, uma seção de Poincaré de dupla face. Cada ponto de interseção é definido por suas coordenadas no espaço de estado. Seções de Poincaré são obtidas com auxílio de computador, partir das equações do sistema.

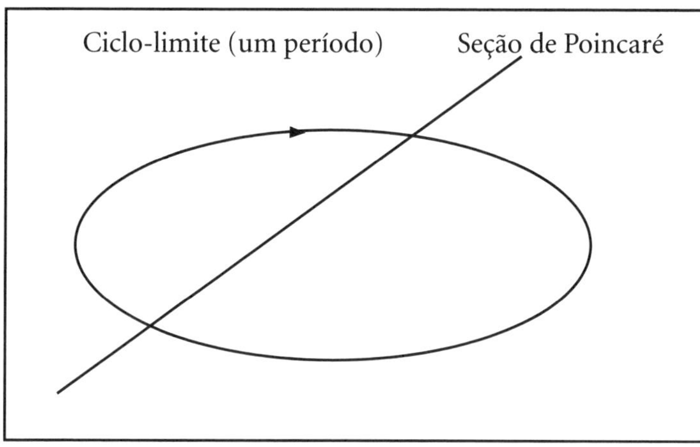

Fig. 2.8 – **Seção de Poincaré em um ciclo-limite. Ponto P é a interseção da trajetória com o plano transversal**

2.19 Expoentes de Lyapunov

O expoente de Lyapunov é um número que indica o regime dinâmico de um sistema, por meio da convergência ou da divergência de duas trajetórias vizinhas no espaço de estado. Pode ser negativo, nulo ou positivo. Se positivo indica um regime caótico, e, em caso contrário, o regime será não caótico.

Um sistema terá tantos expoentes de Lyapunov quantas são as dimensões no espaço de estado.

Fazendo-se um gráfico do logaritmo natural da diferença entre as duas trajetórias contra o tempo (ou número de iterações, no caso discreto), obtém-se, após um trecho inicial, uma linha reta que é representada pela equação:

$$\Delta_t = \Delta_a e^{bt} \ln \Delta_t = \ln\Delta_a + bt \tag{2-22}$$

onde $\ln\Delta_a$ é o intercepto da reta e b seu coeficiente angular.

A partir de (2-22), tem-se

$$\Delta_t / \Delta_a = e^{bt} \tag{2-23}$$

ou

$$\Delta_n / \Delta_a = e^{bn}, \tag{2-24}$$

sendo n o número de iterações.

O membro da esquerda em (2-23) e (2-24) indica a relação entre os afastamentos ou diferenças de duas trajetórias vizinhas após o tempo t (ou n iterações) e o afastamento incial dessas trajetórias, respectivamente. Essa relação dá a compactação ou convergência, ou a divergência das duas trajetórias consideradas após o sistema evoluir pelo tempo t (ou n iterações).

b é o expoente de Lyapunov.
Se $b > 0$, trajetórias convergem (regime não caótico);
$b = 0$, as trajetórias mantêm-se com afastamento constante;
$b < 0$, as trajetórias divergem exponencialmente, correspondendo ao regime caótico.

A divergência das duas trajetórias é acompanhada por toda a extensão do atrator. Valores médios de b são calculados.

Valores locais do expoente de Lyapunov correspondem a relativamente curtos intervalos de tempo. Uma coleção de expoentes para um atrator constitui um espectro de expoentes de Lyapunov.

2.20 Estabilidade de sistemas dinâmicos

2.20.1 Tipos de estabilidade

Em condições reais, é difícil ou mesmo impossível um sistema permanecer em um único estado, desde que ele está continuamente em interação com o ambiente, com o qual troca matéria e energia. O sistema, além das perturbações provindas de seu ambiente, sofre flutuações internas.

A idéia de estabilidade diz respeito aos efeitos dessas perturbações e flutuações sobre a evolução do sistema. O grande interesse é conhecer X(t) a partir de um *estado de referência* X_{ref} e da perturbação $\mathbf{x}(t)$:

$$X(t) = X_{ref} + x(t). \tag{2-25}$$

A fim de definir estabilidade, veja-se a Figura 2.9, onde, no espaço de estado, o estado de referência está representado pelo ponto X_{ref}.

Sejam duas regiões Φ_{ε} e $\Phi_{\Delta(\varepsilon)}$, em torno de X_{ref}, cujos tamanhos são indicados pelos respectivos índices e, como é mostrado, Δ é função de ε.

Vejamos, agora, algumas definições.

a) estabilidade de Lyapunov: existindo, na vizinhança de X_{ref}, para qualquer $\varepsilon > 0$ um $\Delta(\varepsilon)$ que, qualquer trajetória partindo do interior de $\Phi_{\Delta(\varepsilon)}$ não alcança Φ_{ε}, dizemos que o sistema é estável, no sentido de Lyapunov;
b) se não existe qualquer vizinhança em $\Phi_{\Delta(\varepsilon)}$ de X_{ref} com a característica indicada em (a), o sistema é instável;
c) se o sistema é estável como em (a) e qualquer trajetória partindo do interior de $\Phi_{\Delta(\varepsilon)}$ tende para X_{ref} para $t \rightarrow \infty$, o sistema é assintoticamente estável.

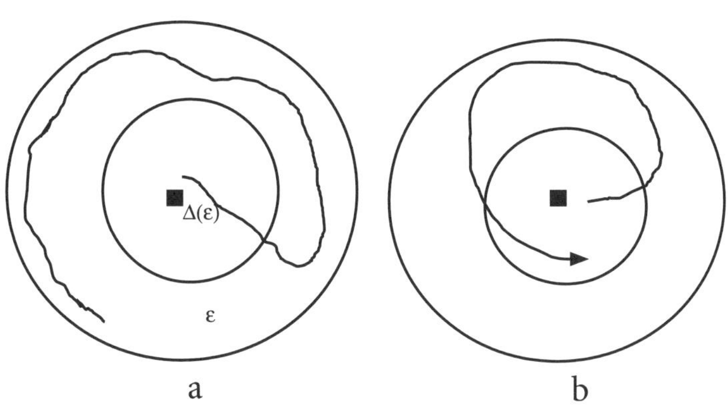

Figura 2.9 – **Estabilidade: a) Lyapunov; b) assintótica**

2.20.2 Análise linearizada da estabilidade

Consideremos

$$\mathbf{X}'(t) = d\mathbf{X}(t)/dt = F(\mathbf{X}, \lambda) \qquad (2\text{-}26)$$

como as equações de evolução do sistema em estudo, onde $X = (X_1, ..., X_n)$ e $F = F_1, ..., F_n$.

Tomemos o sistema no estado de referência X_s e suponhamos que uma pequena perturbação $x = (x_1, ..., x_n)$ ocorra em seu estado. Assim, temos

$$\mathbf{x}' = \mathbf{F}(\mathbf{X}_s + x, \lambda) - \mathbf{F}(\mathbf{X}_s, \boldsymbol{\lambda}) \qquad (2\text{-}27)$$

para a variação no instante t, causada pela perturbação sofrida pelo sistema.

Desde que F tem, geralmente, natureza polinomial, obtemos por expansão em série de Taylor:

$$\mathbf{F}(\mathbf{X}_s + x, \lambda) = F(\mathbf{X}_s, \lambda) + (\partial F/\partial \mathbf{X})_{xs} \cdot \mathbf{x}$$

$$+ \tfrac{1}{2} [\partial^2 F/(\partial X \partial X)_{Xs}] \cdot xx + ... \qquad (2\text{-}28)$$

Introduzindo (2-28) em (2-27), obtém-se

$$\mathbf{dx/dt = F(X_s + x, \lambda) - F(X_s, \lambda)}$$
$$\mathbf{= (\partial F/\partial X)_{xs} \cdot x + \tfrac{1}{2} [\partial^2 F/(\partial X \partial X)_{Xs}] \cdot xx}$$
$$\mathbf{= \llcorner(\lambda) \cdot x + O(x, \lambda)}, \qquad (2\text{-}29)$$

onde, para simplificação gráfica, $\mathbf{\llcorner(\lambda) \cdot x = (\partial F/\partial X)_{xs} \cdot x}$ e $\mathbf{O(x, \lambda) = \tfrac{1}{2} [\partial^2 F/(\partial X \partial X)_{Xs}] \cdot xx}$. $\llcorner$, o operador de linearização, é o *jacobiano* (veja o Apêndice I) de **F**, avaliado para o estado de referência.

O termo **O**(**x**, λ) encerra as contribuições não-lineares.

Se os termos representados em O (x, λ) forem diferenciáveis, tem-se $\mathbf{\partial O/\partial x \rightarrow 0}$ **se** $\mathbf{|x| \rightarrow 0}$.

No caso do estado de referência ser um ponto fixo, o que quer dizer independente do tempo, então $\llcorner$ e O (x, λ) não apresentarão dependência explícita do tempo.

$\mathbb{L}(\lambda)$ é uma matriz n x n, cujos elementos são $\mathbb{L}_{ij} = (\partial F_i / \partial x_j)$ (i, j=..., n), ou seja o jacobiano de F, avaliado para o estado de referência.

A forma linearizada de (2-29), com omissão de toda a não-linearidade contida em $\mathbf{O}(\mathbf{x} \,.\, \lambda)$, é a seguinte:

$$d\mathbf{x}/dt = \mathbb{L}(\lambda) \,.\, \mathbf{x} \tag{2-30}$$

a qual é a base do *princípio da estabilidade linearizada*. Essa proposição é de alta relevância, pois possibilita analisar a estabilidade de sistemas não-lineares por redução do problema à forma linear, muito mais tratável.

No caso da solução trivial x = 0 de (2-30) ser *assintoticamente estável*, então, x = 0, correspondendo a $\mathbf{X} = \mathbf{X}_s$, é uma solução assintoticamente estável para o sistema não-linear.

Se a solução **x** = 0 de (2-30) é *instável*, então, é também uma solução instável para o sistema não-linear.

Quando a solução x = 0 é Lyapunov-estável (veja seção 2.20) e não-assintoticamente estável, o princípio acima é insuficiente para fornecer informação confiável sobre a estabilidade do sistema. Neste caso, a questão pode ser resolvida por análise mais detalhada do operador $\mathbb{L}$.

Assim, se todos os eigenvalores de $\mathbb{L}$ têm partes reais negativas, então, a solução **x** = 0 corresponde a uma estabilidade assintótica.

Se alguns eigenvalores têm parte real positiva, a solução **x** = 0 é instável.

2.20.2.1 Análise linear de pontos fixos

Anteriormente, vimos um pouco sobre a análise gráfica da estabilidade de pontos fixos em sistemas de 1ª dem (seção 2.14). Agora, veremos a análise linear de pontos fixos de um modo mais analítico ou quantitativo.

Inicialmente, vejamos alguns aspectos mais gerais do formalismo a ser usado.

O princípio da estabilidade linearizada, como vimos acima, permite reduzir a análise da estabilidade de sistemas não-lineares a um problema linear, mais acessível em seu tratamento.

Em sistemas autônomos, a equação de evolução do sistema não depende explicitamente do tempo t. Além disso, o termo linearizado em (2-29) também independe de t, assim como o estado de referência (pontos fixos).

Pode-se ver que a Eq. (2-30) admite soluções da forma

$$\mathbf{x} = \mathbf{u}\, \mathbf{e}^{\omega t} \tag{2-31}$$

onde ω é o expoente característico.

Introduzindo (2-31) em (2-30), obtém-se

$$\sum_j L_{ij}(\lambda) u_{ij} = \omega_i\, u_i \tag{2-32}$$

onde u_i e ω_i são eigenvetores e eigenvalores, repectivamente, da matriz jacobiana.

Assim, vê-se que a análise da estabilidade é reduzida a um problema de eigenvalor, envolvendo o operador de linearização.

O conhecimento de ω é fundamental na discussão e na solução do problema da estabilidade.

Considerando, em termos gerais, as partes real e imaginária de ω, tem-se, a partir de (2-31),

$$|\, x \,| \approx e^{(\mathrm{Re}\omega)t}\, e^{i(\mathrm{Im}\omega)t}. \tag{2-33}$$

Com base em (2-33), tem-se:

a) se $\mathrm{Re}\omega < 0$, a grandeza da perturbação $|\mathbf{x}|$ *decresce exponencialmente* e, em conseqüência, o estado de referência (estado não perturbado), é *assintoticamente estável*;
b) se $\mathrm{Re}\omega > 0$, $|\mathbf{x}|$ *aumenta exponencialmente* e o estado de referência é *instável.*

Os eigenvalores ω podem ser calculados a partir de

$$\sum_j L_{ij}(\lambda) \,.\, u_j = \omega\, u_i$$

donde

$$\sum_i (\, L_{ij}(\lambda) - \omega_j\, \delta_{ij}\,)\, u_j = 0 \;(\, i = 1, ..., n\,) \tag{2-34}$$

onde δ_{ij} é um delta de Kronecker:

$\delta_{ij} = 1$ para $i = j$, $\delta_{ij} = 0$ para $i \neq j$.

2.20.2.1.1 Sistemas de uma variável

Estabilidade de pontos fixos.

Exemplo 1: $x' = dx/dt = \text{sen } x$, pontos fixos em $x = k\,\pi/2$, se k for par

$\llcorner = dF/dx = \cos x$

$x' = x\; dF/dx \; x \cos x$

$k = 0$ $\text{sen } x = 0$ $\cos x = 1$ $x' > 0$ a perturbação x aumenta;
$k = 2$ $\text{sen } x = 0$ $\cos x = -1$ $x' < 0$ a perturbação diminui progressivamente, o ponto fixo é estável e, assim, sucessivamente.

Em torno do ponto fixo, uma seta para a direita, sobre o eixo, é usada se $dx/dt > 0$ e, para a esquerda, se $dx/dt < 0$. Pontos fixos estáveis têm setas convergindo sobre eles. Pontos fixos instáveis têm setas divergentes.

Exemplo 2.
Equação logística:

$$f(N) = kN(1 - N/K) \qquad (2\text{-}35)$$

A estabilidade dos pontos fixos da equação logística foi vista, graficamente, na seção 2.14.

A derivada de (2-35) é

$$f'(N) = k - 2N\,k/K. \qquad (2\text{-}36)$$

O ponto fixo em $N = 0$, com $k > 0$, será instável, pois $f'(N) > 0$ e, portanto, $|x|\, f'(N)$ aumentará progressivamente, tornando a perturbação x sempre maior.

O outro ponto fixo em $N = K$, com $f'(N) = -k$ e $k > 0$, será estável, visto que $f'(N) < 0$, fazendo com que a perturbação seja progressivamente diminuída. Esses resultados estão de acordo com os obtidos por procedimento gráfico.

2.20.2.1.2 Sistemas de duas variáveis

No caso de sistemas de 2ª ordem, em que o espaço de estado tem duas dimensões, as equações linearizadas (2-30) são postas na seguinte forma particular, adequada ao caso:

$$\begin{aligned} dx_1/dt &= L_{11}\, x_1 + L_{12}\, x_2 \\ dx_2/dt &= L_{21}\, x_2 + L_{22}\, x_2 \end{aligned} \tag{2-37}$$

ou, em forma equivalente, mais compacta,

$$\begin{bmatrix} x_1' \\ x_2' \end{bmatrix} \quad \begin{bmatrix} L_{11} & L_{12} \\ L_{21} & L_{22} \end{bmatrix} \begin{bmatrix} x_1 \\ x_2 \, . \end{bmatrix} \tag{2-38}$$

O cálculo dos eigenvalores ω_m pode agora ser feito do modo já visto, usando a equação característica da matriz jacobiana $[L]$:

$$\det \begin{bmatrix} L_{11} - \omega_m & L_{12} \\ L_{21} & L_{22} - \omega_m \end{bmatrix} = 0. \qquad (m = 1, 2) \tag{2-39}$$

$$\tau = \text{traço}\,[\, L \,] = L_{11} + L_{22} = \omega_1 + \omega_2$$

$$\Delta = \det\,[\, L \,] = L_{11}\, L_{22} - L_{12}\, L_{21} = \omega_1\, \omega_2$$

$$\omega_{1,2} = (1/2)[\, \tau \,+/-\, \sqrt{(\, \tau^2 - 4\,\Delta\,)}\,] = (1/2)[\, \tau \,+/-\, \mathcal{D}^{1/2} \tag{2-40}$$

Os tipos de pontos fixos podem ser previstos com base no sinal de Δ e em como se mostram os eigenvalores ω, como a seguir.

a) $\Delta = \omega_1\, \omega_2 < 0$: eigenvalores são reais e de sinais opostos; os pontos fixos são pontos de sela.

b) $\Delta = \omega_1\, \omega_2 > 0$: eigenvalores reais com o mesmo sinal: os pontos fixos são nós. Ou, ω_1 e ω_2 são conjugados complexos: se $\mathcal{D} < 0$, os pontos fixos são espirais.

A parábola $\mathcal{D} = 0$ é a linha divisória entre nós e espirais.

τ determina a estabilidade de nós e espirais: se $\tau < 0$, ω_1 e ω_2 têm partes reais negativas e os pontos fixos são estáveis. Se $\tau > 0$, nós e espirais são instáveis.

c) $\Delta = \omega_1 \omega_2 = 0$: pelo menos um dos eigenvalores é nulo e há uma linha inteira de pontos fixos, não apenas a origem como ponto fixo isolado.

2.20.2.1.3 Pontos fixos hiperbólicos

Se ambos os eigenvalores ω1, ω2 têm partes reais diferentes de zero, $\mathrm{Re}(\omega) \neq 0$, o ponto fixo é chamado de hiperbólico. Este conceito pode ser estendido a sistema de ordem superior.

Pontos hiperbólicos têm sua estabilidade pouco dependente dos termos não-lineares em (2-29).

Equivalência topológica ocorre quando há homeomorfismo, ou seja, quando a feição local do espaço-de-estado ou "retrato-de-fase" (pontos fixos e trajetórias) pode ser mapeada sobre outra região apenas com deformação contínua, com inversão também contínua, mantendo-se inalterável a direção do tempo. Os "retratos-de-fase" podem mudar-se uns nos outros apenas por deformação contínua, sem ruturas.

Teorema de Hartman- Grobman. Esta importante proposição nos diz que o "retrato-de-fase" na proximidade de um ponto fixo hiperbólico é topologicamente equivalente ao "retrato-de-fase" de linearização, no sentido dado acima.

Pontos hiperbólicos são estruturalmente estáveis, i.e., a topologia de seu "retrato-de-fase" não pode ser modificada por pequenas perturbações. Centros, por exemplo, são pontos fixos que, por perturbações muito pequenas, convertem-se em pontos fixos do tipo espiral.

Referências

Murray, J. D. *Mathematical biology I*: an introduction. 3. ed. New York/Berlin: Springer, 1993.

——————. *Mathematical biology II*. 3. ed. Berlin: Springer, 2002.

Nicolis, J. D. Introduction to non-linear science. Cambridge: Cambridge University Press, 1995.*

Nicolis, G.; Prigogine, I. *Exploring complexity*. New York: Freeman, 1989.

Strogatz, S. H. *Nonlinear dynamics and chaos.* Westview Press, 1994.*

Williams, G. P. *Chaos theory tamed.* Washington, D. C.: Joseph Henry Press, 1987.*

* Particularmente consultadas na elaboração do capítulo.

Capítulo 3
Ordem no caos, no equilíbrio e no não-equilíbrio

3.1 Introdução

Ordem, tomada como a ocorrência de padrões de regularidade espacial e/ou temporal, é ubíqua na natureza e manifesta-se na extensa multiplicidade de estruturas formadas a partir das partículas elementares e das quatro interações básicas do universo: nuclear forte, eletromagnética, nuclear fraca e gravitacional, cujas intensidades relativas são de 1: 10^{-3}: 10^{-15}: 10^{-40}. Para a formação de moléculas, o domínio da química, a interação eletromagnética é a mais importante.

Apesar de atuar em tudo o que é material, a força gravitacional é extremamente fraca diante das outras interações. Seu papel, contudo, é relevante na morfologia de grande escala do universo.

As estruturas em sistemas físicos e químicos, incluindo os seres vivos, caem em duas categorias: as de equilíbrio e as de não-equilíbrio ou dissipativas.

Sistema ordenado: é aqui considerado como aquele no qual cada um de seus elementos apresenta as mesmas coordenadas para cada espécime que seja a reprodução do sistema. Para isso, supõe-se uma coleção de reproduções do sistema, as quais devem ter todos os seus elementos sempre com as mesmas coordenadas do sistema original, com relação ao mesmo referencial.

Regularidade: os elementos do sistema podem ter suas posições repetidas no espaço. Sistemas podem apresentar ordenação e regularidade, como acontece em cristais periódicos. A quantidade de informação resultante da ordenação é diminuída pela ocorrência de regularidade. Cristais periódicos, por apresentarem alta regularidade, têm muito baixo conteúdo informacional.

Seqüências de DNA são altamente ordenadas e podem apresentar repetições, as quais abaixam a quantidade de informação.

Reprodutibilidade: para um sistema ordenado há um princípio pelo qual o sistema é construído e que garante sua reprodutibilidade.

Sistemas ordenados têm sua entropia termodinâmica (Capítulo 1) diminuída com relação a estados de menor ordenação.

Organização: um sistema é organizado se a ele, como um todo ou a um ou mais de seus subsistemas, podem ser atribuídos uma ou várias funções específicas. A fim de que isso ocorra, o sistema deve ter a capacidade de realizar trabalho de natureza adequada a suas funções, ou seja, deve dispor de energia e, além disso, deve ter a informação necessária à sua ordem estrutural e ao controle das formas de trabalho a serem executadas. Assim, na organização, além da ordem, tem-se de considerar a funcionalidade.

Além disso, não é suficiente saber quanto há de energia disponível, é necessário que exista a informação que assegure que o trabalho a ser produzido por essa energia ocorrerá no lugar e modo certos, para que resulte útil ao sistema. No caso de trabalho mecânico, por exemplo, além da quantidade de energia necessária à sua produção, é imprescindível que se conheça o ponto de aplicação e a direção da força que produzirá o trabalho.

A localização e a transferência de energia e onde esta será convertida em várias formas de trabalho são dados de informação fundamentais à célula viva. Não é suficiente conhecer apenas o valor de sua carga energética. Na célula, os metabolismos de matéria, energia e informação conectam-se em uma grande rede, da qual fazem parte mecanismos regulatórios essenciais.

Auto-organização: o sistema cria ou aumenta sua organização por si próprio, sem carecer de moldes, projetos, planos ou determinações externas. Este tópico será tratado, em maior extensão, no Capítulo 4. *Complexidade*: sistemas com grande número de partes interagentes em que surgem novas propriedades, as quais inexistem nos elementos individuais que os formam (emergência de propriedades), são chamados de *complexos* ou considerados como tendo comportamento complexo. A complexidade aumenta com o número de elementos e de interações entre eles. Sistemas complexos apresentam dinâmica não-linear (Capítulo 2). Sistemas biológicos são da mais alta complexidade na natureza.

3.2 Ordem no caos

Vimos, no Capítulo 2, que certos sistemas dinâmicos podem apresentar um regime em que ocorre uma enorme sensibilidade às condições iniciais, resultando uma grande imprevisibilidade das trajetórias no espaço de estado, apesar de serem, cada uma delas, perfeitamente determinadas, pelo que esse regime é chamado de caos determinista.

Diferenças muito pequenas na definição das condições iniciais podem resultar em grandes afastamentos ou forte divergência das trajetórias, principalmente ao aumentar o tempo de evolução do sistema. Se, ao procurar repetir uma trajetória, cujo ponto inicial estava em 0,10000, partirmos, agora, de 0,10001, podemos encontrar, em um tempo muito longo, uma trajetória muito diferente da primeira e dela muito afastada. Quando isso ocorre, dizemos que o sistema apresenta um *comportamento caótico*, o que, entretanto, não significa aleatoriedade. No caos, há uma extraordinária sensibilidade a perturbações. Sistemas caóticos mostram esse aspecto de desordem na imprevisibilidade de suas trajetórias no espaço de estado.

O comportamento de um sistema dinâmico depende dos valores atribuídos a certos parâmetros na equação ou equações de evolução. Às vezes, pode ser apenas um parâmetro, o chamado parâmetro de controle, como foi visto para o modelo logístico de crescimento de população (Capítulo 2). O regime caótico pode surgir entre estreitos limites de variação do parâmetro de controle.

O que veremos a seguir é que, mesmo na desordem do regime caótico, podem surgir, inesperadamente, padrões de regularidade ou ordem, no comportamento dinâmico do sistema. Esses padrões são reproduzíveis, desde que sejam conhecidos os valores do parâmetro de controle para os quais eles ocorrem. Há quem fale de uma ordem disfarçada ou camuflada em meio ao caos e que sua ocorrência seja mesmo a regra.

No caos que surge com a iteração extensa das equações diferenciais ou de diferença (mapas) de sistemas, podem surgir padrões de regularidade (ordem), tais como regiões de periodicidade (janelas), rotas ao caos (duplicação de período) e atratores caóticos, os quais são estruturas geométricas com regularidade ou ordem e, por vezes, com belo aspecto visual por computação gráfica.

3.2.1 Atratores periódicos ou janelas

Em certos sistemas, para determinados valores do parâmetro de controle, chega-se a uma região periódica ou oscilatória como atrator, em lugar de um atrator caótico. O regime caótico apresenta, freqüentemente, no espaço de estado, uma mistura de regiões periódicas e caóticas, dependendo do parâmetro de controle. Na equação logística, por exemplo, quando o parâmetro de controle atinge o valor de 3,83, tem-se um ciclo de três períodos.

3.2.2 Rotas janelas → caos (duplicação de período e intermitência)

No caso do modelo logístico, se continuarmos a aumentar o parâmetro de controle do sistema, por bifurcações sucessivas, mostra ciclos de 6, 10, 24 períodos. Na aresta janela/caos, o sistema apresenta reversibilidade de comportamento dinâmico, ou seja, por diminuição do parâmetro de controle, o sistema deixa o domínio caótico para retornar à janela (Figura 3.1), (Figura 3.2).

3.2.3 Atratores caóticos

Vimos que as trajetórias no espaço de estado, para um sistema em regime caótico, podem alcançar delimitada região que apresenta, por vezes, uma complexa estrutura geométrica, mostrando alguma ordem ou regularidade. Uma tal região foi chamada de atrator caótico. No próprio atrator, podemos ter uma ou mais regiões mais populadas por trajetórias do sistema, com mais acentuado padrão de regularidade.

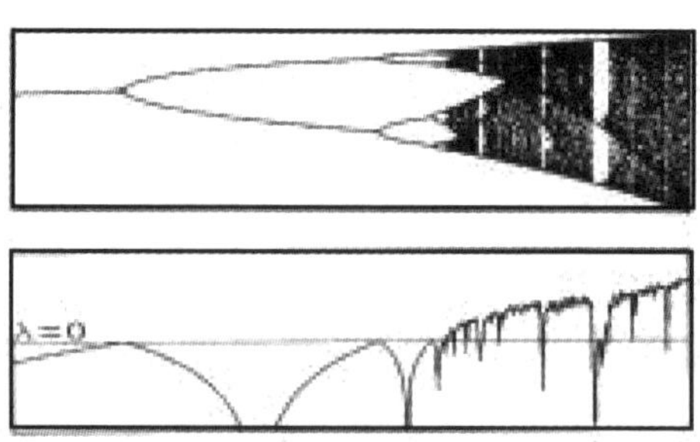

Figura 3.1 – **Modelo logístico: bifurcações (acima) e expoentes de Lyapunov. Material produzido pelo autor com o auxílio do programa Dynamics Solver**

3.2.4 Fractais

Outro tipo de regularidade geométrica ou ordem em muitos sistemas, em regime caótico, são as estruturas fractais.

Fractais são formas geométricas que resultam da repetição de um motivo, podendo abranger uma extensa faixa de tamanhos.

Fractais e caos estão relacionados, uma vez que vários atratores caóticos têm textura fractal. Atratores caóticos de fluxo, tais como remoinhos, nuvens, etc., são exemplos de fractais típicos. É claro que nem todos os atratores caóticos são fractais. Os atratores caóticos da equação logística, por exemplo, não são fractais.

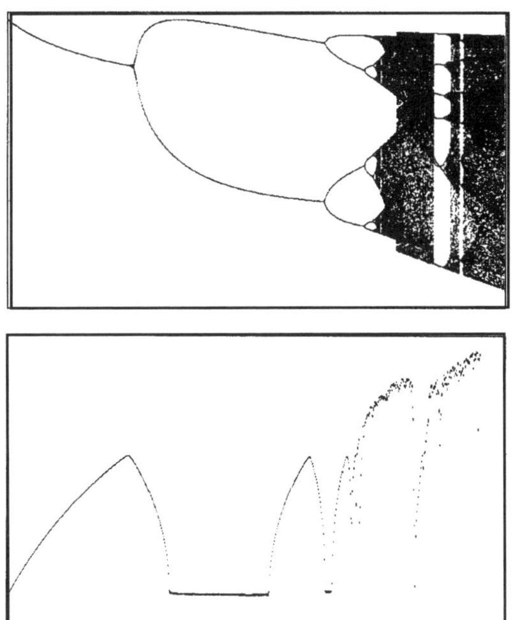

Figura 3.2 – **Mapa de Hénon: bifurcações (acima) e expoentes de Lyapunov. Material produzido pelo autor com o auxílio do programa Dynamics Solver**

Fractais resultam, geralmente, de múltiplas repetições de um dado procedimento, ou pela iteração da solução de uma dada equação matemática, usando um computador.

3.3 Estruturas de equilíbrio

Estruturas de equilíbrio resultam de processos que levam a um estado de energia livre (Gibbs) mínima: $\Delta G_{P,T} < 0$, $\Delta G_{P,T} = 0$, o estado de equilíbrio. Neste estado, o sistema é mantido sem necessidade de receber energia do ambiente, sofrendo apenas pequenas flutuações em torno dos valores médios de suas variáveis de estado e que regridem ao estado original de equilíbrio.

Somente por realização de trabalho pode um sistema ser deslocado de seu estado de equilíbrio. Um sistema será tanto mais estável quanto mais baixo for seu mínimo de energia livre, exigindo, então, maior quantidade de energia para ser deslocado de seu estado de equilíbrio.

A evolução reversível do sistema de seu estado inicial ao estado de equilíbrio é termodinamicamente governada pela expressão

$$\Delta G_{P,T} = \Delta H - T\Delta S, \qquad (3\text{-}1)$$

onde ΔH = variação de entalpia e ΔS = variação de entropia.

A espontaneidade termodinâmica é dada por $\Delta G_{P,T} < 0$ e o equilíbrio por

$$\Delta G_{P,T} = 0, \ \Delta H_{P,T} = T\Delta S. \qquad (3\text{-}2)$$

onde vemos que a variação entálpica é compensada por $T\Delta S$.

Se $\Delta H_{P,T} = 0$, tem-se $\Delta S = 0$, ou seja, o equilíbrio corresponde ao máximo de entropia, como temos visto anteriormente (Capitulo 1), para o gás ideal, em sistema isolado, em que não ocorrem interações moleculares.

A caminho das estruturas de equilíbrio, o sistema poderá ter de ultrapassar barreiras de energia livre, as quais correspondem a estados intermediários entre os reagentes e os produtos. Um processo evolui dos reagentes A e B, passa, geralmente, por uma barreira de energia do *estado de transição* (ΔG^*) e chega às estruturas de equilíbrio C e D. Tenhamos em mente que A, B, C e D são estruturas de equilíbrio que, no caso presente, estão relacionadas pela equação

$$A + B = C + D. \qquad (3\text{-}3)$$

O estado de transição é um estado transitório, de vida muito curta, pelo qual passa o sistema ao reagir de reagentes a produtos.

A altura da barreira de energia ΔG^*, chamada de *energia de ativação*, determina a probabilidade com que as moléculas de reagentes ultrapassam essa barreira e chegam a produtos. Em outros termos, ela é determinante da velocidade da reação, tanto no sentido direto quanto no reverso. Os catalisadores, como é sabido, aceleram as reações por contribuírem para o abaixamento da energia de transição, o que fazem por combinação com o estado de transição.

A quantidade termodinâmica mais importante com referência ao estado de equilíbrio de um sistema em reação é, sem dúvida, a *constante de equilíbrio* K_{eq} (T), a qual é dada, para o esquema (3-3), por

$$K_{eq} = (C)\,(D)\,/\,(A)\,(B) \qquad (3\text{-}4)$$

em que os parênteses denotam concentrações molares que aproximam as atividades termodinâmicas para o sistema que apresente comportamento próximo da idealidade (Capítulo 1).

K_{eq} está diretamente relacionada à energia livre no estado-padrão, ΔG^o, onde as concentrações molares são unitárias:

$$\Delta G^o = -\,RT \ln K_{eq}. \qquad (3\text{-}5)$$

Para o esquema (3-3), as velocidades de reação do processo direto, da esquerda para a direita, de reagentes para produtos, e do processo inverso, de produtos para reagentes, são dadas por

$$v_1 = k_1\,(A)(B) \qquad (3\text{-}6)$$

$$v_{-1} = k_{-1}\,(C)\,(B), \qquad (3\text{-}7)$$

por força da lei de ação das massas; k_1 e k_{-1} são as constantes de velocidade. No equilíbrio tem-se

$$v_1 = v_2$$

$$K_{eq} = k_1/k_{-1} = (C)\,(D)\,/\,(A)\,(B). \qquad (3\text{-}8)$$

O princípio da minimização da energia livre permite prever a formação de uma estrutura de equilíbrio, conhecendo-se o estado inicial do sistema.

Vimos que o estado de transição corresponde a uma barreira de energia, a qual terá ser ultrapassada para que reagentes se convertam em produtos. Essa barreira de energia (energia de ativação) está relacionada ao efeito de T sobre K_{eq} (equação de van´t Hoff) (Capítulo 1) e é também um dos fatores que controlam a velocidade da reação (equação de Arrhenius).

O efeito da temperatura sobre a velocidade de reação pode ser expresso pela equação de Arrhenius:

$$k = a \exp(-\Delta G^*/RT), \tag{3-9}$$

em que a é fator pré-exponencial e ΔG^* = energia de ativação.

A expressão (3-9) é válida para k_1 e k_{-1}.

Por (3-9), vê-se que, quanto mais alta a barreira de energia, menor será k e, assim, mais lenta será a reação.

Dispondo-se de valores de k para várias temperaturas é possível, a partir de (3-9), a avaliação de ΔG^*.

É conveniente lembrar que, apesar de uma reação ser termodinamicamente espontânea, com um grande ΔG negativo, ela pode não se realizar, ou fazê-lo com muita lentidão em virtude de uma alta energia de ativação a ser ultrapassada. É o caso, por exemplo, da fosforilação da glicose a glicose-6-fosfato por ATP, cuja variação de energia livre é negativa e de alto valor, porém a reação não ocorrerá se simplesmente juntarmos os reagentes, Entretanto, a reação efetua-se prontamente em presença da hexoquinase, que catalisa a reação.

Isto ocorre com a maioria das moléculas biológicas, tais como proteínas, ácidos nucléicos, carboidratos e lipídeos que, se levarmos em conta somente as respectivas variações de G, seriam instáveis à hidrólise.

Em casos de muito baixa energia de ativação, o que pode resultar de uma alta eficiência de ação enzimática, a cinética da reação passa a ser dependente da difusão de reagentes e produtos, ou seja, da velocidade com que as moléculas dos reagentes se encontram e colidem produtivamente. Reações com tais características são denominadas de *reações controladas por difusão*, as quais constituem uma boa parte das reações na rede metabólica da célula.

Dada a rapidez com que as moléculas dos reagentes e enzimas encontram-se e colidem de modo produtivo, essas moléculas precisam estar prontamente presentes no lugar para reagir, o que é feito por difusão, um processo de transporte impulsionado por gradiente de concentração das espécies que difundem.

3.3.1 Cristais como estruturas de equilíbrio altamente regulares

É conhecido que um cristal iônico, tal como um cristal de cloreto de sódio, é descrito, em boa aproximação, como um retículo ou uma grade tridimensional sobre o qual se dispõem, alternando-se íons positivos (Na^+) e negativos (Cl^-).

A energia potencial eletrostática resultante da interação entre as cargas na rede cristalina é um mínimo da hipersuperfície de energia potencial e a estrutura assume um estado de equilíbrio, o que responde pela estabilidade do cristal.

A energia potencial resultante da interação das cargas q_1 e q_2 é dada por

$$E = q_1 q_2 / r_{12} \tag{3-10}$$

onde r_{12} é a distância entre as cargas.

No caso do cristal cúbico, E pode ser aproximada pela soma dos vários termos de uma série:

$$E = (1/2)N\,(-\,6e^2/a + 12e^3/(a\sqrt{2}) - 8e^2/(a\sqrt{3}) + \ldots, \tag{3-11}$$

onde e = grandeza da carga eletrônica, a = distância entre os planos da rede, N = número de íons. A computação de (3-11), a uma certa aproximação, conduz a

$$E = (-\,0.8738\ N\ e^2)\ /\ a. \tag{3-12}$$

O sinal negativo indica que trabalho terá de ser realizado sobre o sistema para separar as cargas, desmontando o cristal.

O cristal, portanto, é uma estrutura de equilíbrio, no fundo de um poço de potencial.

Considerando efeitos entrópicos, seria mais adequado falar de energia livre (Gibbs) em lugar de energia potencial. No equilíbrio, teríamos $dG_{P,T} = 0$.

A estrutura do cristal pode ser desfeita desde que lhe seja dada energia suficiente para vencer as interações atrativas que mantêm a integridade da rede cristalina, o que corresponde a fazer com que o sistema seja levado a abandonar a situação de energia livre mínima. Isso pode ser conseguido por aquecimento (fusão) ou simplesmente por dissolução em um solvente de alta constante dielétrica, como a água ($\varepsilon \approx 80$). Neste caso, a forte atenuação da interação coulombiana leva ao desmoronamento da estrutura cristalina. Os íons do cristal mantêm-se agora separados e interagem com o solvente (hidratação iônica).

Cristais são estruturas de grande ordenação, como arranjos espaciais, periódicos de átomos, íons ou moléculas, apesar de apresentarem muito baixo conteúdo informacional. O cristal tem sua estrutura como a repetição da estrutura de sua célula unitária. Há quem tenha dito que, em termos de informação, um cristal periódico se assemelha a um livro com a mesma palavra em todas as suas páginas.

Para cristais bem formados, isto é, sem defeitos, tem-se, a $T = 0$ K, entropia nula (teorema de Nernst), ou seja, nenhuma desordem.

Assim, a formação de cristais é acompanhada de decréscimo de entropia ($\Delta S < 0$), o qual é acompanhado de exportação de entropia ao ambiente ($\Delta_e S > 0$).

Usando uma terminologia recente, pode-se dizer que cristais periódicos, assim como moléculas homopoliméricas (polímeros periódicos, como o nylon), são estruturas de elevado grau de ordem, mas de baixa complexidade. A alta ordenação do cristal restringe sua funcionalidade. Quanto mais perfeita a ordem de um cristal (ausência de imperfeições como vacâncias, distorções, etc.), menos dinâmico ele será quanto à capacidade funcional. Por vezes, algum grau de imperfeição é deliberadamente introduzido em cristais a fim de torná-los adequados à participação em determinados processos (a dopagem, por exemplo, em dispositivos eletrônicos de estado sólido).

Voltaremos a tratar desse assunto quando, mais à frente, nos ocuparmo de moléculas informacionais e de estruturas virais.

A formação de cristais, estruturas de equilíbrio de regularidade elevada, compreende processos em que ocorre forte diminuição de entropia do sistema e aumento correspondente da entropia do ambiente. Assim, na cristalização, a partir de soluções ou na transição de fase líquido $\rightarrow$ sólido (solidificação) ocorrem essas variações entrópicas entre o sistema considerado e o seu ambiente. Vejamos, com um pouco mais de detalhe, o caso da solidificação.

Suponha-se uma substância pura no estado líquido a P constante, cuja temperatura é continuamente decrescida. Ao ser atingida a temperatura de solidificação T_s, a fase líquida (líquido puro) sofre transição abrupta para a fase sólida (cristais) (transição de fase de 1ª ordem). T_s permanece constante por toda a transição. Durante a transição líquido → sólido, uma quantidade de calor Q_s, o calor de solidificação, é liberada para o ambiente. Em equilíbrio, a variação de entropia do sistema é dada por

$$\Delta S_{solidif.} = Q_s/T_s = \Delta H_s/T_s < 0 \tag{3-13}$$

e a do ambiente por

$$\Delta S_a = -\,Q_s/T_s = -\,\Delta H_s/T_s > 0 \tag{3-14}$$

onde ΔH_s = entalpia de solidificação.

A variação negativa da entropia do sistema corresponde ao aumento de ordenação da fase sólida com relação à fase líquida. O ambiente tem sua entropia aumentada, compensando a diminuição de entropia do sistema, de modo que a variação de entropia total do sistema mais seu ambiente é nula:

$$(\Delta S)_{sistema} + (\Delta S)_{ambiente} = 0.$$

A mudança termodinâmica faz-se entre dois estados de equilíbrio: o líquido e o sólido, na temperatura de transição constante T_s, a temperatura de solidificação.

3.3.2 Cristais e moléculas de proteína

Do mesmo modo que pequenas moléculas são estruturas que correspondem a um mínimo de energia livre ($dG_{P,T} = 0$), o qual é o estado de equilíbrio, macromoléculas em solução e seus cristais, como no caso de proteínas, também são estruturas de equilíbrio, no sentido que vimos anteriormente. Essas moléculas, por sua complexidade resultante do elevado número de átomos e suas interações, são mais flexíveis e apresentam flutuações e movimentos de seus átomos, grupos atômicos, resíduos e domínios, em ampla escala de tempo ($10^{15}\ s^{-1} - 10^{4}\ s^{-1}$) e amplitudes (0,01 – > 5A).

Essa dinâmica das proteínas é fundamental para sua função biológica, como, por exemplo, a função catalítica e sua regulação (alosteria). Toda essa dinâmica interna em proteínas reflete uma ordem menor, menos rígida, em contraste com a dos cristais periódicos. Essa ordem, longe de ser estática, como aparentemente fazem crer os "instantâneos" fornecidos por cristalografia de raio-X, é altamente dinâmica e fundamental para a funcionalidade das proteínas.

Entretanto, é oportuno salientar que proteínas apresentam *densidade de empacotamento* praticamente com os mesmos valores que os cristais de pequenas moléculas, caindo na faixa de 0,68 a 0,82. Apenas na região de centros ativos de enzimas, valores significativamente mais baixos são encontrados, indicando maior flexibilidade, por afrouxamento local da estrutura.

A cadeia polipeptídica montada no ribossomo por tradução das informações contidas na seqüência do m-RNA, a qual, por sua vez, resulta da transcrição do respectivo gene estrutural, busca sua estrutura tridimensional de equilíbrio, correspondente ao mínimo de energia livre, por um complexo balanço de interações, do qual participa o meio celular.

A seqüência de uma cadeia polipeptídica tem a informação suficiente para determinar sua estrutura tridimensional (ANFINSEN, 1961, 1973). As cadeias polipeptídicas possuem grupos polares e apolares em um padrão específico. Na cadeia *estendida,* em água, os grupos apolares ou hidrofóbicos tendem a aglomerar-se para reduzir a área da superfície de contato com o solvente polar, levando à formação do núcleo hidrofóbico da cadeia dobrada (SCHULZ; SCHIRMER, 1979; CREIGHTON, 1993).

Grupos polares ou carregados podem ficar expostos, estabilizados por interação com o solvente, mas podem ocorrer no interior da molécula de proteína, em que são estabilizados por interação com outros grupos polares ou por interações carga–carga (pares iônicos).

As seguintes expressões representam a condição de equilíbrio termodinâmico entre a cadeia polipeptídica aberta, estendida ou aleatória (R), e sua forma dobrada, enrolada ou nativa (N):

$$R \rightleftharpoons N$$

$$\Delta G_{P,T} = \Delta G^{o} + RT \ln [(N)/(R)] \qquad (3\text{-}15)$$

$$K = (N) / (R)$$

= (número de cadeias no estado N)/(número de cadeias no estado R) (3-16)

$$\Delta G_T = - RT \ln K \quad (3\text{-}17)$$

$$\Delta G_T^o = \Delta H_T^o - T\Delta S^o. \quad (3\text{-}18)$$

K = constante de equilíbrio entre os dois estados N e R.

O esquema acima é conhecido por hipótese ou modelo de dois estados, por não serem admitidos estados intermediários.

A maior ordenação da cadeia polipeptídica resulta do dobramento sobre si mesma, onde $T\Delta S < 0$, e de interações entre grupos da própria cadeia, com $\Delta H < 0$.

A estabilização da cadeia dobrada depende do balanço entre a redução entálpica e a diminuição entrópica. Assim, tem-se

$$\Delta H < 0, \; T\Delta S < 0.$$

$$\text{Se } |\Delta H| > |T\Delta S|, \text{ então } \Delta G < 0,$$

quando o enrolamento da cadeia é termodinamicamente espontâneo, e a cadeia no estado nativo é estável, com relação ao estado R.

As considerações anteriores valem para a cadeia *in vácuo*, isto é, em ausência de solvente.

No caso da cadeia polipeptídica em água, a situação mostra-se bem mais complexa, com se vê a seguir.

Cadeia polipeptídica em água. A expressão da variação de energia livre (Gibbs) da cadeia polipeptídica em água pode ser dada pela soma de vários termos, os quais correspondem às interações intracadeia e entre a cadeia e o solvente (3-19).

$$\Delta G^o_{P,T(total)} = \Delta H^o_{cadeia} + \Delta H^o_{solv} - T\Delta S^o_{cadeia} - T\Delta S^o_{solv} \quad (3\text{-}19)$$

onde

a) $\Delta G^{o}_{P,\,T\,(total)} < 0$ R → N : há, relativamente, pequeno abaixamento de G para N com relação a R, ou seja, não é muito grande a estabilização do estado nativo relativamente à forma desnaturada;
b) $\Delta H^{o}_{cadeia} > 0$ R → N : a contribuição é positiva e pequena para partes não polares e inclui a interação cadeia–solvente.
c) $\Delta H^{o}_{solv} < 0$ R → N : a contribuição é pequena e negativa para partes não polares;
d) $-T\Delta S^{o}_{cadeia} > 0$ N → R : o aumento de ordenação por dobramento da cadeia implica a diminuição de S em N com relação a R.
e) $-T\Delta S^{o}_{solv} < 0$ R → N : a entropia do sistema é aumentada, principalmente por conta de grupos não polares da proteína que perdem suas águas ordenadas em clatratos para o corpo do solvente, mais desordenado, quando são transferidos para o interior da cadeia dobrada. É a mais forte contribuição à estabilização da cadeia da proteína.

A energia livre do estado N, sob condições fisiológicas, está relativamente não muito abaixo da do estado R, apenas por cerca de 15 kcal/mol. A depressão da hipersuperfície de energia livre, em cujo fundo é encontrada a estrutura nativa, é relativamente rasa. Esse baixo valor da energia livre de estabilização resulta, como foi visto antes, de compensações de contribuições de energia e entropia.

3.3.2.1 A busca do estado de equilíbrio

A busca de uma cadeia polipeptídica por sua estrutura de equilíbrio é um processo complexo, desde sua conformação expandida até a conformação tridimensional e funcional. Após, ou ainda durante sua montagem no ribossomo, a cadeia polipeptídica tem de ser dobrada de modo confiável e suficientemente rápido, a fim de que a proteína possa exercer seu papel biológico.

Considerando o número assombroso de conformações possíveis para uma cadeia peptídica, mesmo não muito grande, de 100 resíduos de aminoácidos, por exemplo, cerca de 10^{48} se admitirmos três conformações possíveis por resíduo, mostra-se que, supondo que a conformação nativa fosse encontrada por escolha aleatória de todas as conformações iniciais disponíveis, o tempo gasto ultrapassaria a idade hoje proposta para o universo conhecido (paradoxo de Levinthal). Essa avaliação mostra que o processo de dobramento de uma proteína em sua estrutura nativa, de equilíbrio, não pode envolver uma escolha ao acaso de determinada conformação dentre as inúmeras possíveis.

A unicidade da estrutura funcional ou nativa de uma proteína é um dos aspectos mais característicos desse intrigante processo de dobramento de uma proteína.

Os estudos mais recentes sobre essa questão biológica fundamental fortalecem a idéia, proposta há cerca de uma década, de um *energy landscape* (DILL; CHAN, 1997), o qual é uma superfície definida sobre o espaço de conformações, indicando a energia potencial das conformações possíveis.

Esse novo modo de encarar a questão afasta a idéia de um único caminho definido a partir de uma conformação inicial, desordenada, para chegar à estrutura nativa e adota-se a explanação conhecida por "funil de energia", na concepção do *energy landscape.* Modelos estatístico-moleculares estão preferencialmente sendo usados.

Nessa nova visão, a idéia clássica de uma única conformação inicial seguir um único e determinado caminho até o estado nativo, o que, como já vimos, é fabulosamente de baixa probabilidade de ser encontrado, é abandonada em favor de admitir-se que inúmeras dessas conformações desordenadas, que estão sobre uma verdadeira bacia de captação do poço de potencial, convergem para este poço, onde uma delas pode alcançar o estado de equilíbrio. O grande "funil" por onde descem as várias conformações até uma alcançar o estado nativo responde, ao que parece, pelo acentuado viés do processo em favor da estrutura nativa.

Assim, em lugar de uma conformação definida e de um caminho determinado, passando por uma sucessão de estados intermediários até chegar ao estado N, como era suposto anteriormente, supõe-se que um grande número de conformações no estado D evoluem *paralelamente* até o estado N, um mínimo de energia, vencendo barreiras cinéticas, como se fossem "veios de água descendo uma fenda rochosa com paredes rugosas", até chegar ao fundo (ONUCHIC; WOLYNES, 2004).

Considerações teóricas levam a uma avaliação do tempo de dobramento seqüencial da cadeia polipeptídica pela expressão

$$t_f = \exp[\,(1 \pm 0{,}5)\, N^{2/3}\,]\, 10^{-9}\ \mathrm{s} \qquad (3\text{-}20)$$

onde N = número de resíduos de aminoácidos da cadeia (FINKELSTEIN; PTITSYN, 2002).

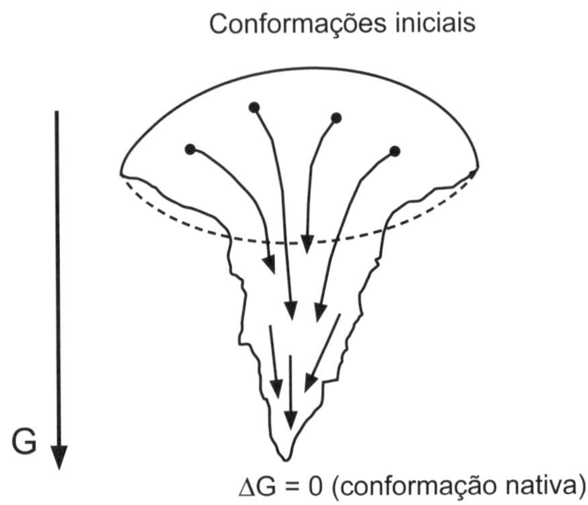

Figura 3.3 – **"Funil de energia" na busca da estrutura nativa de uma cadeia polipeptídica, a partir de várias estruturas iniciais e ultrapassando barreiras cinéticas. G = energia livre (Gibbs), a P e T constantes**

Na cinética da renaturação (dobramento *in vitro*) de proteínas, a formação dos elementos de estrutura secundária (hélices, β-lâminas, etc.) parece ser a etapa mais rápida (~ 0.01 s) que ocorre em primeiro lugar, enquanto uma das etapas mais lentas é a isomerização cis-trans dos resíduos de prolina (~ 10^2 s).

É possível que a cadeia desnaturada seja uma mistura de várias estruturas com diferentes graus de isomerização cis-trans de prolinas.

Além disso, é bem razoável admitir que as cadeias que apresentem maior taxa de isomerização de prolinas sejam as de maior viés para atingir a estrutura nativa. Outras causas, além da isomerização cis-trans, podem contribuir para a cinética lenta no dobramento de algumas proteínas, tais como, por exemplo, processos conformacionais.

Ptitsyn e Semisotnov (1991) têm sugerido que o dobramento de proteínas passa sempre por um intermediário cinético universal, semelhante ao *molten globule*, o qual é considerado uma estrutura de equilíbrio (metastável) com uma conformação intermediária entre o estado nativo e o estado desordenado, em que estão formados os elementos de estrutura secundária, mas que ainda não estão em posições certas para a estrutura terciária.

A complexidade estrutural e funcional das proteínas decorre em grande parte do fato delas serem entidades *mesoscópicas*, isto é, são muito grandes para serem tratadas somente do ponto de vista atomístico e são muito pequenas para serem analisadas seguindo um raciocínio de índole puramente macroscópica.

3.3.3 Não-equilíbrio em proteínas: distorções conformacionais. O conformon

Algumas proteínas apresentam instabilidade estrutural intrínseca como conseqüência de tensões conformacionais que resultam, principalmente, do dobramento simultâneo com a biossíntese da cadeia polipeptídica (dobramento co-traducional) (KLONOWSKI, 2001). Essas proteínas apresentam-se em estado de não equilíbrio e têm um tempo de vida relativamente curto na célula, ou seja, seu *turnover* é muito elevado. É o caso de *Cold Shock* proteínas de *E. coli.* O dobramento da cadeia polipeptídica quando ainda em estado nascente, isto é, a cadeia constrangida ainda sobre o ribossomo, origina um estado de tensão conformacional responsável pela situação de não equilíbrio e instabilidade intrínseca. Essa tensão ou distorção conformacional é similar ao *conformon.*

O conceito de *conformon* foi introduzido por quatro grupos de pesquisadores, na década de 1970. Ji (1985, 2000) concebe o *conformon* como uma entidade molecular contendo não só energia livre associada a tensões mecânicas em seqüências específicas, como também informação.

O *conformon* foi postulado para dar conta da promoção e direcionamento de vários processos celulares.

O valor energético e informacional do *conformon* é da ordem de 8 – 16 kcal/mol e 40 – 200 bit, respectivamente, em proteínas. Em DNAs, os valores são consideravelmente mais altos: 500 – 2500 kcal/mol e 200 – 600 bit (JI, 2000).

Conformons, como distorções conformacionais portadoras de energia livre e informação, estão associados a vários processos em biopolímeros, tais como a catálise enzimática, transporte ativo, funcionamento de motores moleculares (contração muscular, por exemplo) e transporte de carga.

Segundo Volkenstein (1972, 1986), as distorções conformacionais que resultam em *conformons* podem ser causadas por deslocamento de elétrons ou de densidade eletrônica (transições eletrônicas), acoplando-se, assim, com vários processos, como a catálise enzimática. É importante considerar que admissão de um vínculo entre a produção de distorções ou deformações conformacionais e as causas eletrônicas pode levar à compreensão de aspectos fundamentais de processos bioenergéticos.

Green e Ji (1972), ao tomarem o *conformon* como um pacote de energia livre resultante de uma tensão conformacional localizada, na molécula de um biopolímero, acham que ele poderia estar na base do processo de armazenagem de energia livre durante a fosforilação oxidativa, no mitocôndrio.

O *conformon*, por estar associado à localização e ao transporte de energia livre, assemelha-se ao *soliton* de Davydov (1973), o qual se refere à localização e ao transporte de energia vibracional em proteína. Assim, a energia vibracional de estiramento da carbonila do grupo peptídico, em uma α- hélice, pode interagir, por acoplamento, por meio de um fônon para distorcer a hélice, a qual reage e impede a dissipação da energia, que permanece localizada.

Conformons produzidos na dupla hélice de DNA são relacionados à ordenação temporal de expressão de genes e, conseqüentemente, à organização espacial e temporal da atividade enzimática, na célula. Relacionando-se a isso, temos a formação de estruturas dissipativas celulares. A natureza destas estruturas será vista mais adiante.

A existência de estados de não equilíbrio em algumas proteínas tem sido discutida por Blumenfeld et al. (1986), como base para a caracterização de relevantes processos bioquímicos.

Ji (2000) propõe que, em princípio, *conformons* podem oferecer mecanismos moleculares para todos os processos na célula viva: catálise enzimática, controle da expressão de genes (influenciando, assim, a organização celular), fosforilação oxidativa, contração muscular, funcionamento de motores moleculares e outros.

É de se notar que a idéia de propriedades conformacionais ser importante para a ação enzimática não é recente, remontando há cerca dos anos 1950. Desde então, o tema vem servindo de base a linhas de pesquisa desenvolvidas por vários pesquisadores. O funcionamento de máquinas ou motores moleculares, onde energia potencial e informação são necessárias ao desempenho de suas ações, tem sido preferencialmente enfocado.

A informação é necessária ao direcionamento da força correspondente ao trabalho produzido pela energia.

A dupla exigência de energia, na forma de tensão conformacional e de informação, como seqüências locais específicas nas sedes catalíticas, na catálise enzimática, foi reconhecida há cerca de três décadas (JI, 1974).

O conceito de *conformon* (GREEN; JI, 1972) sofreu expansão de modo que abrangesse não só energia livre como informação genética.

O *conformon* passou a ser entendido como

> tensões conformacionais locais geneticamente determinadas em macromoléculas biológicas, correspondendo cada uma delas a funções biológicas específicas, inclusive ligação a ligantes, catálise, armazenamento e transferência de energia livre (JI, 2000).

Localização e transferência de energia em cadeias polipeptídicas, com efeitos fortemente não-lineares, têm sido detectadas há várias décadas em simulação computacional de dinâmica molecular de proteínas. McCammon, Gelin e Karplus, em 1975, detectaram desse modo desvios da eqüipartição da energia cinética entre os resíduos de uma proteína, como é comentado por Sanejouand (2004). Biomacromoléculas, como vários sistemas físicos discretos, mostram-se favoráveis à ocorrência de localizações e transferências de energia em suas estruturas.

3.3.4 Dinâmica de proteínas

3.3.4.1 Multiestados conformacionais

A combinação de ligantes com proteínas que apresentam especificidade "é um processo dinâmico com populações em equilíbrio", no qual a forma da sede de ligação é fortemente influenciada pela respectiva conformação da molécula a que pertence. Experimentalmente, foi mostrado que proteínas, mesmo altamente específicas, podem combinar-se a ligantes de diferentes formas, tamanhos e composições (MA et al., 2002). Isso pode ser entendido se verificarmos que todas as proteínas específicas ou não específicas são, em realidade, conjuntos de subestados conformacionais, os quais podem ter seu equilíbrio deslocado por ligação a ligantes. Assim, se for grande o número de variedades de ligantes, alguns destes, com tamanho e forma dos ligantes típicos, podem ligar-se favoravelmente a determinadas conformações (isômeros conformacionais), fazendo com que o equilíbrio se desloque em favor deles. Assim, é possível que proteínas, mesmo com alta especificidade para um ou poucos ligantes, possam ligar-se a múltiplos ligantes.

Essa capacidade da proteína ligar-se a vários ligantes, que diferem entre si por várias características (forma, tamanho e composição) reflete a existência de uma população de *confórmeros*. Em presença dos ligantes, esses *confórmeros* teriam seu equilíbrio deslocado, com redistribuição em favor dos complexos dos ligantes melhor adaptados às respectivas conformações.

A ligação com um ligante é um processo dinâmico, ocorrendo movimentos conformacionais de larga escala, os quais podem resultar em alterações de forma e tamanho da sede de ligação, para permitir a acomodação de múltiplos ligantes.

Os subestados conformacionais abrangem uma faixa em torno do estado nativo e são separados por baixas barreiras de energia, ocorrendo equilíbrio entre os vários *confórmeros* que se interconvertem em solucão.

3.3.5 Complexos ou montagens macromoleculares

A automontagem de grandes complexos macromoleculares, como estruturas virais e organelas subcelulares, será tratada no Capítulo 6.

3.3.6 Estruturas de não-equilíbrio ou dissipativas

Sistemas mantidos longe do estado de equilíbrio por influxo de matéria e/ou energia podem manifestar ação organizadora, fazendo com que surjam estruturas, enquanto constrangidos a permanecerem fora do equilíbrio. As estruturas resultantes dessas situações são chamadas de *dissipativas* por Prigogine e existem enquanto dura o fluxo de energia para o sistema, assegurando a condição de não equilíbrio.

Pelas particularidades que apresentam, essas estruturas serão objeto de apresentação no Capítulo 4.

Referências

ANFINSEN, C. B. Principles that govern the folding of protein chains. *Science*, 181, p. 223-230, 1973.

ANFINSEN, C. B.; HABER, E.; SELA, M.; WHITE, F. H. JUNIOR. The kinetics of formation of native ribonuclease during oxidation of the reduced polypeptide chain. *Proc. Natl. Acad. Sci. USA*, 47, p. 1307-1314, 1961.

BLUMENFELD, D. S.; DAVYDOV, R. M. Processes of conformational relaxation in enzyme catalysis. In: WELCH, G. R. (Ed.). *The fluctuating enzyme*. New York: Wiley Interscience, 1986. p. 369-402.

CREIGHTON, T. E. *Proteins*: structure and molecular properties. 2. ed. New York: Freeman, 1993.

DAVYDOV, A. S. *The theory of contraction of proteins under excitation. J. Theor. Biol.*, 38, p. 559-569, 1973.

DILL, K. A.; CHAN, H. S. From Levinthal to pathways to funnels. *Nature-Structural Biology*, 4, p. 10-19, 1997.

FINKELSTEIN, A. V.; PTITSYN, O. B. *Protein Physics*: a course of lectures. Amsterdan: Academic Press, 2002. Lectures 20 and 21.

GREEN, D. E.; JI, S. Electromechanochemical model of mitochondrial structure and function. In SCHULTZ, J.; CAMERON, B. F. (Ed.). *Molecular Basis of Electron Transport*. New York: Academic Press, 1972. p. 1-44.

JI, S. *Free energy and information contents of conformons in proteins and DNA. BioSystems*, 54, p. 107-130, 2000.

————. Conformos and solitons: new concepts of bioenergetics. In: MISHRA, R. K. (Ed.). *The living state II*. Singapore: Wordl Scientific, 1985. p. 563-574.

KLONOWSKI, W. Non-equilibrium proteins. *Computers & Chemistry*, 25, p. 349-368, 2001.

MA, B.; SHATSKY, M.; HAIM, J.; WOLFSON, J.; NUSSINOV, R. Multiple diverse ligands binding at a single protein site: A matter of pre-existing populations. *Protein Sci.*, 11, p. 184-197, 2002.

ONUCHIC, J. N.; WOLYNES, P. G. Theory of protein folding. *Current Opinion in Structural Biology*, 14, p. 70-75, 2004.

SANEJOUAND, Y.-H. Protein functional dynamics: computational approaches. In: DAUXOIS, T.; LITVAK-HINENZON, A. MCKAY, R.; SPANOUDAKI, A. (Ed.). *Energy Localisation and Transfer*. World Scientific, 2004.

VOLKENSTEIN, M. V. Electronic-conformational interactions in biopolymers. In: WELCH, G. R. (Ed.). *The Fluctuating Enzyme*. New York: Wiley-Interscience, 1986. p. 403-419.

———. The conformon. *J. Theoretical Biology*, 34, p. 193-195, 1972.

Parte II
Ordem e forma

Capítulo 4
Auto-organização

4.1 Introdução

O termo auto-organização denota o processo pelo qual um sistema aumenta sua organização sem serem necessários comandos ou determinações externos, isto é, o sistema organiza-se por si próprio à custa de seus elementos constitutivos e das interações entre eles. Essas interações são inicialmente locais, entre alguns elementos e seus vizinhos mais próximos. É a partir dessas interações locais que, espontaneamente, o sistema evolui para um padrão global de organização.

Energia deve ser disponível, e a informação necessária reside no conjunto dos elementos do sistema. Não há necessidade de moldes, programas, ou outras fontes de informação.

Sistemas auto-organizados podem ser abertos e longe do estado de equilíbrio, podendo manter-se nessa situação ou evoluirem para o estado de equilíbrio.

Convém salientar que macromoléculas, como ácidos nucléicos e proteínas, que tomem parte na auto-organizacão de alguma estrutura, têm conteúdo informacional proveniente dos genes respectivos que as codificam. Isso corresponde à declaracão de Schroedinger (1944); *order through order*.

Cristalização, uma transição de fase líquido → sólido (1ª ordem) é um exemplo de auto-organização no qual, a partir de uma fase líquida, com moléculas em movimento aleatório, deslizando umas sobre as outras, surgem espontaneamente, ao ser atingida a temperatura de transição, cristais altamente ordenados e simétricos. Anteriormente, vimos que essas estruturas são estruturas de equilíbrio, correspondendo a um mínimo de energia livre.

Flutuações em algum pequeno volume do sistema podem dar início à formacão de um núcleo de cristalização, o qual mostra alguma ordenação molecular, mas não necessariamente de natureza cristálica. A partir desse núcleo, a cristalização propaga-se por todo o sistema. Assim, a partir de uma flutuação em um meio homogêneo, com moléculas em desordem, emerge uma estrutura ordenada, em escala macroscópica.

Isso corresponde à expressão de Prigogine: *order through fluctuation*.

Anteriormente, vimos que a ordenação espontânea do sistema em nada contradiz a 2ª lei da termodinâmica, ocorrendo por conta do aumento de entropia do ambiente, que compensa a diminuição de entropia do sistema (Capítulo 1, Seção 1.12). Em todos os casos, o sistema é organizado espontâneamente sem a imposição de qualquer ação externa.

As automontagens de complexos macromoleculares (dímeros, oligômeros, ribossomo, proteassomo, vírus, etc.), como o exemplo antes dado da cristalização, são casos de auto-organização levando à formação de estruturas de equilíbrio.

Há casos, entretanto, em que estruturas ou padrões de organização surgem por auto-organização, enquanto o sistema se mantém em um estado longe do equilíbrio. O sistema é contrangido a manter-se nesse estado por receber continuamente um fluxo de energia e/ou matéria a partir do exterior. A energia fornecida ao sistema é continuamente dissipada.

As estruturas que resultam da auto-organização em sistemas mantidos nesse estado, longe do equilíbrio, são chamadas *de dissipativas* (Prigogine) e só existem enquanto o sistema é mantido longe do equilíbrio. A formação dessas estruturas ou padrões de ordenação é acompanhada de dissipação de entropia, a qual é continuamente produzida no sistema e exportada para o exterior.

A auto-organização permite a organização autônoma de um sistema, sem qualquer controle centralizado ou comando externo.

É possível ver que os seres vivos são exemplos desses sistemas abertos mantidos longe do equilíbrio.

Muitos dos sistemas auto-organizados são abertos e mantidos longe do equilíbrio e exibem dinâmica não-linear (Capítulo 2, Seção 2.9).

Uma das questões importantes a ser considerada no processo de auto-organização é a de saber como se dá a emergência da organização global, macroscópica, a partir de interações locais, microscópicas. O problema é parecido com o que ocorre com a mecânica estatística, a qual estabelece um vínculo entre microestados e macroestados em sistemas fisicos. Aliás, isso tem justificado o uso de modelos mecânico-estatísticos em problemas de auto-organização.

A continuidade de todas as ações físicas consiste em reconhecer que qualquer influência de uma região sobre outra passa, necessariamente, pelas regiões intermediárias. Assim, se por uma flutuação, surge ordenação na vizinhança de alguma posição no sistema inicialmente totalmente desordenado, regiões próximas vão, progressivamente, sendo influenciadas, até o sistema ser ordenado em toda sua extenção. Em realidade, tudo se passa como se o efeito local da flutuação (havendo uma instabilidade) fosse amplificado por uma *realimentação positiva*, que é uma não-linearidade.

A transição do estado de desordem para o de ordem pode ser avaliada pela *coerência*. Quanto maior a influência de uma região sobre outra, maior será a coerência entre elas.

O *comprimento de coerência* é a maior distância em que a coerência ainda pode ocorrer. Para um sistema totalmente desordenado, tem-se um comprimento de coerência nulo. À medida que avança a ordenação do sistema a partir da ordem local causada por flutuação, o comprimento de coerência aumenta, isto é, aumenta a distância entre regiões que se influenciam.

Uma peculiaridade de um sistema auto-organizado é ter seu controle distribuído por todo o sistema, não havendo controle centralizado e que possa ser fisicamente separado como um subsistema.

A ordenação do sistema pode originar-se a partir de flutuações que ocorram aleatoriamente em várias localizações. Predominará a ordenação local que apresente crescimento mais rápido. O cérebro, por exemplo, é um sistema de alta complexidade onde nenhum neurônio ou grupo de neurônios exerce controle geral sobre o funcionamento do todo. Lesões localizadas não levam, geralmente, ao colapso de todo o sistema.

Esta *robustez* ou *resiliência* é uma característica dos sistemas auto-organizados, resultando do seu controle distribuído.

Os sistemas auto-organizados, apesar de terem flutuações, resistem à sua desorganização. Atingida a configuração ordenada por todo o sistema, flutuações podem afastar o sistema dessa configuração estável (em equilíbrio ou em estado estacionário). Entram em ação mecanismos de realimentação negativa que atenuam as flutuações e fazem com que o sistema retorne à configuração estável.

O *fechamento organizacional* é um importante conceito que se refere à faculdade de um sistema adquirir resistência à influência modificadora do ambiente.

Para melhor entender o que ocorre no fechamento organizacional, vejamos em que consiste uma *cadeia causal.* Para isso, suponhamos uma sucessão de eventos A, B, C, D, E, na qual se tem B causado por A, C por B, D por C e E por D. Se E causar A, tem-se o fechamento da cadeia causal ou *causalidade circular*:

$$A \rightarrow B \rightarrow C \rightarrow D \rightarrow E$$

Suponhamos que isso ocorra em sistema cuja organização decorra dos eventos que são representados na sucessão indicada no esquema acima. Nesse caso, o sistema terá sua organização em ciclo, sendo continuamente mantida e reproduzida. Isso assegura a resiliência e resistência do sistema a influências de fora.

Sistemas auto-organizados podem apresentar vários subsistemas autônomos por fechamento organizacional, no sentido dado acima. Esses subsistemas podem interagir entre si, formando outros subsistemas de hierarquia organizacional superior. O sistema global teria, assim, organização hierarquizada.

Ao tratar de sistemas dinâmicos (Capítulo 2), vimos que o valor do parâmetro de controle determina o comportamento ou o regime dinâmico de um sistema. Em sistemas auto-organizados, a passagem do estado desordenado ao estado organizado pode depender de um parâmetro de controle que, no caso, costuma ser denominado de *parâmetro de ordem.*

O aumento desse parâmetro nas equações de evolução do sistema pode levar até um ponto de bifurcação, a partir do qual, o ramo em que vinha o sistema desestabiliza-se e surge uma dupla opção. Ao ser escolhida uma dessas alternativas, o regime dinâmico é qualitativamente modificado e pode, então, levar ao surgimento de um padrão de organização – uma *estrutura dissipativa*, a qual será mantida enquanto o sistema for constrangido a permanecer longe do equilíbrio, o que é conseguido por influxo contínuo de energia e/ou matéria (de baixa entropia), desde que o sistema é aberto. Nessa situação, um *estado estacionário longe do equilíbrio* é alcançado pelo sistema. Se o parâmetro de ordem continua a aumentar, outras bifurcações sucessivas podem ser encontradas com opções de novos regimes dinâmicos, inclusive o caótico.

Prigogine e colaboradores têm proposto que, nesse estado, há uma produção máxima de entropia, em contraste com o que acontece com o estado estacionário perto do equilíbrio. Essa proposição, entretanto, não tem aceitação generalizada.

A entropia produzida é continuamente exportada para o ambiente.

Instabilidade estrutural pode levar o sistema a novos estados de organização e pode ocorrer em sistemas com várias reações químicas. A introdução de uma nova espécie química, em uma situação longe do equilíbrio, pode promover novas reações, as quais podem desestabilizar o sistema e, assim, conduzi-lo a novos estados de organização. Instabilidade estrutural pode levar, então, a novos estados de ordenação e à evolução (bioquímica, por exemplo) do sistema.

Flutuações em situação de instabilidade podem ser amplificadas (realimentação positiva) e conduzir o sistema a novas estruturas.

Instabilidade, flutuação e evolução a estados organizados apontam como um processo geral de não equilíbrio, tendo a evolução da vida como uma de suas mais extraordinárias manifestações. Os sistemas vivos seriam sistemas físico-químicos complexos que evoluem de maneira darwiniana.

A seguir, veremos exemplos de auto-organização em sistemas físicos (sistemas termoconvectivos de Bénard) e químicos (reação de Belousov-Zhabotinsky). Esses sistemas, apesar de incomparavelmente mais simples do que os sistemas biológicos, permitem apreender as principais características da auto-organização e a vinculação dos aspectos microscópicos (moleculares) com o nível macroscópico das estruturas dissipativas. Ao mesmo tempo, acentua-se o caráter fortemente não-linear da dinâmica desses processos.

Sistemas de reação-difusão são geradores espontâneos de padrões espaciais e/ou temporais de ordenação e vêm sendo propostos como uma possível via para explicar o surgimento de estruturas biológicas.

O trabalho do matemático britânico Alan Turing (1952) sobre um modelo para morfogênese marcou o início da atividade teórica no estudo do surgimento de padrões de ordem em sistemas de reação química em presença de difusão.

Um outro modo de auto-organização, implicando organização espacial e ou temporal, ocorre por *sincronização.*

O deslocamento e a brusca mudança de direção de cardumes, sem a presença de líder, o lampejar sincrônico de pirilampos, relógios biológicos ou ritmos circadianos, ritmos cardíacos e fenômenos semelhantes na natureza são exemplos desse modo de auto-organização.

O aspecto universal que esses casos apresentam é o de que eles refletem ajustamento de ritmos por interação ou acoplamento de osciladores, com uma dinâmica fortemente não-linear.

4.2 Estruturas termoconvectivas de Bénard

Consideremos o sistema mostrado na Figura 4.1: uma fina lâmina de líquido entre duas chapas metálicas a e b mantidas nas temperaturas T_a e T_b, sendo, por aquecimento pela parte inferior, $T_a > T_b$ ou

$$\Delta T = T_a - T_b > 0.$$

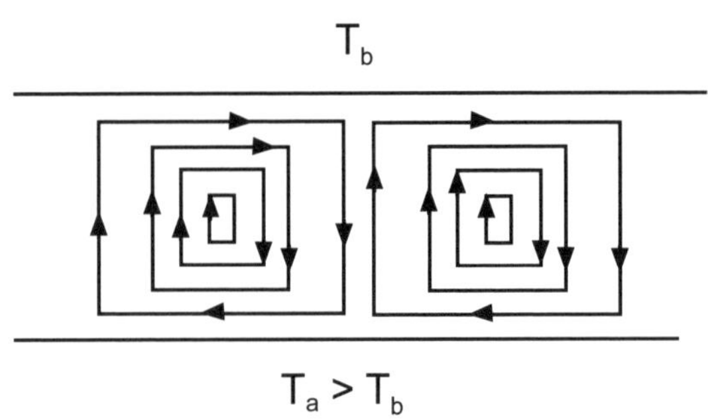

Figura 4.1 – **Diagrama de estrutura termoconvectiva de Bénard**

No início, antes da placa inferior ser aquecida, isto é, se $\Delta T = 0$ por tempo suficiente, o sistema estará em equilíbrio termodinâmico, não ocorrendo deslocamento de massa por diferença de temperatura (convexão), na camada de líquido entre as lâminas a e b.

Comecemos, então, a aquecer, gradual e lentamente o sistema pela parte inferior, $\Delta T > 0$. A temperatura e a densidade serão uniformemente distribuídas pelo fluido que permanecerá em repouso. Tão logo, ΔT atinja determinado valor crítico ou de limiar, ΔT_c, correntes convectivas, ascendentes e descendentes surgem na massa da lâmina líquida, em um movimento organizado, o qual resulta em células de convexão estruturadas conhecidas como células ou estruturas de Bénard.

Para cada uma dessas células, tem-se uma corrente ascendente de fluido que atinge a fronteira superior e retorna como uma corrente descendente que atinge a fronteira inferior, quando recomeça a corrente ascendente, subseqüente corrente descendente e assim continuadamente (Figura 4.1).

Ciclos convectivos contíguos têm movimentos de sentidos opostos: alternam-se em sentido horário e anti-horário e vice-versa.

As células de convexão têm seu tamanho determinado, em grande parte, pela espessura da lâmina líquida.

Apesar do fluido estar em movimento, com deslocamentos convectivos de massa, velocidades baricêntricas (velocidades de centro de massa), temperaturas e densidade têm valores definidos para cada ponto do fluido e são independentes do tempo. Em outros termos, o sistema está em um estado estacionário longe do equilíbrio.

O gradiente de temperatura entre as placas a e b origina um gradiente de densidade com densidades mais baixas próximas à placa inferior e densidades mais altas na parte de cima. O gradiente de densidade opõe-se à força de gravidade. A situação é de instabilidade. A viscosidade do fluido tem certo efeito estabilizador. Daí a ocorrência de um valor crítico ou de limiar para ΔT.

Admite-se que a convexão de Bénard seja um exemplo típico de dinâmica não-linear, onde ΔT_c corresponde a um ponto de bifurcação.

Estados surgidos por bifurcações sucessivas, quando ΔT é progressivamente aumentado além do primeiro ponto crítico, podem ocorrer no sistema, até mesmo um regime caótico pode ser atingido.

4.2.1 Interpretação termodinâmica

A fim de aumentar $\Delta T = T_a - T_b$, energia sob forma de calor é continuamente dada ao sistema, no modo acima descrito. Dentre os parâmetros que se modificam por aquecimento do sistema, escolheremos o número de Reynolds (N. R.) (por vezes, erroneamente, referido como número de Rayleigh), o qual é definido como a seguir

$$\text{N. R.} = \rho\, D\, v_{av} / \mu, \qquad (4\text{-}1)$$

onde ρ = densidade do fluido, D = distância entre as placas, v_{av} = velocidade axial média do fluido e μ = coeficiente de viscosidade do fluido.

Ao atingir N. R. o seu valor crítico $(N. R.)_c$, tem começo o movimento convectivo e parte da energia que está sendo cedida ao sistema é convertida em energia cinética, E_c, havendo um movimento correlacionado das moléculas do fluido, na forma de correntes ascendentes e descendentes, como já vimos antes (Figura 4.1).

A ordenação do sistema, por movimento molecular orientado, diferente da agitação molecular desordenada, corresponde a um decréscimo de entropia dado por $\Delta S = - E_c / T$, em que T é a temperatura do sistema.

A dissipação da energia dá-se por causa da resistência viscosa ao movimento convectivo, por perda e por radiação pela lâmina superior b.

A Figura 4.2 mostra a descontinuidade na variação de produção de entropia Ps *vs.* N. R. Essa descontinuidade marca o ponto em que surge uma estrutura, uma heterogeneidade espacial com um padrão de ordem – uma estrutura dissipativa, a qual será mantida enquanto o sistema permanecer longe do equilíbrio.

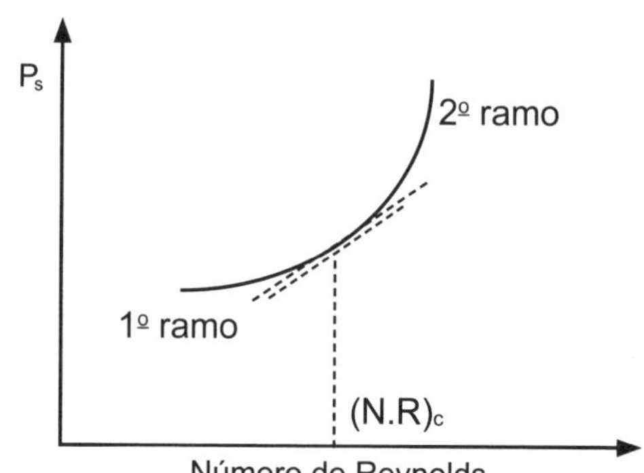

Figura 4.2 – **Descontinuidade na variação da produção de entropia com o número de Reynolds**

Na convexão térmica que leva ao surgimento das estruturas de Bénard, o sistema é afastado da situação inicial de equilíbrio por um influxo contínuo de energia, sendo realmente notável que, atingido o valor de limiar ΔT_c, ocorra o aparecimento de ordem e coerência no sistema, isto é, este se auto-organiza.

A coerência consiste em relações estatisticamente reproduzíveis entre partes distantes do sistema.

Essas correlações (coerência) entre partes distantes do sistema termoconvectivo abrange distâncias de várias ordens de grandeza superiores às distâncias em que atuam as forças intermoleculares. Assim, as células de convexão de Bénard, geralmente, têm um tamanho em torno de 10^{-1}cm, enquanto as moléculas têm tamanhos da ordem de 10^{-7}cm.

A emergência de características como essa, quando um sistema é levado a ultrapassar um certo valor crítico de limiar em algum parâmetro de estado, faz parte do que é chamado de *comportamento complexo,* em um sistema constrangido a permanecer longe do equilíbrio.

A formação de células de Bénard é o exemplo do que se chama de *quebra de simetria* em processos de surgimento de padrões espaciais de ordem, em um meio inicialmente homogêneo, dominado pela desordem cinético-molecular. E, para que isso aconteça, o sistema deve ser mantido longe do equilíbrio por influxo permanente de energia (aquecimento da placa inferior a) e dissipação de energia (pela placa superior b). As células de convexão de Bénard são, portanto, estruturas dissipativas.

O tratamento quantitativo da instabilidade de Bénard é relativamente complexo, pelo que deixamos de abordá-lo aqui.

O que nos parece importante ressaltar é que, se um pequeno afastamento do equilíbrio é uma situação desorganizante, um sistema mantido longe do equilíbrio pode apresentar condições de auto-organização, com o surgimento de estruturas espaciais/temporais que logo desaparecem por retorno do sistema ao estado de equilíbrio.

4.3 Oscilações químicas. O modelo Brusselator

Durante algum tempo dominou a idéia de que sistemas químicos reacionantes não podiam manter oscilações de concentrações, pois isso implicaria violação da 2ª lei da termodinâmica. Ao oscilar perto do equilíbrio, um sistema químico exigiria aumento de energia livre de Gibbs, que deve sempre decrescer. Assim, os trabalhos experimentais de Bray e de Belousov foram logo vistos com suspeição e não aceitos pela maioria da comunidade científica, apesar de serem reproduzíveis e bem realizados. Entretanto, mais tarde, foi mostrado teoricamente que, quando longe do equilíbrio, sistemas onde ocorrem reações químicas podem manter oscilações de concentração de espécies reagentes, e ondas podem surgir e serem propagadas no meio de reação, sem que haja qualquer violação da 2ª lei. O conflito com a termodinâmica somente ocorre na proximidade do equilíbrio.

Os estudos teóricos sobre a instabilidade de sistemas longe do equilíbrio têm incentivado, particularmente, estudos experimentais da cinética de reações autocatalíticas que, por bifurcação, podem levar ao surgimento e manutenção de oscilações.

Estudaremos aqui um modelo relativamente simples proposto por Prigogine e Lefever (1968) para demonstrar como um sistema químico reacionante, enquanto mantido longe do equilíbrio, pode entrar em regime de instabilidade e evoluir para um estado oscilatório. Esse modelo tem sido de grande ajuda na compreensão teórica do surgimento e da propagação de ondas no meio de reação, além de mostrar-se relevante no estudo de estruturas dissipativas. É conhecido por Brusselator, em homenagem a Bruxelas, cidade sede da Escola Belga de Termodinâmica, na Universidade Livre de Bruxelas.

As etapas de reação do Brusselator podem ser dadas como

$$A \rightarrow X \quad k_1(A) \tag{4-2}$$

$$B + X \rightarrow Y + D \quad k_2(B)(X) \tag{4-3}$$

$$2X + Y \rightarrow 3X \text{ (autocatalítica) } k_3(X)^2(Y) \tag{4-4}$$

$$X \rightarrow E \quad k_4(X) \tag{4-5}$$

tendo-se

$$A + B \rightarrow D + E \tag{4-6}$$

como a reação resultante ou líquida.

O meio de reação é admitido homogêneo desde que bem misturado. Supõe-se, além disso, que as reações reversas sejam suficientemente lentas para que não sejam tomadas em conta.

As concentrações de A e B são mantidas em determinado valor no não-equilíbrio, por meio de um adequado influxo ao sistema.

As equações diferenciais da cinética referente a X e Y podem ser escritas como:

$$d(X)/dt = k_1(A) - k_2(B)(X) + k_3(X)^2(Y) - k_4(Z) \quad (4\text{-}7)$$

$$d(Y)/dt = k_2(B)(X) - k_3(X)^2(Y). \quad (4\text{-}8)$$

As concentrações molares das espécies químicas são denotadas pelos respectivos símbolos dentro de parênteses.

Para o estado estacionário, d(x)/dt = dy/dt = 0 e as equações (4-7), (4-8) constituem um sistema de equações algébricas, cujas soluções

$$X_{est} = (k_1/k_4)\, A \quad (4\text{-}9)$$

$$Y_{est} = (k_2 k_4/k_1 k_3)\, B/A \quad (4\text{-}10)$$

são facilmente obtidas.

A estabilidade desse estado estacionário pode ser estudada por meio dos eigenvalores da matriz jacobiana:

$$[\,\llcorner\,] = \begin{matrix} \partial Z_1/\partial(X) & \partial Z_1/\partial(Y) \\ \partial Z_2/\partial(X) & \partial Z_2/\partial(Y) \end{matrix} \quad (4\text{-}11)$$

onde, para simplicidade de notação, Z_1 = d)X)/dt e Z_2 = d)Y)/dt em (4-7) e (4-8), respectivamente.

É freqüente pôr as concentrações (X), (Y), (A) e (B) em escala tal que as constantes de velocidade resultem todas iguais à unidade. Adotando aqui esse procedimento, tem-se

$$k_1 = k_2 = k_3 = k_4 = 1.0,\ (A) = 1.0,\ (B) = 3.0, \quad (4\text{-}12)$$

onde os ks são as constantes de velocidade correspondentes às etapas de reação do Brusselator; (A) e (B) são consideradas constantes.

No estado estacionário, $(X)_{est}$ e $(Y)_{est}$ podem ser facilmente calculadas a partir de (4-9) e (4-10), obtendo-se

$$(X)_{est} = 1.0 \text{ e } (Y)_{est} = 3.0.$$

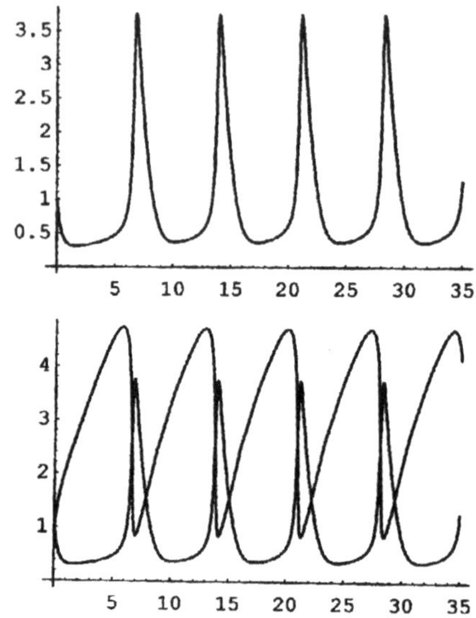

Figura 4.3 – **Oscilações nas concentrações de X(t) (acima) e X(t), Y(t) obtidas por resolução das Eqs. (4- 7) e (4- 8), como referido no texto. Tempo t em abscissas**

Aqui, as equações diferenciais da cinética do Brusselator foram resolvidas numericamente, usando-se o código em *MATHEMATICA* dado em Dilip Kondepudi e Ilya Prigogine – *Modern Thermodynamics*. New York: Wiley, 1998, p. 453.

A Figura (4.3) mostra as oscilações de concentração de X(t) e de X(t), Y(t).

4.3.1 Análise linear da estabilidade do estado estacionário

O determinante Δ da matriz jacobiana [∟], considerando (4-12), é dado por

$$\Delta \equiv |\ ∟\ | = 1 \text{ e o traço por}$$

$$\tau = (B - 1) - A^2 = 1.$$

Os eigenvalores de [∟] são dados por

$$\lambda_{1,2} = (1/2)\,(\,\tau \pm \sqrt{\,(\,\tau^2 - 4\,\Delta\,)}$$
$$= (1/2) \pm i\,(1/2)\sqrt{3}.$$

Assim, tem-se

$$\Delta > 0,\ \tau^2 - 4\,\Delta < 0,\ \tau > 0,$$

Indicando um estado estacionário *instável*.

4.4 Modelo oscilante de Belousov–Zhabotinsky

A reação de Belousov–Zhabotinsky (BZ) é um sistema químico auto-oscilante que pode produzir ondas de concentração que se propagam e levam à formação espontânea de padrões de ordem espaciais/temporais.

A reação de BZ foi descoberta pelo biofísico russo Boris Belousov, em 1951. A idéia, então dominante, de que reações químicas oscilantes não podiam ocorrer, por constituírem violações à 2ª lei da termodinâmica, fez com que o trabalho de Belousov não fosse aceito para publicação. Somente mais tarde, em 1959, veio a ser publicado em uma breve nota nas atas de uma reunião médica russa. O estudo dessa reação foi continuado por Zhabotinsky, o que justifica ser hoje referida aos dois cientistas.

Basicamente, a reação de BZ consiste na oxidação de ácido malônico (ácido cítrico, na formulação original de Belousov), $CH_2(COOH)_2$, por íons bromato (BrO_3^-) e no par redox Ce^{4+} / Ce^{3+} como catalisador.

Oscilações sustentadas do par Ce^{4+}/ Ce^{3+} podem ser observadas visualmente por mudança de coloração (claro/amarelo). A alternância de cor dá-se em períodos definidos de tempo, constituindo o que se costuma chamar de um "relógio químico", pelo padrão de ordem temporal apresentado.

Efeito mais dramático na visualização pode ser obtido se o par óxido-redutor Fe^{3+} / Fe^{2+} com o-fenantrolina for usado como reagente, em lugar de Ce^{4+}/ Ce^{3+}. Os complexos com fenantrolina são azul (ferriina) e vermelho (ferroína), de cores vivas.

Oscilações podem ser observadas não somente com esses pares óxido-redutores, mas também com outras espécies químicas, como o íon bromato, BrO_3^-.

Além de oscilações manifestadas pela alternância de cor em determinados intervalos de tempo, isto é, além do padrão de ordem puramente temporal, o sistema oscilante de BZ pode dar lugar à formação e à propagação de ondas, ou seja, ao surgimento de padrões espaciais de ordem.

4.4.1 Reagentes para a reação de BZ

Uma formulação típica para o meio de reação no sistema de BZ é a seguinte:

Ácido malônico	0.2 M	
Bromato de sódio	0.3 M	
Ácido sulfúrico	0.3 M	
Ferroína	0.005 M	(complexo de ferro II com o-fenantrolina).

Os reagentes são misturados para formar uma solução e alíquotas de 5ml são adicionadas a placas de Petri, 5 cm de diâmetro, formando uma camada líquida de cerca de 1mm de espessura.

Após algum tempo, surge a alternância de cor, vermelho/azul.

4.4.2 Mecanismo da reação de BZ

O mecanismo da reação de BZ foi estudado no início da década de 1970 por Richard M. Noyes, Richard J. Field e Endre Körös, na Universidade de Oregon. O mecanismo proposto consiste em 18 etapas de reação e 21 diferentes espécies químicas, sendo, portanto, um complicado sistema reacionante de múltiplas etapas, o que se reflete, é claro, no sistema de equações diferenciais representativo da cinética do modelo. Entretanto, o que é mais conhecido é uma simplificação do modelo original de Noyes-Field-Körös (NFK), o qual é conhecido por Oregonator, em uma referência ao lugar onde foi feito, tal como aconteceu com o Brusselator, elaborado pelo grupo de Prigogine, na Universidade Livre de Bruxelas.

4.4.3 O mecanismo NFK

1) $BrO_3^- + 5Br^- + 6H^+ \rightarrow 5Br_2 + 3H_2O$
2) $HBrO + Br^- + H^+ \rightarrow Br_2 + H_2O$
3) $BrO_3^- + Br^- + 2H^+ \rightarrow HBrO_2 + HBrO$
4) $Br_2 + AM \rightarrow BrAM + Br^- + H^+$
5) $2Ce^{3+} + BrO_3^- + HBrO_2 + 3H^+ \rightarrow 2Ce^{4+} + 2HBrO_2 + H_2O$
6) $2HBrO_2 \rightarrow HBrO + BrO_3^- + H^+$
7) $6Ce^{4+} + AM + 2H_2O \rightarrow 6Ce^{3+} + HCOOH + 2CO_2 + 6H^+$
8) $4Ce^{4+} + BrAM + 2H_2O \rightarrow 4Ce^{3+} + Br^- + HCOOH + 2CO_2 + 5H^+$
9) $Br_2 + HCOOH \rightarrow 2Br^- + CO_2 + 2H^+$

AM = ácido malônico, $HOOCCH_2COOH$.

Em referência ao mecanismo acima e ao comportamento oscilatório do sistema, os seguintes pontos podem ser acentuados:

- quando a concentração de brometo, (Br^-), a etapa (a) é dominante na redução de bromato, BrO_3^-;
- quando (Br^-) é baixa, a redução de BrO_3^- resulta predominantemente da etapa (5);
- a etapa (5) envolve a produção autocatalítica de $HBrO_2$ e, quando dominante, $HBrO_2$ aumenta exponencialmente até ser limitada por (6);
- as etapas (7) – (9) consistem na oxidação de AM e BrAM.

As oscilações de concentrações ocorrem do seguinte modo: a etapa (1) abaixa (Br^-) e aumenta a concentração de Br_2, permitindo a bromação de AM pela reação (3) e, quando (Br^-) é muito abaixada, haverá um aumento na formação de $HBrO_2$ e de Ce^{4+}. $HBrO_2$ é, a seguir, convertido a BrO_3^- e HBrO. A seguir, as etapas mais lentas (7) – (9) reduzem Ce^{4+} a Ce^{3+} e, concomitantemente, (Br^-) volta a aumentar e todo o processo recomeça. A alternância entre Ce^{4+} e Ce^{3+} reflete-se na alternância de cor amarelo/claro, tornando visível o padrão temporal do processo oscilatório.

Não somente padrões temporais, como descritos antes, podem ser observados com a reação de BZ. Padrões espaciais, bidimensionais, podem surgir no meio de reação, com a formação de ondas circulares, concêntricas, e espirais.

Essas ondas formam-se em pontos de nucleação e progridem a partir destes. No caso de várias ondas circulares serem formadas a partir de um mesmo ponto de nucleação, ondas concêntricas são formadas e propagadas, até extinguirem-se ao ser encontrada a fronteira do recipiente em que ocorre a reação. Não há reflexão dessas ondas.

4.4.4 O modelo simplificado NFK (Oregonator)

Para simplificar a notação, façamos

$$A = BrO_3^-,\ X = HBrO_2,\ Y = Br^-,\ Z = Ce^{4+},\ P = HBRO \text{ e } B = Org.$$

As etapas de reação consideradas são as seguintes:

a) Geração de $HBrO_2$:

$$A + Y \rightarrow X + P \qquad k_1(A)(Y) \qquad (4\text{-}13)$$

b) Produção autocatalítica de $HBrO_2$:

$$A + X \rightarrow 2X + 2Z \qquad k_2(A)(X) \qquad (4\text{-}14)$$

c) Consumo de $HBrO_2$:

$$X + Y \rightarrow 2P \qquad k_3(x)(Y) \qquad (4\text{-}15)$$

$$2X \rightarrow A + P \qquad k_4(X)^2 \qquad (4\text{-}16)$$

d) Oxidação dos reagentes orgânicos:

$$B + Z \rightarrow (f/2)\ Y + \ldots \qquad k_5(B)(Z) \qquad (4\text{-}17)$$

Oscilações ocorrem se f = 0.5 – 2.4 (coeficiente estequiométrico efetivo).

Concentrações molares das espécies reagentes são indicadas por parênteses em torno dos respectivos símbolos.

4.4.5 As equações da cinética do Oregonator

As equações diferenciais dando as variações de (X) e (Y) com o tempo são dadas a seguir:

$$d(X)/dt = k_1(A)(Y) + k_2(A)(X) - k_3(X)(Y) - 2k_4(X)^2 \qquad (4\text{-}18)$$

$$d(Y)/dt = -k_1(A)(Y) - k_3(X)(Y) + (f/2)k_5(B)(Z) \qquad (4\text{-}19)$$

$$d(Z)/dt = 2k_2(A)(X) - k_5(B)(Z). \qquad (4\text{-}20)$$

No estado estacionário, tem-se

$$d(X)/dt = d(Y)/dt = d(Z)/dt = 0, \qquad (4\text{-}21)$$

o que permite converter as equações diferenciais (4-18), (4-19), (4-20) em equações algébricas simultâneas.

O comportamento oscilatório do modelo pode ser estudado pela solução analítica dessas equações diferenciais ou por solução numérica, usando computação digital. A solução numérica foi obtida por *MATHEMATICA*, como indicado por Kondepudi e Prigogine (1998), e os resultados são mostrados na Figura 4.4.

Oscilações químicas são de grande interesse no estudo de eventos periódicos em sistemas biológicos. Mesmo distantes desses sistemas em termos de complexidade, os osciladores químicos são de relevância como modelos extremamente simplificados, mas podem prover informação sobre o substrato geral e universal dos sistemas oscilatórios em biossistemas. Assim, por exemplo, o nodo sinoatrial, o marca-passo do coração, gera ondas que se propagam semelhantemente às que vimos acima para a reação de BZ, apesar de sua natureza elétrica. A produção de adenosino-monofosfato cíclico (cAMP) na agregação de células de ameba (*Dictyostelium discoideum*) faz com que surjam padrões espaciais, espiralados, muito parecidos com os que se formam na reação de BZ.

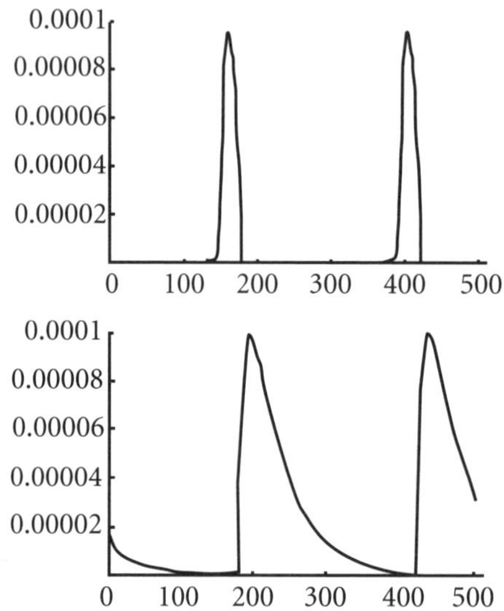

Figura 4.4 – **Oscilações das concentrações de X(t) (acima) e de Y (t) obtidas por solução das Eqs. (4-18), (4-19) e (4-20), como referido no texto. Tempo t em abscissas**

4.5 Formação de padrões de ordem em sistemas de reação–difusão

Dentre os sistemas que podem formar padrões enquanto mantidos longe do equilíbrio, os de reação–difusão, isto é, aqueles em que difusão de espécies reagentes ocorre concomitantemente com o processo químico, destacam-se por sua importância para o entendimento das ações morfogenéticas, muito mais complexas, em sistemas biológicos.

O surgimento de padrões em um meio sem estruturação macroscópica ou quase homogêneo é a questão fundamental da emergência da ordem em sistemas simples, como os físicos e os químicos, ou em mais complexos, como os biológicos. Saber como isso ocorre, está na base de um problema tão complexo quanto o da formação de um organismo superior. Sem dúvida, esse é o mais fascinante e desafiador problema de toda a biologia.

A idéia de que a organização final de um organismo já preexiste e está oculta no zigoto está hoje banida do domínio biológico. Conhece-se o fato de, nos estágios iniciais do desenvolvimento, para um grande número de embriões, mesmo que sejam divididos ao meio, cada metade pode levar à formação de um organismo completo.

Hoje em dia, dezenas de modelos têm sido construídos para contribuir no entendimento de várias situações que ocorrem na organização e desenvolvimento em biossistemas.

A simulação computacional tem sido e continuará a ser de grande relevância em modelagem e entendimento das situações reais, as quais vêm sendo experimentalmente estudadas nos sistemas vivos.

Igualmente importante, é o esforço permanente em construir esquemas teóricos que enlacem os resultados dos experimentos. Para isso, tem sido valiosa a contribuição de matemáticos, físicos, bioinformaticistas e biólogos, inclusive na construção e no refinamento de modelos.

O uso de técnicas de biologia molecular, como as de DNA recombinante, permite a obtenção de quantidade necessária à caracterização de moléculas envolvidas em processos morfogenéticos.

Há pouco mais de meio século, Alan Turing, o brilhante e versátil matemático britânico, usou o conceito de *morfógeno,* dentro de um esquema teórico para explanar a formação de padrões de ordem no desenvolvimento de organismos. Os morfógenos e o modelo de Turing eram uma tentativa de mostrar como moléculas que eram já supostas presentes no meio extracelular podiam prover a informação espacial exigida no desenvolvimento do sistema em consideração.

O morfógeno é admitido ser secretado por um grupo de células, o *centro organizacional*, do qual se distancia por difusão, no meio extracelular. A ação exercida pelo morfógeno diminui à medida que aumenta a distância de onde foi produzido. Essa dependência atividade–distância permite que células tenham a informação sobre sua localização com relação ao centro de organização. A ação morfogenética dependerá, então, dessa distância. Assim, voltar-se-ia ao conceito de campo morfogenético, anteriormente presente com muitas acepções, em morfogênese. O morfógeno induz células a terem determinada destinação, em dependência da distância que as separam do centro organizacional.

Turing mostrou que auto-organização, com o surgimento de padrões estáveis de ordem espacial, podia ocorrer de um estado estacionário homogêneo onde, além de reações químicas, há a participação de duas espécies que difundem com diferentes coeficientes de difusão translacional, como conseqüência do surgimento de gradientes de concentração.

Os sistemas com a participação concomitante de reações químicas e difusão são conhecidos como *sistemas de reação–difusão*. A importância desses sistemas na formação de padrões vem desde o trabalho histórico de Turing.

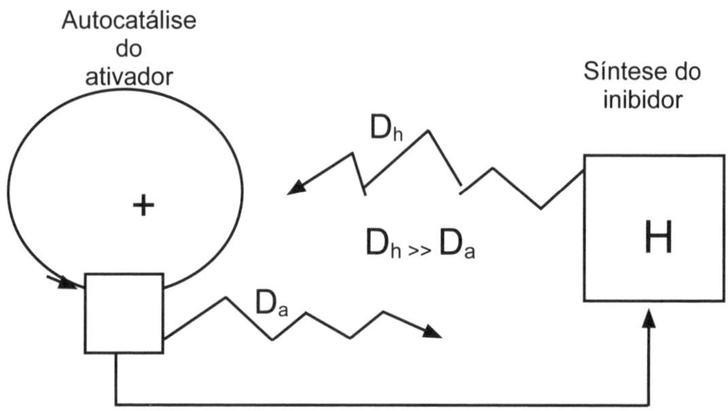

Figura 4.5 – **Diagrama do modelo de dois morfógenos – ativador e inibidor – para formação de padrão morfogenético**

Em seu trabalho, Turing admite que padrões morfológicos surgem em correspondência a não-homogeneidades nas concentrações dos morfógenos e como resultado de reações autocatalíticas e inibitórias de dois morfógenos, os quais diferem em seus coeficientes de difusão (Figura 4.5).

4.5.1 Equação geral para um sistema de reação–difusão

O processo de difusão tende a fazer desaparecer os gradientes de concentração, isto é, a homogeneizar um sistema. Entretanto, em condições longe do equilíbrio e acoplada a reações químicas, a difusão pode causar instabilidade e gerar não-homogeneidades macroscópicas ou padrões de ordem em um sistema.

Tome-se a equação de balanço para a concentração:

$$dc_i/dt = -\nabla \cdot \mathbf{J}_i + \sigma_i, \quad (4\text{-}22)$$

em que a variação da concentração com o tempo t é dada em função da divergência do fluxo total da espécie, isto é, da produção de i (termofonte), consistindo de reações químicas a T constante.

Admitamos $\mathbf{v}_i = 0$, isto é, ausência de fluxos de convexão (transporte por deslocamento de massa). Assim, tem-se

$$\mathbf{J}_i = \mathbf{J}_i^{dif}, \tag{4-23}$$

ou seja, o transporte de material é feito exclusivamente por difusão translacional. Levando (4-23) para (4-22), tem-se

$$dc_i/dt = -\nabla \,.\, J_i^{dif} + \sigma_i. \tag{4-24}$$

Pela 1ª Lei de Fick da difusão, tem-se

$$\mathbf{J}_i^{dif} = -D_i \nabla c_i, \tag{4-25}$$

Em que D_i = coeficiente de difusão da espécie i.

Introduzindo (4-25) em (4-24), obtém-se

$$dc_i/dt = D_i \nabla^2 c_i + \sigma_i, \tag{4-26}$$

em que $\nabla^2 = \nabla \,.\, \nabla =$ operador laplaciano.

A produção da espécie i, σ_i, em (4-26), é dada pelas equações diferenciais da cinética da reação química, sem considerar os termos referentes à difusão.

4.5.2 O modelo Brusselator com difusão

A partir de (4-26) e de (4-7) e (4-8), as equações para o Brusselator podem ser escritas como

$$\begin{aligned}\partial(X)/\partial t = D_X\, \partial 2(X)/\partial r^2 + k_1(A) - k_2\,(B)\,(X) \\ + k_3\,(X)^2\,(Y) - k_4\,(X)\end{aligned} \tag{4-27}$$

$$\partial(Y)/\partial t = D_Y\, \partial^2(Y)/\partial r^2 + k_2(B)\,(X) - k_3\,(X)^2(Y), \qquad (4\text{-}28)$$

onde, por entrarem coordenadas espaciais, são usadas derivadas parciais. Essas equações diferenciais parciais são suplementadas por suas condições de contorno.

No Brusselator, há dois morfógenos X e Y, um ativador, e o outro, uma espécie química cuja diminuição de concentração equivale a uma inibição. Os morfógenos são intermediários na reação química e difundem com velocidades diferentes, com $D_Y > D_X$. As concentrações iniciais dos morfógenos, A e B, são admitidas praticamente constantes.

4.5.3 Formação de padrões em populações de organismos unicelulares. Agregação de Dictyostelium discoideum

A formação de padrões espaciais de ordem por auto-organização em sistemas de reação–difusão tem sido estudada em culturas de bactérias e em outros organismos unicelulares, onde, sem dúvida, a situação já é bem mais complexa do que a dos sistemas físicos e químicos da ordem de complexidade das estruturas de Bénard e das ondas de concentração na reação de BZ. Contudo, sua complexidade é bem menor do que a morfogênese envolvida na formação de organismos superiores. A seguir, como exemplo freqüentemente descrito, veremos a formação de padrões de ordem em populações de um organismo amebóide (*Dictyostelium discoideum*).

Em ausência de restrição alimentar, isto é, quando há bactérias em número suficiente para garantir sua alimentação, as células de *D. discoideum* mantêm-se separadas. Em caso de diminuição de alimento, entretanto, começam a ocorrer visíveis alterações morfológicas na população do microorganismo, tais como ondas circulares e espiraladas, parecidas com as que surgem na reação de BZ, além de agregação celular.

O modelo mais em voga para explanar como se formam esses padrões é o que propõe o seguinte:

a) as células respondem à condição de restrição alimentar com a síntese de adenosino-monofosfato cíclico (cAMP), a partir de ATP e ação de adenilciclase; cAMP difunde para o meio extracelular;

b) do meio extracelular, cAMP liga-se ao seu receptor, na membrana celular, o que leva ao aumento de sua síntese e difusão para o exterior;
c) o aumento progressivo da concentração de cAMP no meio extracelular é postulado ter um efeito de dessensibilização ou inativação do receptor de cAMP, o que leva a moderar a síntese de mais nucleotídeo cíclico e difusão para o meio externo.

Assim, vemos que agem dois processos de realimentação: um positivo, autocatalítico, pelo qual cAMP promove a formação de mais cAMP, e outro, negativo, que atenua a formação de cAMP.

O jogo dessas duas realimentações faz com que ocorram oscilações de concentração de cAMP e o surgimento de ondas circulares concêntricas e em espiral, que se propagam. É admitido que cAMP induz à agregação das células, fazendo surgir um padrão correspondente ao das ondas de cAMP. Além disso, a complexidade é aumentada pelo fato de as células serem atraídas (quimiotaxia) pelas altas concentrações de cAMP, movimentando-se contra o gradiente de concentração do nucleotídeo (CAMAZINE et al., 2001).

4.5.4 Padrões de ordem em morfogênese (desenvolvimento)

Em biologia do desenvolvimento, no estado em que se encontra, admite-se, tacitamente, que a complexidade de um organismo não pode estar previamente contida no zigoto, mesmo que este já apresente alguma estruturação. A grande complexidade estrutural e funcional do organismo resulta de sucessivos eventos essencialmente bioquímicos que levam o sistema de situações menos estruturadas a estados de maior organização, com mais elaborado relacionamento estrutura–função. Em terminologia própria de sistemas dinâmicos, poder-se-ia dizer que, no desenvolvimento, por sucessivas etapas de desestabilização e bifurcações, padrões espaciais de ordem são formados a partir de condições iniciais de quase homogeneidade.

A ação organizadora de pequenos grupos de células sobre regiões consideravelmente maiores, como mostram inúmeros experimentos de implantação de pequenos pedaços de tecido em animais (por exemplo, o *organizador* de anfíbio de Speman e Mangold, 1924), tem conduzido à idéia de que essa ação controladora no desenvolvimento pode ser exercida por espécies químicas, os morfógenos, que difundem e atingem outras células, onde induzem ações morfogenéticas. É de salientar que essas ações, por vezes, se apresentam como inespecíficas.

4.5.4.1 O conceito de gradiente de morfógeno

O gradiente de morfógeno, isto é, a variação de concentração da respectiva espécie química com a distância, a partir das células em que é produzida, é um conceito-chave que descreve o mecanismo pelo qual a emissão de um sinal por determinada parte do embrião pode definir a localização e o destino de muitas células que a envolvem. O sinal que é produzido por um grupo de células se espalha e decai pelas células vizinhas. Sinais que formam padrões têm ação restrita ao seu *campo* de ação, e sua intensidade permite que células tenham suas posições definidas em relação às respectivas fontes. Sinais organizadores (morfógenos) formam gradientes estáveis e cobrem distâncias equivalentes a dezenas de células.

Uma ação inibitória é observada, geralmente, nas proximidades de uma região onde uma ação organizadora foi exercida. Assim, onde foi implantada uma estrutura, se detecta, em torno dessa, uma região que inibe o surgimento de outra estrutura como a primeira. Menor a distância a partir do ponto em que ocorreu a organização, menor será a probabilidade de emergir outra ação equivalente. Esse jogo de ação estimuladora e inibitória é o mecanismo básico no padrão de ordenação do organismo e constitui, como já vimos, a idéia central da teoria de Turing.

O aparecimento de uma nova estrutura durante o desenvolvimento pode resultar de uma das seguintes ações:

a) comunicação entre células;
b) forte aumento da concentração de morfógeno em determinada área, seguido de diferenciação sobre essa área. A ação em determinar o surgimento de várias estruturas depende da concentração do morfógeno.

Gradientes morfogenéticos constituem uma das explanações dadas (WOLPERT, 1971) como resposta à questão de saber como células podem ser informadas de sua posição no embrião, para que se diferenciem no tipo adequado.

O morfógeno, do local em que é produzido até o lugar em que é degradado, difunde segundo um gradiente de concentração, isto é, uma gradação de concentrações que informarão às células de suas posições com relação ao centro organizador. Os sensores (receptores de membrana e citoplasmáticos) dessas células responderão diferentemente a essas concentrações, resultando na ativação do gene ou genes responsáveis pela diferenciação das células que formarão determinados tecidos ou órgãos (Figura 4.6). As células são diferenciadas a diferentes destinos de acordo com sua posição.

Assim, para determinada faixa de concentração do morfógeno, células poderão ter genes ativados que responderiam pela formação da cabeça, por exemplo, enquanto para outra faixa de concentração outros genes poderiam ser expressados, levando à formação de outro órgão, ou outra região do embrião (tórax, por exemplo).

Em resumo, tem-se:

Concentrações no gradiente do morfógeno → Resposta por tipo de célula, no lugar definido pela concentração do morfógeno → ATIVAÇÃO DE GENES

→ Padrão de diferenciação celular definido pelos genes ativados → Formação de tecidos e/ou órgãos

Há um crescente número de exemplos de gradientes de espécies químicas que desempenham papel-chave no desenvolvimento de organismos. Particularmente, veremos aqui, de modo sucinto, a *proteína "bicoid"* no desenvolvimento de *Drosophila melanogaster*.

Logo após à fertilização, mRNA é traduzido em proteína "bicoid" na região anterior do zigoto. A alta concentração de proteína gera um gradiente, fazendo com que a proteína difunda através do ovo e crie uma distribuição de concentrações.

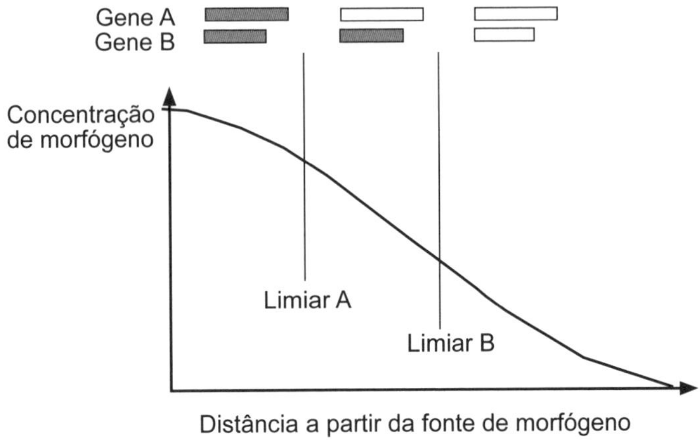

Figura 4.6 – **Diagrama indicando a competência posicional para ativação de genes a partir da concentração do morfógeno ativador**

A região de mais alta concentração de proteína "bicoid" determinará o futuro desenvolvimento da cabeça e do tórax da mosca.

Proteína "bicoid" possui um domínio hélice–volta–hélice que, ao combinar-se com DNA, controla a expressão de vários genes de um modo dependente da localização, via concentração da proteína. Entre esses genes, tem-se o "*hunchback*", cuja região do promotor tem múltiplas sedes de ligação para a proteína "bicoid", inclusive três de alta e três de baixa afinidade. Quando os níveis de proteína "bicoid" excedem determinado limiar, "hunchback" é expressado; em caso contrário, não há expressão do gene. Conseqüentemente, o eixo do embrião é dividido nas regiões anterior (A) e posterior (P)

A proteína "bicoid" age, também, como um repressor de tradução da proteína posterior *caudal.*

Assim, um sistema de gradientes de ativador e de inibidor que difunde mais rapidamente e em maior extensão (inibição lateral) pode manifestar-se na ação regulatória de um circuito genético, levando à formação de um padrão. É o que sugere a Figura 4.6, no que seria um caso muito simples. Os gradientes de ativador e inibidor são parte de um mecanismo pelo qual um gene ou genes em células com adequada localização no embrião devem ser expressas. Morfógenos atuam como reguladores de transcrição, ao nível do DNA regulatório. Podem estimular a transcrição ou inibi-la, dependendo, por exemplo, de sua concentração. É o caso do gene *Krüppel*, um gene de segmentação em *Drosophila*, que é ativado por proteína "bicoid", um regulador de transcrição, quando esta estiver em baixa concentração, mas que é inibido quando a proteína está em alta concentração.

É sabido que genes podem interagir entre si por meio de fatores de transcrição produzidos por eles, os quais podem ser transportados por difusão. Se ocorrerem inibidores difundindo em longa extensão, é possível, então, que o modelo ativador–inibidor representado pelas equações do tipo das Eqs. (4.29) e (4.30) seja válido. A grande dificuldade reside na complexidade dos circuitos regulatórios, quando envolvem acoplamento de várias etapas. Nesse caso, como enfatiza Nijhout (2001), não se dispõe ainda de esquemas teóricos dando conta, em termos matemáticos, da dinâmica do sistema. Modelos válidos terão de ser construídos com base em resultados experimentais que identifiquem as espécies moleculares envolvidas e que forneçam os valores dos parâmetros cinéticos e de difusão.

Em vertebrados, onde a presença de morfógenos é controversa, vários fatores da família TGF-β têm sido apontados como morfógenos, como, por exemplo, *ativina*, na indução de mesoderma, levando ao desenvolvimento de tecido muscular em *Xenopus levi*.

4.5.5 Modelos simples para a formação de padrões

Turing, em seu trabalho pioneiro, foi o primeiro a atribuir a formação de padrões espaciais, ou seja, estruturação em um meio quase homogêneo, a duas espécies químicas que difundem com velocidades diferentes.Vinte anos mais tarde, Gierer e Meinhardt (1972) e Segel e Jackson (1972), independentemente, mostraram que a formação de padrão resulta de duas ações opostas uma *autocatalítica*, de auto-intensificação ou realimentação positiva e outra de *inibição por longa distância* ou de realimentação negativa. Essas ações resultam, respectivamente, do comportamento de duas substâncias (morfógenos) com diferentes coeficientes de difusão. O inibidor difunde com mais alta velocidade do que o ativador (inibição lateral). O morfógeno ativador promove ou realimenta positivamente sua própria formação. Assim, um aumento de sua concentração no estado estacionário determinará aumento progressivo da concentração do morfógeno.

A ação de realimentação positiva resultará na amplificação de pequenas não homogeneidades locais nas células que estão sendo alvo do morfógeno. O ativador determina a formação do inibidor.

No estado estacionário quase homogêneo, uma pequena elevação na concentração de ativador aumenta progressivamente por realimentação positiva (autocatálise), criando um gradiente de concentração e influenciando a formação do morfógeno de ação inibitória.

A produção de inibidor impede o aumento extensivo da ação do ativador, restringindo a uma ação local. As duas ações, ativação e inibição, são imprescindíveis à formação de padrões estáveis.

4.5.5.1 O modelo matemático do sistema ativador–inibidor

O modelo proposto por Gierer e Meinhardt (1972) para o sistema ativador–inibidor consiste nas seguintes equações diferencias parciais:

$$\partial a/\partial t = D_a \nabla^2 a + \rho_a [a^2 /(1 + k_a a^2)h] - \mu_a a + \sigma_a \qquad (4\text{-}29)$$

$$\partial h/\partial t = D_h \nabla^2 h + \rho_h a^2 - \mu_h h + \sigma_h, \qquad (4\text{-}30)$$

em que

$\nabla^2 = \partial^2 / \partial x^2 + \partial^2 / \partial y^2$ é o operador laplaciano para duas dimensões:

a = concentração de ativador;

b = concentração de inibidor;

D_a e D_h = coeficientes de difusão translacional do ativador e do inibidor, respectivamente, com $D_h >> D_a$;

K_a = constante de saturação;

ρ_a e ρ_h = coeficientes cruzados de reação para ativador e inibidor;

μ_a e μ_h = velocidades de remoção;

σ_a e σ_h = termos de produção ou termofonte.

A necessidade das duas ações, a de ativação e a de inibição, para a estabilidade dos padrões formados pode ser mostrada de modo simples a partir de (4-29) e (4-30).

Para simplificação, suponhamos:

a) nenhuma difusão, o que se pode conseguir por distribuição uniforme, isto é, ausência de gradientes de concentração dos morfógenos;
b) $k_a = 0$ (não saturação), $h = \mu = \nu = \rho = 1$ (arbitrariamente).

No estado estacionário, para a equação (4-29), tem-se

$$da/dt = a(a - 1) = 0, \qquad (4\text{-}31)$$

com soluções a = 0 (trivial) e a = 1.

Se a sofrer leve incremento, tem-se $da/dt > 0$, ou seja, a aumentará com o tempo e o estado estacionário será instável se consideramos apenas o ativador. É claro que o aumento de a exige que se tenha produção suficiente (σ_a) (termofonte), de modo que compense sua degradação.

Consideremos agora a participação do inibidor h, levando em conta a equação (4-30):

$$dh/dt = a^2 - h = 0, \qquad (4\text{-}32)$$

para o estado estacionário.

Introduzindo $h = a^2$ em (4-29), obtém-se

$$da/dt = 1 - a = 0$$
$$a = 1.$$

Incrementando a, tem-se $da/dt < 0$, isto é, o aumento de a retorna o sistema ao estado estacionário em que se encontrava antes da perturbação de a. Nesse caso, o estado estacionário é *estável.*

Assim, a consideração do par ativador–inibidor é uma das condições para a formação de padrões estáveis.

As equações (4-29) e (4-30) podem sofrer alguma simplificação, pois algumas de suas constantes não têm muita significação para a ação morfogenética do sistema, sendo de utilidade apenas no caso de desejar-se maior precisão ao tratar certas propriedades regulatórias. Fazendo com que se tenha $\mu_a = \rho_a$ e $\mu_h = \rho_h$, por escolha adequada das unidades de concentração para a e h, as equações (4-29) e (4-30) assumem forma mais simples:

$$\partial a/ \partial t = D_a \nabla^2 a + \rho_a [(a^2/h - a)] \quad (4\text{-}33)$$

$$\partial h/ \partial t = D_h \nabla^2 h + \rho_h [(a^2/h - h)]. \quad (4\text{-}34)$$

Os padrões formados por gradientes de espécies químicas (morfógenos) em sistemas de importância biológica consistem de distribuições ou heterogeneidades de concentrações que se apresentam sob a forma de picos ou máximos e listras ou estrias. Esses padrões podem combinar-se em padrões mais complexos, por associação de estruturas hierarquizadas de vários sistemas.

Máximos de concentração de morfógeno ativador constituem pontos de ação organizadora.

4.5.5.2 Polaridade de células

A polaridade de uma célula consiste na distribuição assimétrica de uma característica particular. A polarização de um tecido seria essa distribuição assimétrica abrangendo um campo de células, as quais, individualmente, se apresentam polarizadas e alinhadas.

O zigoto de *D. melanogaster*, por exemplo, é polarizado na direção anterior–posterior, relativamente aos efeitos morfogenéticos da proteína "bicoid", como vimos anteriormente.

Células epiteliais apresentam polarização ao longo do eixo apical-basal, como um de seus aspectos universais. Algumas dessas células são também polarizadas segundo uma direção perpendicular a esse eixo.

4.5.5.3 Efeito do crescimento sobre o padrão

O crescimento do embrião leva ao aumento do campo morfogenético, o qual, ao exceder certos limites, compromete a manutenção dos perfis de concentração resultantes da difusão dos morfógenos ativador e inibidor. Assim, com o crescimento, a concentração do inibidor pode atingir valores tão baixos que permitam o surgimento de um novo máximo de ativador, o que se dará por autocatálise ou realimentação positiva, a partir de uma baixa concentração do morfógeno. A concentração do inibidor voltará a elevar-se por depender da concentração de ativador, o que resulta em distribuições simétricas do ativador e do inibidor, como é mostrado na Figura 4.7.

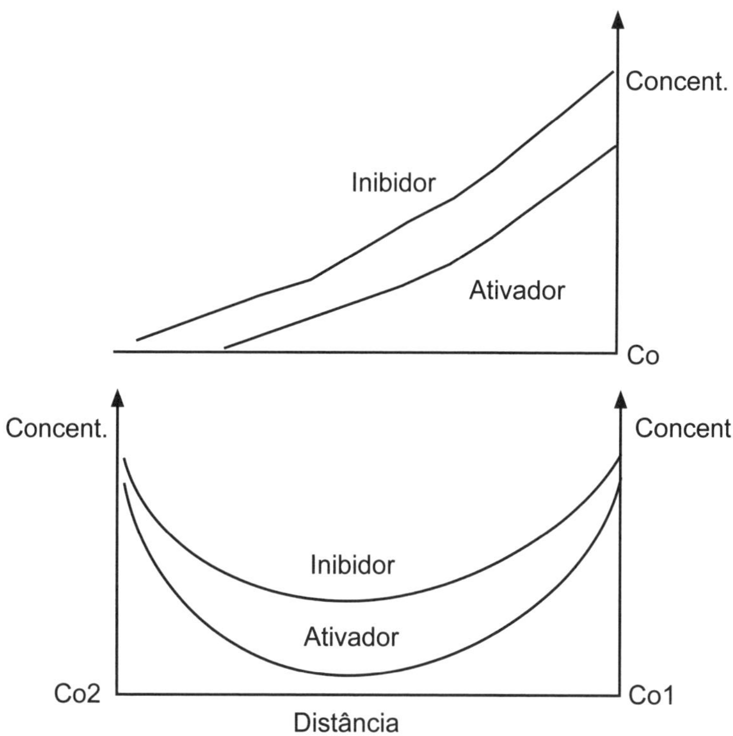

Figura 4.7 – **Diagrama mostrando o efeito do aumento da distância a partir do centro organizador Co1, por crescimento, sobre o perfil de distribuição dos morfógenos. Co2 indica o segundo centro organizador que surge como conseqüência da forte atenuação do inibidor e aumento de concentração do ativador**

Se Co1 corresponder à formação de uma cabeça, por exemplo, teríamos em Co2 o surgimento de uma outra cabeça.

4.5.5.4 Estruturas periódicas

Padrões periódicos de ação organizadora resultam da distribuição regular desses máximos de ativador, o que ocorre, geralmente, se o tamanho do campo é maior que o alcance do inibidor. Exemplos dessas estruturas periódicas temos na disposição alternada de folhas em torno da haste de uma planta e nos padrões de listras ou estrias, encontrados em várias espécies animais (zebra, tigre, certos peixes, etc.).

A periodicidade na formação de padrões pode ser vista em termos do modelo anterior. Assim, se a produção de ativador atingir a saturação, o que significa dizer que permanece em valor elevado e praticamente constante, a produção de inibidor, que depende da concentração de ativador, estaciona e declina por degradação, o que permite a ação organizadora do ativador e o conseqüente surgimento de uma estrutura.

A seguir, declina a concentração de ativador, fazendo cessar a ação positiva do morfógeno, até que novamente a saturação seja restaurada por autocatálise, e novo período de ação do ativador ocorra com novo declínio da ação do inibidor.

4.5.5.5 Regeneração de padrões

É conhecido que alguns animais, como a *Hydra*, um pólipo de água doce, podem regenerar partes que lhes são removidas. Assim, a remoção da cabeça de uma hidra pode dar lugar, após algum tempo, a que surja uma outra cabeça no mesmo local da que foi extirpada.

O modelo ativador–inibidor pode explanar como ocorre essa capacidade regenerativa: ao ser extirpada a cabeça do animal, a região do morfógeno ativador é removida juntamente com a do morfógeno inibidor.

Então, mesmo que reste pequena quantidade de ativador, essa será fortemente aumentada por realimentação positiva (autocatálise) e determinará a formação progressiva do inibidor, o qual difundirá com maior velocidade do que o ativador. Essa situação de alta concentração de ativador, em presença de inibidor, leva à formação do padrão que determinará a expressão dos genes e conseqüente diferenciação celular referentes à formação da nova cabeça. A inibição existente não permitiria que uma outra cabeça pudesse ser enxertada próxima à que surgiu previamente.

Referências

ALBERTS, B.; BRAY, D.; LEWIS, J.; RAFF, M.; ROBERTS, K.; WATSON, J. D. *Molecular biology of the cell*. 3. ed. New York: Garling Publishing, Inc., 1994. Part IV – 21. p. 1037-1137.

CAMAZINE, S.; DENEUBOURG, J-L.; FRANKS, N. R.; SNEYD, J.; THERAULAZ, G.; BONABEAU, E. *Self-organization in biological systems*. Princeton: Princeton University Press, 2001.

CAMAZINE, S.; DENEUBOURG, J.-L.; FRANKS, N. R.; SNEYD, J.; THERAULAZ, G.; BONABEAU, E. *Self-organization in biological systems*. Princeton: Princeton University Press, 2001. p. 95-119.*

GIERER, A. Generation of biological pattern and form: some physical, mathematical and logical aspects. *Prog. Biophys. Mol. Biol.* 37, p. 1-47, 1981.*

GILBERT. *Developmental biology*. 7. ed. Massachusetts: Sinauer Associates Inc. Sunderland, 2003.

KAUFFMAN, S. A. *The origins of order*: self-organization and selection in evolution. Oxford: Oxford University Press, 1993.
———. *At home in the universe*: the search for the laws of self-organization and complexity. Oxford: Oxford University Press, 1995.

MEINHARDT, H. *Models of biological pattern formation*. London: Academic Press, 1982. Disponível em: <www.eb.tuebingen.mpg.de/dept4/meinhardt/home.html>.*

NIJHOUT, H. F.; GRADIENTS, Diffusion, and genes in pattern formation. In: MÜLLER, G. B.; NEWMAN, S. A. (Ed.). *Origination of organismal form*. Cambridge, Massachusetts: The MIT Press, 2001. p. 165-181.*

NIJHOUT, H. F. Gradients, diffusion, and genes in pattern formation. In: GERD, B. Muller; STUART, A. Newman (Ed.). *Originatio of organismal form*. Cambridge, Massachusetts: MIT Press, 2003. p. 165-181.*

Para o tratamento matemático avançado dos modelos de padrões em sistemas físicos e biológicos:

MORI, H.; KURAMOTO, Y. *Dissipative structures and chaos.* Berlin: Springer-Verlag, 1998.

MURRAY, I. D. *Mathematical biology* I: an introduction. 3. ed. Berlin: Springer, 2002.

———. *Mathematical biology* II: spatial models and biomedical applications. 3. ed. Berlin: Springer, 2003.

SEGEL, L. A. *Modeling dynamic phenomena in molecular and cellular biology.* Cambridge: Cambridge University Press, 1984.

* Particularmente consultadas na elaboração do capítulo.

Capítulo 5
Interações intermoleculares

5.1 Introdução

Biomacromoléculas podem interagir entre si e com outras moléculas por meio de interações não covalentes para formar complexos ou montagens multimoleculares que surgem por associação espontânea (auto-organização) das suas moléculas constitutivas. A automontagem dessas estruturas não exige, ou pouco requer, suprimento adicional de energia e provimento de informação além da contida nas moléculas que as constituem. Em proteínas e ácidos nucléicos, como é sabido, a informação provém quase diretamente do genoma da célula e, através dela, são tornados presentes os efeitos da evolução. Esses complexos macromoleculares são estruturas de equilíbrio estável ou, por vezes, metastável.

Vírus são exemplos de grandes automontagens de proteínas e ácidos nucléicos que, em alguns casos, têm a participação de outras moléculas, como lipídios.

A célula viva tem suas estruturas e funções devidas a vários desses complexos macromoleculares, tais como membranas, citoesqueleto, cromossomos, ribossomos, proteassomos e outros.

Em continuação, veremos, em extensão adequada, a natureza das interações responsáveis pela formação e estabilidade de complexos proteína–proteína e proteína–ácidos nucléicos. Essas interações são, essencialmente, de natureza eletrostática. (No Apêndice II são dados alguns elementos de eletrostática clássica, como ajuda ao melhor entendimento dos tópicos aqui apresentados.)

A biologia moderna tem como um dos seus problemas teóricos fundamentais a explanação da natureza e magnitude das interações envolvidas nas ações de reconhecimento molecular que estão na base das atividades da célula viva. Não há dúvida de que essas interações eletrostáticas desempenham importante papel no reconhecimento molecular envolvido na expressão genética, dinâmica e morfológica dos sistemas vivos.

5.2 Interações intermoleculares

Interações entre moléculas são em sua maioria não-covalentes, muito mais fracas do que as ligações covalentes intramoleculares e são de natureza essencialmente eletrostática. Algumas vezes, como no caso de proteínas, moléculas, cadeias ou domínios podem unir-se entre si por ligações covalentes como, por exemplo, ligações S-S, além da contribuição das interações não-covalentes, mais fracas.

A fraca intensidade das interações intermoleculares assegura a dinâmica de automontagem, desmontagem e dinâmica funcional desses complexos macromoleculares, uma condição para a atividade funcional da célula. Além disso, são as interações intermoleculares que, por sua natureza, determinam que a informação gênica, conservada e modificada pela evolução, seja manifestada na auto-organização das estruturas vivas. A bela geometria e arquitetura dos vírus são manifestações das interações entre suas macromoléculas constitutivas.

A seguir, veremos os tipos de interações que respondem pela associação de moléculas mais simples em grandes complexos moleculares, os quais têm destacado papel estrutural e funcional em sistemas complexos como a célula viva.

5.2.1 Carga–carga

A energia de interação E_p entre duas cargas q_1 e q_2, em um meio de constante dielétrica uniforme ε e separadas pela distância r_{21}, é dada por

$$E_p = q_1 q_2 / \varepsilon r_{21}, \tag{5-1}$$

No sistema eletrostático CGS, onde as caras são dadas em u.e. (*stat-coulomb*), e r_{21} em cm, E_p resulta expressa em erg.

Tem-se $E_p > 0$ para cargas do mesmo sinal e $E_p < 0$ para o caso contrário.

No vácuo, $\varepsilon = 1$. Em bioquímica, a expressão (5-1) é geralmente usada com as seguintes unidades: cargas em unidades de carga eletrônica, $e = |e^-| = 4.802x\ 10^{-10}$ u.e., r em $Å = 10^{-8}$ cm e E_p em $kcal.mol^{-1}$. Nesse caso, a expressão (5-1) é dada como a seguir:

$$E_p = 332\ q_1q_2 / \varepsilon r_{21}. \qquad (5\text{-}2)$$

Nos modelos de estrutura molecular (cristalográficos ou de mecânica molecular), as cargas atômicas parciais são dadas em unidades de carga eletrônica e as distâncias interatômicas em Å.

5.2.2 Carga–dipolo

Sejam um dipolo permanente, fixo, de momento dipolar μ e uma carga +q no ponto P (Figura 5.1). A direção r é dada pelo vetor unitário **u**. θ é o ângulo entre **r** e **μ**.

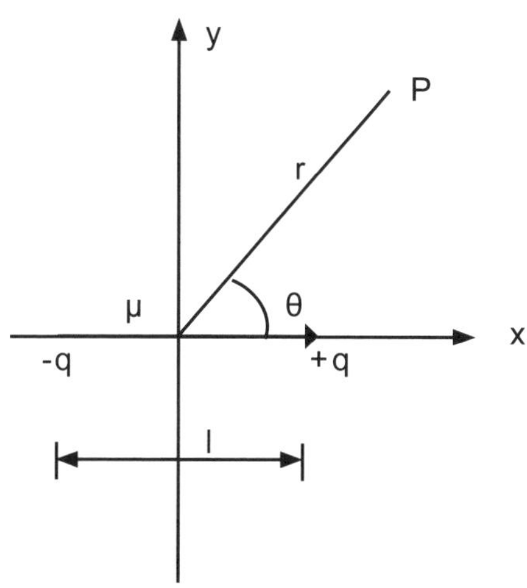

Figura 5.1 – **Interação entre um dipolo permanente e uma carga positiva em P**

A energia potencial do dipolo no campo E criado pela carga é dada por

$$E_p = -\boldsymbol{\mu} \cdot \mathbf{E} = -\mu E \cos\theta. \qquad (5\text{-}3)$$

Desde que $E = q/\varepsilon r^2$, tem-se para (5-3):

$$E_p = -(q\,\mu \cos\theta)/\,\varepsilon r^2 \qquad (5\text{-}4)$$

e

$\theta = \pi/2,\ E_p = 0;$

$\theta = 0,\ E_p = -q\,\mu/\,\varepsilon r^2;$

$\theta = \pi\ .\ E_p = q\,\mu/\,\varepsilon r^2.$

Por conveniência, em outros contextos, a energia de interação pode ser expressa em kcal. mol^{-1}, entrando com a carga em unidades de carga eletrônica e a distância em Å. Assim, para (5-4), tem-se

$$E_P = -69{,}1n\,\mu \cos\theta\,/\,\varepsilon\, r^2,\ \text{kcal.mol}^{-1} \qquad (5\text{-}5)$$

onde n é o número de cargas eletrônicas em q.

No caso de dipolos livres para rotação e translação, a orientação de um dipolo com relação ao campo sofre variações em torno de uma posição média, por causa da agitação térmica.

Suponhamos moléculas com momento dipolar permanente, em solu-ção, que são submetidas a um campo externo, uniforme e constante (Figura 5.2).

Vejamos como encontrar a componente média de um dipolo parcialmente alinhado com a direção do campo. O dipolo pode rotar de 2π em torno do eixo com o qual E é coincidente. A probabilidade de achar um dipolo orientado entre θ e θ+dθ é proporcional ao segmento sobre a superfície da esfera (Figura 5.2). A área desse segmento é dada por

$$dA = (2\pi R\,\mathrm{sen}\theta)/(R\,d\theta). \qquad (5\text{-}6)$$

Desde que a energia de um dipolo é dada por (5-4), o número de dipolos entre θ e θ+dθ, obtido usando uma distribuição de Boltzmann e usando a expressão (5-6), é dado por:

$$N(\theta)d\theta = (N_o\, e^{\pi E\cos\theta/kT})(2\pi R^2 \mathrm{sen}\theta d\theta), \tag{5-7}$$

ou

$$N(\theta)d\theta = 2\pi R^2\, N_o\, e^{\pi E\cos\theta/kT}\mathrm{sen}\theta d\theta \tag{5-8}$$

Integrando sobre os ângulos possíveis, obtém-se $N(\theta)/N_o = 1$ (normalização).

A componente média do dipolo na direção do campo é dada por

$$\mu_{av} = \int_o^{\pi} (\mu\cos\theta)\, e^{\pi E\cos\theta/kT}\mathrm{sen}\theta d\theta \Big/ \int_o^{\pi} e^{\pi E\cos\theta/kT}\mathrm{sen}\theta d\theta \tag{5-9}$$

onde os limites de integração abrangem todas as orientações possíveis do dipolo.

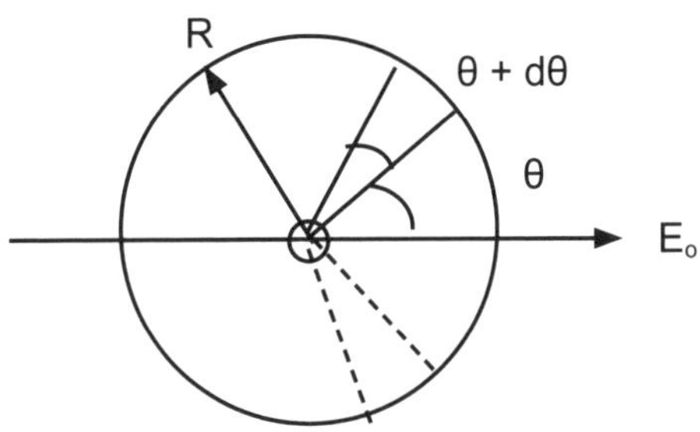

Figura 5.2 – **Orientação de um dipolo permanente de uma molécula individual submetida a um campo elétrico uniforme e constante E_o**

Fazendo-se, para simplificação gráfica, $x = \cos\theta$, tem-se

$$dx = -\,\mathrm{sen}\theta d\theta$$

que, introduzida em (5-9), produz

$$\mu_{av} = \mu \int_{-1}^{1} x\, \exp(\mu Ex/k_B T\, dx \Big/ \int_{-1}^{1} x\, \exp(\mu Ex/k_B T\, dx. \tag{5-10}$$

Os limites de integração foram mudados: para $\theta = 0$, tem-se $x = 1$ e para $\theta = \pi$, $x = -1$.

Enquanto a integral do denominador pode ser efetuada diretamente, a do numerador é obtida por meio de

$$\int x \exp(ax)dx$$

onde $a = \mu E/k_B T$, usando integração por partes, tem-se para (5-10):

$$\mu_{av} = -(\mu/a) + \mu[(\exp(a) + \exp(-a))/(\exp(a) - \exp(-a))]$$
$$= \mu(-1/a + \coth a). \quad (5\text{-}11)$$

O termo entre parênteses é chamado de *função de Langevin.*

Ao entrar-se em (5-11) com o desenvolvimento em série para a cotangente hiperbólica de a, tem-se

$$\mu_{av} = \mu\,(1/a + a/3 - a^3/45\ \ldots). \quad (5\text{-}12)$$

Ao admitir-se que se tenha $k_B T >> \mu E$, ou seja, a energia de agitação térmica das moléculas do meio muito superior à energia da interação dipolo-campo, a será muito pequeno e o termo $a^3/45$ e demais superiores poderão ser desprezados, tem-se por fim

$$\mu_{av} = \mu^2 E / 3k_B T. \quad (5\text{-}13)$$

Desde que E é a grandeza do campo criado pela carga q, tem-se, a partir de (5-13):

$$\mu_{av} = q\,\mu^2 / 3k_B T\, r^2\, \varepsilon \quad (5\text{-}14)$$

e, para a energia de interação dipolo livre – carga, tem-se

$$E_P = -\,q^2\,\mu^2 / 3k_B T r^4 \varepsilon^4 \quad (5\text{-}15)$$

ou

$$E_P = -\,(80{,}1 \times 10^4)\, n^2\mu^2 / k_B T\, r^4\, \varepsilon^4 \text{ kcal.mol}^{-1} \quad (5\text{-}16)$$

onde n é o número de cargas eletrônicas em q.

Pela condição imposta anteriormente, a expressão é válida apenas para campos fracos. No caso de campos aplicados muito intensos, os dipolos tornam-se todos orientados na direção do campo e, é claro, o raciocínio dado acima não mais se aplica.

5.2.3 Dipolo–dipolo (permanentes)

Sejam dois dipolos permanentes fixos 1 e 2, com momentos dipolares $\boldsymbol{\mu}_1$ e $\boldsymbol{\mu}_2$, cujos centros estejam distanciados de r (Figura 5.3).

O potencial ψ criado em um ponto P(x, y, z) por um dipolo de momento $\boldsymbol{\mu}$ na origem O é dado pela expressão (AII-27):

$$\Psi = \mu \cos\theta / \varepsilon r^2 \qquad (5\text{-}17)$$

onde θ é o ângulo entre μ e a direção OP = r.

A magnitude da componente do campo elétrico **E** criado pelo dipolo, relativa a r, é dada por

$$E_r = - d\psi / dr = 2 \mu \cos\theta / \varepsilon r^3 \qquad (5\text{-}18)$$

e

$$E_\theta = - r^{-1} d\psi / d\theta = \mu \operatorname{sen}\theta / \varepsilon r^3 \qquad (5\text{-}19)$$

é a componente referente a θ.

O vetor do campo E será expresso, então, pela soma das componentes vetoriais, como a seguir

$$E = (2\mu\cos\theta \,\mathbf{u}_r + \mu\operatorname{sen}\theta \,\mathbf{u}_\theta) / \varepsilon r^3 \qquad (5\text{-}20)$$

onde u_r e u_θ são vetores unitários dando as direções das respectivas componentes.

O momento dipolar μ pode ser expresso por

$$\boldsymbol{\mu} = \mu (\mathbf{u}_r\cos\theta - \mathbf{u}_\theta\operatorname{sen}\theta), \qquad (5\text{-}21)$$

onde $\mathbf{u}_r$ e $\mathbf{u}_\theta$ são vetores unitários.

A partir de (5-21), por transposição, tem-se

$$\mu\ \mathbf{ui}_\theta \mathrm{sen}\theta = -\mu + \boldsymbol{\mu}\ u_r \cos\theta = \mathbf{-\mu + (\ \mu\ .\ u_r\ )u_r}. \tag{5-22}$$

Ao considerar (5-20) e (5-22), resulta

$$\mathbf{E}(r) = [\ 3(\boldsymbol{\mu}\ .\ \mathbf{u}_r\ )\mathbf{u}_r - \mu\ ]\ /\ \varepsilon\ r^3. \tag{5-23}$$

Tomemos agora dois dipolos permanentes e fixos 1 e 2, com momentos dipolares $\boldsymbol{\mu}_1$ e $\boldsymbol{\mu}_2$, cujos centros estão separados pela distância r, como mostra a Figura 5.3. Os dipolos 1 e 2 formam com o eixo Z os ângulos θ_1 e θ_2, respectivamente. As projeções dos dipolos sobre o plano XOY formam os ângulos Φ_1 e Φ_2, respectivamente.

A energia de interação entre os dipolos é dada por

$$E_P = -\ \boldsymbol{\mu}_1 .\ \mathbf{E}_2 \tag{5-24}$$

onde E_2 é o campo elétrico do dipolo 2, o qual é dado por (5-23).

Assim desde que

$$\mathbf{E_2(r) = [\ 3(\mu_2\ .\ u_r\ )u_r - \mu_2\ ]\ /\ \varepsilon\ r^3}, \tag{5-25}$$

tem-se, a partir de (5-24):

$$E_P = -\ \boldsymbol{\mu}_1\ .\ [\ 3(\boldsymbol{\mu}_2\ .\ \mathbf{u}_r\ )\mathbf{u}_r - \boldsymbol{\mu}_2\ ]\ /\ \varepsilon\ r^3. \tag{5-26}$$

Ao ser feito r = ru_r, resulta

$$E_P = \boldsymbol{\mu}_1\ .\ \boldsymbol{\mu}_2\ /\ \varepsilon r^3 - 3(\boldsymbol{\mu}_1\ .\ \mathbf{r})\ (\boldsymbol{\mu}_2\ .\ \mathbf{r})\ /\ \varepsilon\ r^5 \tag{5-27}$$

ou

$$E_P = K\ \mu_1\ \mu_2\ /\ \varepsilon\ r^3 \tag{5-28}$$

onde

$$K = u_1\ .\ u_2 - 3(u_1\ .\ u_r)(u_2\ .\ u_r). \tag{5-29}$$

Os vetores unitários $\mathbf{u}_1$ e $\mathbf{u}_2$ têm, respectivamente, as componentes

$\mathrm{sen}\theta_1\cos\Phi_1$, $\mathrm{sen}\theta_1\mathrm{sen}\Phi_1$, $\cos\theta_1$ e $\mathrm{sen}\theta_2\cos\theta_2$, $\mathrm{sen}\theta_2\mathrm{sen}\Phi_2$, $\cos\theta_2$.

Desde que

$$\cos(\Phi_1 - \Phi_2) = \cos\Phi_1 \cos\Phi_1 - \text{sen}\Phi_1 \text{ sen}\Phi_2,$$

obtém-se

$$K = \text{sen}\theta_1 \text{ sen}\theta_2 \cos(\Phi_1 - \Phi_2) - 2\cos\theta_1 \cos\theta_2. \qquad (5\text{-}30)$$

As expressões para a energia de interação correspondentes aos casos particulares de dipolos coplanares, paralelos de mesmo sentido e de sentidos opostos, assim como dipolos alinhados no mesmo sentido e em sentidos contrários podem ser facilmente obtidas a partir da expressão geral (5-28) com (5-30), tarefa que é deixada ao leitor, caso haja interesse.

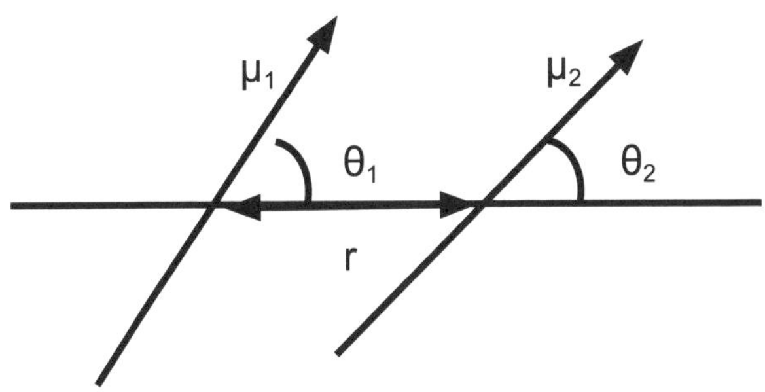

Figura 5.3 – **Interação de dipolos permanentes em várias orientações (parâmetros geométricos)**

5.2.3.1 Dipolo fixo–dipolo livre

Supondo o dipolo 1 fixo e o dipolo 2 livre para rotar, tem-se para o valor médio de μ_2 dado por

$$\mu_{2av} = \mu_2^2 E_1 / 2k_BT = \mu_2^2 \mu_1(1 + 3\cos^2\theta)^{1/2} / 3k_BT\varepsilon r^3 \qquad (5\text{-}31)$$

onde E_1 é a magnitude do campo criado pelo dipolo 1 e θ o ângulo formado entre a linha que une os centros dos dipolos e a direção do dipolo fixo. A energia de interação entre os dois dipolos é expressa por

$$E_P = -\mu_1^2\mu_2^2(1 + 3\cos^2\theta\,)/\,3k_BT\varepsilon^2r^6) \qquad (5\text{-}32)$$

O sinal negativo é justificado porque o dipolo livre alinha-se sempre ao campo $\mathbf{E}_1$.

Note-se a dependência de E_P de r^{-6}. Esse tipo de interação é fortemente atenuado com o aumento da distância r (interação de curta distância).

A energia de interação dada pela expressão (5-32) pode ser expressa, quando for conveniente, em $kcal.mol^{-1}$, usando

$$E_P = -(3{,}5x10^4)\,\mu_1^2\,\mu_2^2\,(1+\cos^2\theta)/\varepsilon^2Tr^6\ kcal.mol^{-1}. \qquad (5\text{-}33)$$

Essa expressão seria a usada para esse tipo de interação no caso de moléculas em solução.

5.2.4 Dipolo–dipolo livres

Se os dipolos permanentes 1 e 2 são ambos livres para rotação, a energia de interação pode ser obtida a partir de (5-32), achando-se a média de todos os valores possíveis de $\cos^2\theta$, a qual é igual a 1/3. Então, a partir de (5-32), obtemos

$$E_P = -2\,\mu_1^2\mu_2^2\,/\,3k_BT\varepsilon^2r^6\,). \qquad (5\text{-}34)$$

ou, ainda,

$$E_P = -(7{,}0 \times 10^4)\,\mu_1^2\mu_2^2\,/\,3k_BT\varepsilon^2r^6\,).\ kcal.mol^{-1} \qquad (5\text{-}35)$$

5.2.5 Carga–dipolo induzido

Seja uma carga q e $\mathbf{E}(r)$ o campo por ela criado e que, a uma distância r de q, induz um dipolo e com ele interage.

A expressão para a energia de interação dipolo-campo (veja seção 5.3) é

$$E_P = -\boldsymbol{\mu}\,.\,\mathbf{E}. \qquad (5\text{-}36)$$

Desde que

$$\mu = \alpha \mathbf{E} \qquad (5\text{-}37)$$

onde α = polarizabilidade escalar (meio isotrópico), tem-se

$$E_p = -\alpha E^2 = -\alpha\,(q/\varepsilon r)^2. \qquad (5\text{-}38)$$

Essa expressão, entretanto, não é correta, desde que não leva em conta a energia despendida para separar as cargas na formação do dipolo induzido.

O deslocamento **dx** da carga, para formar o dipolo, corresponde ao trabalho

$$dW = \mathbf{F}\,.\,\mathbf{dx} \qquad (5\text{-}39)$$

donde, por ser a força F = q E, se obtém

$$dW = q\,\mathbf{E.dx} = E\,d\mu \qquad (5\text{-}40)$$

onde $d\mu$ é o momento dipolar elementar formado.

O trabalho total é obtido por integração de (5-40) entre os limites 0 e μ, como a seguir:

$$W = \int_0^{\mu} E\,d\mu = \int_0^{\mu} (\mu/\alpha)\,d\mu = (1/2\alpha)\mu^2 = (1/2)\alpha E^2 \qquad (5\text{-}41)$$

onde α é a polarizabilidade do meio onde o dipolo está sendo induzido.

Ao ser somada a energia de formação do dipolo induzido dada por (5-38) com (5-41), obtém-se

$$E_p = -\alpha E^2 + (1/2)\,\alpha E^2 = -(1/2)\,\alpha E^2 \qquad (5\text{-}42)$$

que expressa a energia de interação entre o campo E e o dipolo por ele induzido.

5.2.6 Dipolo permanente–dipolo induzido

Vejamos a interação entre um dipolo permanente e uma molécula, sobre a qual é exercida ação indutiva pelo dipolo (Figura 5.4).

Sejam $\boldsymbol{\mu}_o$ = momento do dipolo permanente cujo campo elétrico **E** interage com a molécula (isotrópica) que tem seu centro geométrico em P, α = polarizabilidade (escalar) da molécula, θ = ângulo entre o dipolo e a direção da distância OP= r entre o dipolo e o centro da molécula.

As magnitudes das componentes retangulares E_r e E_θ de **E** são dadas por

$$E_r = (2\mu_o \cos\theta) / r^3 \qquad (5\text{-}43)$$

e

$$E_\theta = (\mu_o \text{sen}\theta) / r^3 \qquad (5\text{-}44)$$

donde

$$E^2 = (4\cos^2\theta + \text{sen}^2\theta)\, \mu_o^2 / r^6. \qquad (5\text{-}45)$$

Desde que

$$E_P = -\int_0^E \boldsymbol{\mu} \,.\, d\mathbf{E} = -\alpha \int_0^E \mathbf{E}.d\mathbf{E} = -\alpha\, E^2/2. \qquad (5\text{-}46)$$

1

Introduzindo (5-45) em (5-46), obtém-se

$$E_P = -\alpha(3\cos^2\theta + 1)\, \mu_o^2/2r^6. \qquad (5\text{-}47)$$

Se a molécula e o dipolo estão em solução e, portanto, em movimento browniano, tem-se

$$E_P = -\alpha\, \mu_o^2 / r^6 \qquad (5\text{-}48)$$

desde que a média espacial de $\cos^2\theta$ é igual a 1/3.

Se a molécula é anisotrópica, as componentes do campo, E_r e E_θ, assim como a polarizabilidade α são dependentes da direção, permanecendo, entretanto, a dependência de E_P de μ_o^2 e r^{-6}.

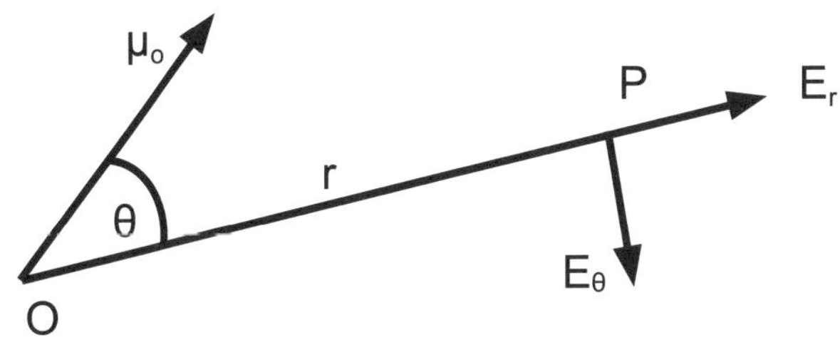

Figura 5.4 – **Interação entre dipolo permanente e dipolo induzido**

5.2.7 Dipolo induzido–dipolo induzido

5.2.7.1 Forças de dispersão de London

Moléculas e átomos apresentam flutuações de densidade eletrônica, o que resulta, momentaneamente, na separação de cargas positivas e negativas com o surgimento de dipolos transitórios que podem interagir, promovendo a atração entre as unidades estruturais em consideração. Tal tipo de interação, sempre atrativo, é universal e ocorre sempre entre átomos ou moléculas, mesmo que não tenham qualquer carga líquida ou assimetria de carga. Átomos de gases nobres, por exemplo, atraem-se por essas forças de dispersão (descritas em 1930, pela primeira vez, por London) ao tornarem-se aproximados por refrigeração, surgindo, então, a fase líquida.

A freqüência dessas oscilações de carga é muito alta, sendo da ordem das freqüências do espectro eletromagnético (visível e ultravioleta), nas regiões em que ocorrem interação com elétrons, em moléculas e átomos. Forças de dispersão tornam-se mais significativas entre grandes moléculas ou macromoléculas, particularmente nos grandes complexos macromoleculares que assumem papel essencial na estruturação e no funcionamento da célula viva e do vírus.

As interações de dispersão dependem fortemente da polarizabilidade das unidades estruturais envolvidas. Maiores as polarizabilidades, maiores os momentos dos dipolos induzidos e, conseqüentemente, mais fortes serão as interações.

A energia de interação de dispersão entre duas moléculas 1 e 2, separadas pela distância r, pode ser expressa por

$$E_P = -\,3hv_1v_2\,\alpha_1\alpha_2\,/\,2(v_1 + v_2)\,r^6; \tag{5-49}$$

onde h = constante de Planck.

É admitido que cada molécula pode ser representada por um oscilador harmônico com freqüência natural ν_1 e ν_2, respectivamente, e polarizabilidades α_1 e α_2. No caso de moléculas idênticas, $\nu_1 = \nu_2$ e $\alpha_1 = \alpha_2$, tem-se

$$E_P = 3hv\alpha^2\,/\,r^6. \tag{5-50}$$

5.2.7.2 Forças de dispersão de London retardadas

Vimos que a explanação das interações de dispersão de London consiste em admitir um efeito atrativo entre átomos e moléculas como resultado da interação de dipolos transitórios que surgem espontaneamente por flutuação de densidade eletrônica e por indução. Os dipolos sempre oscilam em fase, o que exige que o campo elétrico de um dipolo seja propagado instantaneamente ao outro dipolo. A velocidade de transmissão do campo elétrico é a da luz e, para moléculas muito próximas, a transmissão pode ser considerada quase instantânea. Se, entretanto, moléculas estão relativamente afastadas, não poderá haver sincronismo, isto é, as oscilações não se farão em fase, mas haverá uma defasagem ou um *retardo*, em virtude da velocidade finita de propagação do campo elétrico de um dipolo ao outro. O atraso de fase da oscilação dos dipolos impede que o máximo de interação seja atingido, por não alinhamento pleno dos dipolos. A dependência da distância da força de atração é alterada de r^{-7} (dipolos oscilando em fase) para r^{-8}, no caso de *forças retardadas*, quando moléculas estão relativamente afastadas.

Cálculos e resultados experimentais têm mostrado que forças de interação de dipolos induzidos afastados por cerca de 50 nm são totalmente retardadas, resultando ação atrativa praticamente nula.

5.2.7.3 Forças de London entre macromoléculas e objetos maiores

Vimos antes que as considerações iniciais de London mostraram que a dependência da distância da força atrativa de dispersão era de r^{-7}, sendo, portanto, uma interação de curta distância. Contudo, trabalhos ulteriores, vieram a mostrar que, no caso de unidades estruturais maiores, essa dependência não era tão forte. Isso significa dizer que tais forças podem tornar-se apreciáveis nas interações entre macromoléculas, micelas coloidais e material granular, por exemplo. Além disso, essas mesmas forças são aditivas, o que corresponde a dizer que todos os átomos de uma porção de matéria atraem todos os átomos de outra qualquer porção de matéria.

Cálculos devidos a Hamaker, para duas esferas materiais, indicaram que a energia de interação de dispersão entre elas era dependente de r^{-1}, em contraste com r^{-6} para os átomos individuais. A força atrativa variou com r^{-2}, como na interação de Coulomb.

Forças de dispersão poderiam explicar fenômenos de agregação em suspensões coloidais. É possível, portanto, que forças de van der Waals desempenhem papel relevante na formação de grandes complexos macromoleculares, na célula.

5.2.8 Potencial de Lennard–Jones

Vimos antes que as energias potenciais resultantes dos vários tipos de interação intermolecular, todas são expressas como uma função r^{-n} da distância (seção 5.2.9). Para um sistema coulombiano, carga-carga, em ausência ou presença de movimento browniano, tem-se $n = 1$, com interações de longa distância. Nos três casos em que o sistema envolve apenas interações entre dipolos, sem a participação de cargas líquidas, tem-se $n = 6$, sendo ações de curta distância, atenuadas fortemente com a distância, quer em ausência ou presença de liberdade translacional ou rotacional. Estas últimas interações, dependentes de r^{-6}, chamam-se, coletivamente, de interações de van der Waals e às quais correspondem as forças de mesmo nome. As interações dipolo induzido – dipolo induzido, apesar de incluídas entre as interações de van der Waals, denominam-se também, como foi visto, de interações de dispersão de London.

Consideremos dois átomos neutros 1 e 2 separados por uma distância r que, inicialmente, admitimos ser infinita, não havendo, assim, interação entre esses átomos (Figura 5.5). Agora, suponhamos o centro do átomo 1 permanecendo na origem O e aproximemos os dois átomos, trazendo o átomo 2 ao encontro do átomo 1. A distância r entre os dois átomos será progressivamente diminuída e uma energia potencial negativa, correspondendo a uma interação atrativa, aumenta de magnitude, passando por valor mínimo para r = r_m. Esse mínimo na energia potencial corresponde a um ponto de balanço ou de equilíbrio entre uma força atrativa e outra repulsiva. Continuando a diminuir r, a energia potencial repulsiva, positiva, vai rapidamente predominando sobre a atração, assumindo valores que tendem a valores extremamente altos. A interação atrativa entre os dois átomos resulta das interações de dispersão de London, e a repulsão, que mais se acentua para pequenas distâncias, resulta da *interação de permuta*, um efeito quântico, regido pelo *princípio da exclusão* de Pauli, o qual impede a interpenetração de orbitais ocupadas. Esse princípio, como é sabido, responde pela impenetrabilidade, uma propriedade geral da matéria.

Para dois átomos i e j, a energia potencial de interação é geralmente expressa sob a forma

$$E_{Pij} = A_{ij}r_{ij}^{-m} - B_{ij}rij^{-n}, \qquad (5\text{-}51)$$

onde A_{ij} e B_{ij} são constantes otimizadas para a melhor representação do balanço entre as interações atrativa e repulsiva que dependem da natureza dos átomos em interação. No caso do *potencial de Lennard-Jones*, têm-se n = 6 e m = 12. Desde que, por vezes, outros valores inteiros são atribuídos a n e m, referimo-nos a um potencial de L-J 6-12.

Para uma molécula de N átomos, a energia potencial referente às interações de van der Waals de seus átomos é obtida como uma soma de potenciais de L-J relativos a todos os pares possíveis de átomos interagentes e não diretamente conectados por ligações covalentes Assim, tem-se

$$E_P = \sum(A_{ij}\, r_{ij}^{-12} - B_{ij}\, r_{ij}^{-6}). \qquad (5\text{-}52)$$

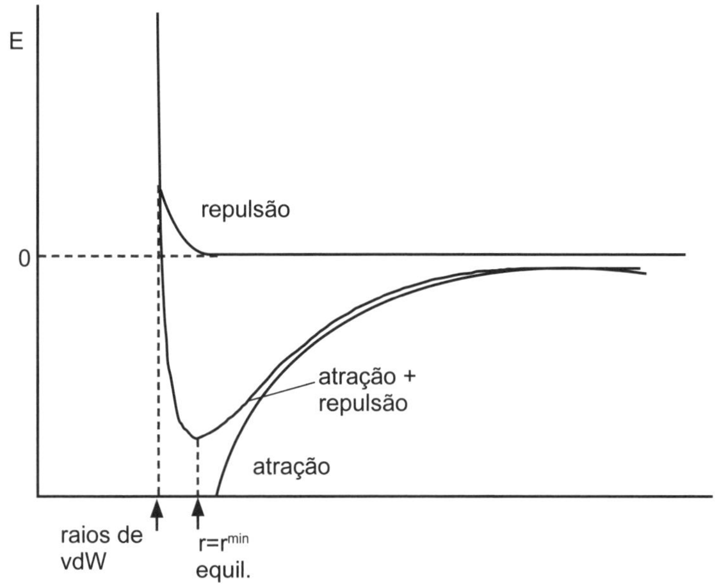

Figura 5.5 – **Interações entre dois átomos neutros: um deles tem o centro mantido na origem 0, e o outro é trazido da infinidade ao seu encontro. Os dois átomos atraem-se por forças de van der Waals e repelem-se por forças de permuta que se equilibram quando a distância que os separa é um mínimo, r = r_{min}. A interação resultante é geralmente descrita pelo potencial de Lennard–Jones** (vide texto)

A energia potencial de interação de van der Waals entre duas moléculas I e II de N_I e N_{II} átomos, respectivamente, será estimada pela soma dos potenciais de L-J 6-12 relativos aos pares de átomos possíveis formados entre os átomos da molécula I e os da molécula II, do modo mostrado a seguir:

$$E_P = (1/2) \sum_{I} \sum_{j} (A_{ij}\, r^{-12} - B_{ij}\, r^{-6}). \qquad (5\text{-}53)$$

5.2.9 Ligações de hidrogênio

Ligações de hidrogênio são um tipo de ligação entre átomos, esquematicamente representado por

$$\overset{\delta^-}{-D} - \overset{\delta^+}{H} \text{---} \overset{\delta^-}{A} - \overset{\delta^+}{Y},$$

onde D e A são átomos de alta eletronegatividade (afinidade por elétrons), tais como F, O, N, S. O hidrogênio, apesar de estar em ligação covalente com D, é influenciado por um par eletrônico isolado de A e afasta-se um pouco de D, formando um elo entre D e A. O átomo D é chamado de *doado*r e o átomo A, de *aceptor*. A distância entre D e A depende dos tipos de átomos envolvidos, sendo, por exemplo, 2,25 Å para F – H – F, 2,75 Å para O –H – O e 2,9 -3,0 Å para N –H –O. Em ligações de H mais estáveis, o ângulo DHA é cerca de 180°, ou seja, há uma disposição quase linear dos três átomos. Entretanto, valores de 140° a 180° são admitidos e reportados. A distância entre H e aceptor A é menor do que a soma dos raios de van der Waals, por cerca de 0,2 Å. Isso parece refletir certa contribuição covalente à ligação de H, apesar de seu caráter primariamente eletrostático, de dependência de r^{-1} de sua energia de interação.

Algumas ligações de H são particularmente fortes, tais como as $F–H–F^-$ e $O–H–O^-$, com energias de 20-40 $kcal.mol^{-1}$ e forte contribuição covalente. A maioria, entretanto, compreende as ligações chamadas de fracas, com energias de 1-5 $kcal.mol^{-1}$. Ligações de H moderadas, formadas entre doadores e aceptores não carregados, têm energias de 5-15 $kcal.mol^{-1}$. Ligações de H com energias tão baixas quanto as de interações de van der Waals podem ser formadas em alguns casos, tendo átomos de carbono como aceptores.

Água é um excelente formador de ligações de H, tanto entre suas próprias moléculas, levando a intensas associações em fase líquida e sólida e muito menos em estado de vapor, como em grupos polares de outras moléculas, tais como glicídios, lipídios, proteínas e ácidos nucléicos. As interações da água com estas moléculas respondem, em grande parte, pelo papel fundamental da água na estrutura e na dinâmica dos sistemas biológicos. As inúmeras particularidades de comportamento da água na natureza devem-se principalmente às interações intermoleculares por meio de ligações de hidrogênio, além de seu caráter fortemente polar (relativamente alto momento dipolar, de 1,85 D) e de elevada constante dielétrica (~ 80, em fase líquida, à temperatura ordinária). Essa alta permissividade relativa é determinante de seu grande poder ionogênico, como solvente.

Interações eletrostáticas são fortemente atenuadas em água. Esse efeito é de grande importância na estabilização de estruturas macromoleculares contendo grupos ou átomos carregados, tais como ácidos nucléicos.

O efeito hidrofóbico, de grande relevância em ações de importância biológica, como o dobramento de cadeias polipeptídicas, está diretamente conectado à capacidade das moléculas de água de ligarem-se entre si por ligações de H, ordenando-se na interface água–soluto hidrofóbico, com acentuada redução entrópica. Já tivemos ocasião de ver que esse efeito é o principal determinante do processo de enrolamento de proteínas em busca de sua conformação nativa.

As ligações de H não apresentam a forma linear como única configuração. São possíveis outras configurações como a bifurcada (I) e as ligações de três centros (II) e (III).

5.2.10 Sumário: expressões para interações intermoleculares (não-covalentes)

Interações	E_p *	E_p **
Carga-carga	$C\, q_1 q_2 / r$	$C\, q_1 q_2 / r$
Carga-dipolo permanente	$C\, \mu\, q \cos\theta / r^2$	$C^2 \mu^2 q^2 \cos\theta / [3k_B T r^4]$
Dipolo permanente-dipolo permanente	$C\, K\, \mu_1 \mu_2 / r^3$	$-2\, C^2 \mu_1^2 \mu_2^2 / [3k_B T r^6]$
Dipolo induzido–dipolo induzido	$-3\, h\, \nu_1 \nu_2 \alpha_1 \alpha_2 / [2(\nu_1 + \nu_2)\, r^6$	

Em ausência de movimento browniano. ** Em presença de movimento browniano.
$C = 1/(4\pi\varepsilon_o) = 8{,}99 \times 10^9\, JC^{-2}m$. C e ε_o aparecem nas expressões quando o Sistema Internacional de Unidades está sendo usado. No caso do sistema CGS, tem-se C=1 e ε_o não aparece.

5.3 Interação entre macromoléculas

Em suas várias participações estruturais e dinâmicas na organização biológica, macromoléculas, em particular proteínas e ácidos nucléicos, interagem com íons e pequenas moléculas, assim como entre si: proteína–proteína e proteína–ácidos nucléicos, principalmente.

As interações entre macromoléculas podem levar à formação de grandes complexos, de relevância arquitetural e funcional, tais como membranas que delimitam a célula viva e seus compartimentos, além de estruturas como cromossomos, ribossomos, proteassomos, multienzimas, etc. A montagem dessas grandes estruturas macromoleculares faz-se espontaneamente, por auto-organização, em que ocorrem as interações intermoleculares vistas no início do capítulo. Convém salientar que a informação genômica encontra-se já embutida nas estruturas das moléculas constitutivas. As grandes estruturas assim montadas são estruturas de equilíbrio ou de quase-equilíbrio (metaestabilidade). A automontagem leva-nos assim da informação genômica, linear, às estruturas espaciais do domínio supramolecular dos grandes complexos macromoleculares. Mostram grande plasticidade estrutural, assumindo múltiplas conformações, em um processo dinâmico de montagem e desmontagem ("turnover"), para o que muito contribui a baixa energia das interações não covalentes entre as unidades estruturais. Sua funcionalidade é sempre acompanhada de modificações conformacionais locais ou envolvendo domínios ou subunidades. Em todos esses complexos macromoleculares, destaca-se a grande *adaptabilidade* das unidades estruturais, fazendo com que resulte um todo estrutural funcionalmente eficaz, sobre o qual não deixam de atuar as ações evolutivas.

A automontagem, como uma forma simples de auto-organização, abrange a explanação de como cada produto de expressão gênica interage, funcionalmente e par-a-par com outros produtos de genes, levando à descrição de complexos de proteínas. Esses estudos, típicos da era pós-genômica, estão conduzindo à visão futura da organização e transferência de informação nos sistemas biológicos.

5.3.1 Associação de macromoléculas

Sabe-se que a associação de macromoléculas está ligada a relevantes processos da atividade celular, até mesmo processos fundamentais de sinalização e regulação da expressão gênica.

A associação de uma mesma proteína, resultando no que é conhecido por sua estrutura quaternária, é o exemplo mais simples de montagem, por auto-organização, de formas moleculares que atendem à expressão de certas funções não existentes nas subunidades isoladas.

Em uma extensão da terminologia de estruturas primária, secundária e terciária (LINDERSTRÖM-LANG, 1952), Bernal (1958) introduziu o termo *estrutura quaternária*, o qual se refere à associação não covalente de subunidades de uma proteína em dímeros, trímeros, tetrâmeros, etc. De modo geral, fala-se de *oligômeros* para moléculas associadas e de *oligomerização* para o processo de associação de subunidades. O termo *monômero* é usado para designar a menor subunidade que pode ser liberada da estrutura quaternária, sem que haja clivagem de ligações covalentes (ligações S-S, por exemplo). Aldolase é um tetrâmero com quatro monômeros idênticos associados. Transcarbamilase aspártica, uma enzima mais complexa, tem um total de 12 monômeros: seis monômeros catalíticos idênticos e seis outros regulatórios, também idênticos entre si.

Associações de subunidades de proteínas mostram, em geral, estequiometrias simples, como alguns exemplos mostrados na Tabela 1.

Tabela 5.1 – **Estrutura quaternária de proteínas (número de subunidades associantes)**

Proteína	Peso molecular (PM)	Subunidades	
		Nº	PM
Citocromo cc´	28000	2	14000
Fator de crescimento do nervo	26518	2	13259
β-Lactoglobulina	35000	2	17500
Inibidor I de quimotripsina	39000	4	9800
Hormônio de crescimento (bovino)	48000	2	25000
Hemoglobina	64500	4	16000
Transcarbamilase de ornitina (fígado bovino)	108000	3	36000
Proteína C-reativa	140000	6	23000
Toxina A (*Pasteurella*)	240000	10-12	24000
Apoferritina	450000	24	18500
Eritrocruorina	3000000	162	18500
Vírus do mosaico clorótico de caupi	4000000	180	19000
Vírus do mosaico da alfafa	7400000	140	51000
	51000	2	24500
Vírus do mosaico do tabaco	40000000	2130	17500

Fonte: KLOTZ, I. M. et al. *The Proteins*, vol. I, 3d. Edition, Hans Neurath, Robert L. Hill (Editors). New York: Academic Press, 1975

Apesar da baixa energia das interações não covalentes, se consideradas individualmente, o total dessas interações pode assumir valores significativos que garantem a estabilidade dos estados associados em solução. Geralmente, vários grupos atômicos são envolvidos, refletindo o aspecto cooperativo das interações, na extensão de superfícies interativas. Alguns valores de parâmetros termodinâmicos para alguns equilíbrios de associação–dissociação são mostrados na Tabela 2.

Tabela 5.2 – **Parâmetros termodinâmicos para alguns equilíbrios de associação–dissociação de proteínas**

Proteína	Reação	ΔG° (kJ/mol)	ΔH° (kJ/mol)	ΔS° (kJ/mol/K)
Arginosuccinase	2 P <→ P_2	– 42,6	192	791
Enolase	2 P <→ P_2	– 39,3	– 335	924
β-Lactoglobulina	4 P <→ P_4	– 63,6	– 234	– 632
Oxidase de D-aminoácido	2 P <→ P_2	– 30,5	0	104

Fonte: VAN HOLDE, K. E.; JOKNSON, W. C.; HO, P. S. Principles of Physical Biochemistry, Section 15.2, p. 593. New Jersey: Prentice-Hall

5.3.1.1 Dimerização

O encontro de duas subunidades de proteína para formar um estado associado dimérico é freqüente em várias ações biológicas e é, também, a etapa elementar nos mecanismos envolvidos em associações moleculares mais complexas. Isso resulta, em parte, do fato de o encontro de um número de partículas superior a dois, para interação simultânea, ser de baixa probabilidade. Muitas proteínas têm de assumir um estado oligomérico para serem funcionais.

Dimerizações, como as oligomerizações em geral, são processos reversíveis que atingem um estado de equilíbrio. *Homodímeros* são formados de duas subunidades (monômeros) idênticas e *heterodímeros*, de monômeros diferentes. Dependendo da natureza dos monômeros, os dímeros podem não permitir a continuação da associação, isto é, a associação termina com o estado dimérico. Só haverá monômeros e dímeros e nenhum oligômero superior. A Figura 5.6 mostra, diagramaticamente, essa situação.

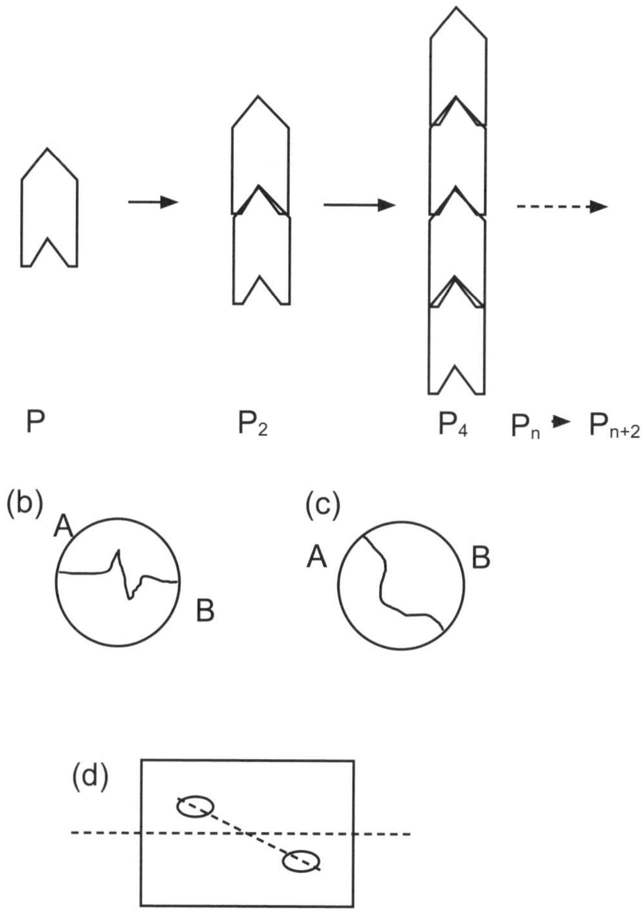

Figura 5.6 – **Dimerizações e oligomerizações: algumas possibilidades: (a) monômero (P) com duas sedes de ligação complementares, levando à formação de homodímero (P_2) e oligômeros superiores (no caso, o homotetrâmero P_4); (b) monômero com duas sedes de ligação complementares e topologia permitindo apenas homodimerização exclusiva; (c) heterodímero exclusivo**

Reconhecimento molecular: a interação de duas moléculas A e B levando à formação do complexo binário AB, tem como etapa inicial o reconhecimento entre as duas moléculas. Em um contexto biológico, esse reconhecimento molecular é também chamado de *reconhecimento biológico* e consiste no processo pelo qual biomoléculas "se reconhecem" como tendo regiões ou grupos atômicos em adequado posicionamento espacial relativo, de tal modo que possam interagir, resultando no surgimento de novas estruturas e, conseqüentemente, no exercício de determinada(s) função ou funções e na transferência de informação. Sem reconhecimento, moléculas não interagem com significação funcional. Reconhecimento molecular envolve complementaridade de forma e de campos interativos a fim de resultar na maximização, em número e intensidade, de interações intermoleculares no nível da superfície de contato entre as moléculas interagentes. Essa superfície, que governa o processo de reconhecimento, é definida, em última análise, pelas informações contidas na seqüência das unidades estruturais das macromoléculas envolvidas na interação. A Figura 5.7 mostra, aproximada e esquematicamente, o que se passa em uma dimerização. A constante de equilíbrio (associação) K_a, em determinada temperatura T, é uma medida da energia de ligação entre as unidades estruturais interagentes, sendo uma medida da *afinidade* entre elas. Mais alto o valor de K_a, mais preciso o reconhecimento molecular. Para um baixo valor de K_a, tem-se um reconhecimento mais sujeito a erros, o que, no contexto celular, sofre, geralmente, a ação de mecanismos de reparo. Erros seriam evitados se grandes diferenças de energia estivessem presentes nos processos alternativos capazes de ocorrer na interação de duas macromoléculas, havendo um preciso reconhecimento, o que não acontece. Desse modo, a ocorrência de erros nos vários processos da atividade celular, envolvendo reconhecimento molecular, é uma característica inelutável da vida. É conveniente ressaltar que, são os erros, uma fonte de variação para a evolução.

Um monômero com duas sedes de ligação complementares pode associar-se com outros monômeros idênticos, levando à formação de dímeros, trímeros, tetrâmeros, oligômeros superiores e grandes complexos ou agregados macromoleculares. O tamanho e a forma desses agregados resultam do modo como as duas sedes de ligação complementares dispõem-se, uma em relação à outra, na superfície do monômero. Algumas das várias possibilidades são esquematicamente mostradas na Figura 5.6.

Homo e heterodímeros podem funcionar, por sua vez, como subunidades para associação a agregados superiores.

A estratégia de formar oligômeros e grandes complexos macromoleculares a partir de unidades menores, e não como uma única e grande estrutura covalente, deve-se, principalmente, às seguintes razões:

a) economia de material genético, desde que a informação para a biossíntese do monômero seja apenas repetida na grande estrutura montada;

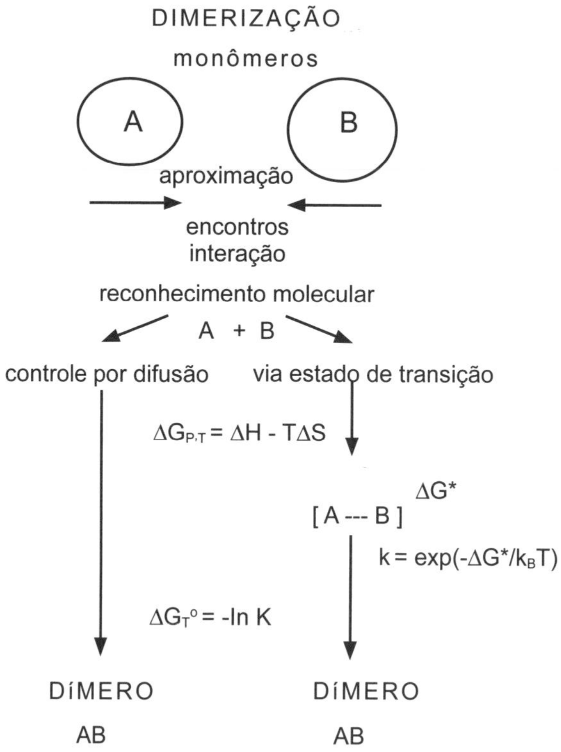

Figura 5.7 – **Associação de dois monômeros (principais etapas)**

b) o mesmo monômero pode ser usado para a montagem de vários agregados;
c) a associação e a dissociação são mais facilmente controladas, de acordo com as necessidades funcionais e estruturais da célula;
d) a ocorrência de erros na síntese da estrutura podem ser mais facilmente evitados mediante adequados mecanismos de reparo durante a montagem das subunidades para formar o grande agregado.

A economia de material genético parece ser geral na organização biológica, manifestando-se na síntese de proteínas, em que os mesmos domínios podem ser usados, embaralhados (*shuffling*), na obtenção das mais diversas proteínas.

Vimos que a montagem de complexos biomacromoleculares envolve a interação das subunidades constitutivas, as quais devem ter complementaridade de forma (geométrica) e de campo (eletrostática).

Essas complementaridades podem preexistir (caso extremo de ajuste de "fechadura-chave", no sentido de Fisher) ou serem induzidas nas moléculas que interagem para formar o agregado molecular. A indução da formatação de sedes ou interfaces de interação resultam de mudanças conformacionais que podem ocorrer localmente ou resultar de interações com ligantes em sedes afastadas (transição alostérica). É freqüente que essas modificações conformacionais exijam energia livre do sistema em montagem.

No mecanismo de montagem de complexos macromoleculares é freqüente que se tenha a participação de um nucleosídiotrifosfato, GTP ou ATP, o qual fosforila uma proteína FM (fator de montagem), cuja conformação resulta modificada para permitir sua ligação a uma das subunidades que formarão o complexo (Figura 5.8). Nessa etapa, o monômero A sofre uma mutação de conformação e o conseqüente surgimento de uma sede de ligação complementar na forma da sede de ligação existente em B. Resulta, assim, o complexo ternário A-B-FMfosf. A seguir, por defosforilação, o fator de montagem retoma sua conformação inicial e dissocia-se de modo que resulte o dímero AB. O processo pode repetir-se por participação de FM que, assim, age cataliticamente (ALBERTS, 1998).

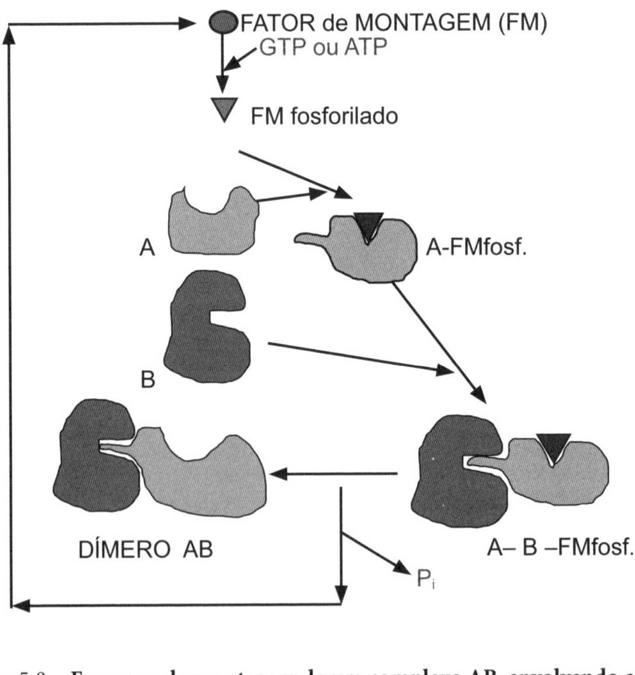

Figura 5.8 – **Esquema da montagem de um complexo AB, envolvendo a participação de um fator catalítico de montagem FM e o fornecimento de energia livre por GTP ou ATP**

Por vezes, a ligação de duas moléculas por suas sedes de ligação faz-se fracamente e fortalece-se a seguir por ajustamento induzido (*induced fit*), como inicialmente proposto por Koshland para interações enzima-substrato.

O mecanismo de oligomerização pode envolver um importante fenômeno estrutural que consiste na troca de domínios tridimensionais entre monômeros (BENNET et al., 1995; LIU; EISENBERG, 2002). Há um "emaranhamento" (*entanglement*) das unidades monoméricas no oligômero. Uma ligação é criada entre duas ou mais moléculas de proteína por permuta de domínios idênticos (Figura 5.9).

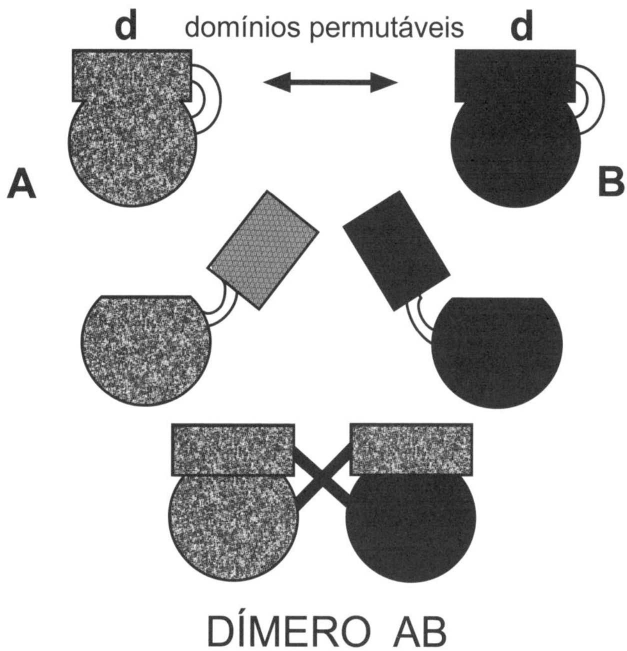

Figura 5.9 – **Esquema de uma dimerização por permuta de domínios**

5.3.1.1.1 Equilíbrio de associação–dissociação

Seja a reação de associação–dissociação monômero–dímero:

$$P + P = P_2 \tag{5-54}$$

em solução e a uma temperatura T constante.

No equilíbrio, tem-se

$$K_a = (P_2)/ (P)^2, \qquad (5\text{-}55)$$

em que K_a = constante de associação, com as dimensões de M^{-1} e unidades litro.mol^{-1}. As concentrações molares estão indicadas por parênteses. Sendo (P_o) = concentração molar total de subunidades, quer estejam como monômeros ou dímeros, tem-se

$$(P_o) = 2(P_2) + (P), \qquad (5\text{-}56)$$

donde

$$(P_2) = [(P_o) - (P)]/ 2. \qquad (5\text{-}57)$$

A partir de (5-55) e (5-57), obtém-se

$$(P) = [1/(4K_a] [-1 + (1 + 8K_a(P_o))^{1/2}]. \qquad (5\text{-}58)$$

tomando-se a solução com significado físico, que nos dá a concentração de monômero, em equilíbrio, em função de sua concentração total e de K_a.

A partir de (5-58), tem-se

$$(P)/(P_o) = [1/(4K_a (P_o)] [-1 + (1 + 8K_a(P_o))^{1/2}]. \qquad (5\text{-}59)$$

A partir de (5-59), vê-se que, ao fazer $(P_o) \rightarrow 0$, tem-se $(P)/(P_o) \rightarrow 1$, ou seja, à medida que se diminui a concentração total da proteína, a concentração de monômero vai predominando, até que, no limite, se torna exclusiva. É fácil ver, também, que, se $(P_o) \rightarrow \infty$, $(P)/(P_o) \rightarrow 0$, isto é, haverá predominância do dímero, o qual tende a anular a concentração do monômero.

Algumas relações envolvendo concentrações, em peso, e K_a podem ser vistas a seguir.

Se f_P = fração ponderal de monômero P (relação de peso de monômero para peso total de proteína); f_D = fração ponderal de dímero D≡ P_2, tem-se

$$M_W = f_P M_P + f_D M_D, \qquad (5\text{-}60)$$

onde M_P e M_D são as massas moleculares do monômero e do dímero, respectivamente, e M_W = massa *molecular médio-ponderal* da proteína, o qual é dada por $\sum_i c_i M_i / \sum_i c_i$, em que c_i é a concentração ponderal de i e M_i a respectiva massa molecular. Massas moleculares médio-ponderais são fornecidas por determinados métodos analíticos, como equilíbrio de sedimentação. É óbvio que se tem $f_P + f_D = 1$ e, a partir de (5-60),

$$f_P = 1 - (M_D/M_P).$$

Para o equilíbrio

$$P + P = P_2 \equiv D$$

tem-se

$$K_a = (D)/(P) = (c_D/M_D)(c_P/M_P)^{-2} = (1/2)(M_P c_D)(c_P)^{-2} \quad (5\text{-}61)$$

e, desde que $c_p = f_P c_o$ e $c_D = f_D c_o$, em que c_o = concentração ponderal total da proteína, resulta

$$K_a = (M_P/2c_o)[(1- f_P)/f_P^2]. \quad (5\text{-}62)$$

O cálculo de K_a a partir de (5-62) pode ser feito desde que, experimentalmente, sejam determinadas as frações ponderais do monômero, para várias concentrações totais da proteína.

A variação de K_a com c_o pode mostrar se o equilíbrio é aparente ou verdadeiro. Se K_a for realmente constante, tem-se um equilíbrio verdadeiro e, em caso contrário, a situação é dita de um equilíbrio aparente.

5.3.1.1.2 Cinética de dimerizações

Tomando-se o esquema

$$A + B = AB \quad (5\text{-}63)$$

para representar a ligação da molécula A à molécula B, sem que ocorra modificação química em qualquer dessas moléculas, o que estamos chamando de homodimerização se A = B e de heterodimerização se A ≠ B, a cinética desse processo pode estar controlada por uma barreira de energia entre as moléculas separadas e o estado associado, a qual exigirá que A e B adquiram uma energia de ativação que lhes garanta vencer o impedimento energético da barreira. Maior a energia de ativação, menor será a probabilidade de A e B associarem-se, para formar o complexo AB, e, portanto, mais lento será o processo de associação.

A constante de velocidade k_1 da reação direta, da esquerda para a direita do esquema (5- 63), relaciona-se à energia livre de ativação, ΔG^*, à temperatura T, pela expressão

$$k_1 = F_{pe} \exp(-\Delta G^*/RT) \quad (5\text{-}64)$$

O fator pré-exponencial, a partir da teoria das velocidades absolutas das reações químicas, é dado por

$$F_{pe} = k_B T/ h \quad (5\text{-}65)$$

onde k_B = constante de Boltzmann e h = constante de Planck.

A partir de (5- 64), vê-se facilmente que

$$\Delta G^*/T = R \ln(F_{pe} /k_1). \quad (5\text{-}66)$$

Da termodinâmica do equilíbrio para o estado de transição, tem-se

$$\Delta G^*/T = \Delta H^*/T - \Delta S^* \quad (5\text{-}67)$$

e

$$\Delta H^* = \Delta E_a + P\Delta V \approx \Delta E_a + RT \quad (5\text{-}68)$$

De (5- 66) e (6- 67), obtém-se

$$\ln k_1 = -\Delta H^*/RT + \Delta S^*/R + \ln F_{pe} \quad (5\text{-}69)$$

Ao introduzir-se (5-68) em (5-69), tem-se

$$\ln k_1 = -\Delta E_a/RT + \Delta S^*/R + (\ln F_{pe} - 1) \quad (5\text{-}70)$$

O comportamento de Arrhenius de (5-69) permite avaliar a entalpia e entropia de ativação, do gráfico de ln k_1 *versus* T^{-1}.

As expressões (5-64), (5-66) e (5-67) estabelecem um elo entre a constante cinética k_1 e parâmetros termodinâmicos do estado de transição.

A teoria das colisões moleculares da cinética das reações leva a constante de velocidade de reação entre duas moléculas a ser expressa por

$$k_2 = Z\alpha \exp(- E^*/ RT) \qquad (5\text{-}71)$$

onde Z = freqüência de colisões, α = fator estérico relativo à fração de moléculas que colide em orientação correta, resultando em colisões eficazes e E^* = energia de ativação (por mol), cujo valor tem de ser alcançado ou ultrapassado a fim de que as moléculas reajam a produtos.

Em um sentido estocástico, se temos o esquema A → B, indicando a transformação da molécula A na molécula B, a probabilidade dessa transformação ocorrer no tempo dt é dada por kdt. A probabilidade da molécula A associar-se a outra molécula A na unidade de tempo é dada pela constante de velocidade de associação vezes o número de moléculas de A ao quadrado.

Se $E^* = 0$ e $\alpha = 1$, tem-se $k_2 = Z$, isto é, a constante de velocidade iguala a freqüência de colisão, o controle da reação passando a ser feito por difusão. Nesse caso, a reação é dita *controlada por difusão* e todos os encontros moleculares resultam em reação.

Se as moléculas forem esféricas e de raios r_A e r_B, tem-se

$$Z = 2\, RT\, (3000\, \eta)^{-1}(r_A + r_B)^2(r_A\, r_B)^{-1} \qquad (5\text{-}72)$$

onde η = coeficiente de viscosidade. Para duas moléculas iguais ($r_A = r_B$), em água, a T = 298,2 K, tem-se $Z = 7 \times 10^9\ s^{-1}M^{-1}$. A expressão (5-64) pode ser obtida do modo que veremos mais adiante.

Muitas reações bimoleculares têm constantes de velocidade da reação direta k_1 dessa ordem. No caso de condições geométricas mais favoráveis, valores da ordem de $10^{11}s^{-1}M^{-1}$ são encontrados.

Nas associações proteína–proteína, a cinética é fortemente influenciada não somente por fatores geométricos como por fatores eletrostáticos. As condições estéricas, no caso de interação de proteínas, não são muito favoráveis, pois que somente limitadas regiões (sedes de ligação) são envolvidas na interação. Além disso, as interações prevalentes na associação não são, necessariamente, as da dissociação.

Admite-se que, no caso de limitação da cinética por difusão, a procura da sede de ligação possa ser facilitada por ser maior a velocidade de difusão sobre a superfície molecular com relação à difusão em três dimensões. O aumento de velocidade de difusão por decréscimo de dimensionalidade tem sido invocado em outras situações como, por exemplo, em procura de sedes específicas sobre DNA por ligantes que se ligam não especificamente.

A avaliação da constante de velocidade para a associação de duas proteínas, em regime de limitação por difusão da cinética, pode ser feita usando o modelo simplificado de Smoluchowski:

$$k_{assoc} = 4000\,\pi\, r_{AB}\, N_A(\,D_A + D_B\,) \qquad (5\text{-}73)$$

onde r_{AB} = distância onde ocorre a interação entre A e B, N_A = número de Avogadro, e D_A e D_B são os respectivos coeficientes de difusão.

Supondo moléculas esféricas, o coeficiente de difusão de uma espécie i pode ser dado pela relação de Stokes-Einstein:

$$D_i = k_B T/(6\pi\eta r_i) \qquad (5\text{-}74)$$

onde k_B = constante de Boltzmann, η = coeficiente de viscosidade e r_i = raio da molécula de i.

Ao admitir-se a distância de contato $r_{AB} = r_A + r_B$ e substituindo (5-66) em (5-65), obtém-se

$$k_{assoc} = (2000\, R\, T \,/\, 3\eta)[(r_A + r_B)^2/(r_A r_B)] \qquad (5\text{-}75)$$

que é a mesma expressão (5-64).

A Tabela 3 mostra alguns valores experimentais para constantes de velocidade de associação e dissociação de algumas proteínas.

Tabela 5.3 – **Constantes de velocidade para associação–dissociação de proteínas**

Proteína	Ligante	T(°C)	k_1 ($s^{-1}M^{-1}$)	k_{-1} (s^{-1})
Insulina	Insulina	23	$1{,}2 \times 10^8$	$1{,}5 \times 10^4$
β-Lactoglobulina	β-Lactoglobulina	35	$4{,}7 \times 10^4$	2,1
α-Quimotripsina	α-Quimotripsina	25	$3{,}7 \times 10^3$	0,68

Fonte: KOREN, R.; HAMMES, G. G. *Biochemistry*, 18(5) p. 1165-1171, 1976

Tem sido proposto que a associação de proteínas consiste em duas etapas: primeiro, as moléculas aproximam-se, encontram-se, formando-se, então, um complexo frouxamente ligado, o chamado *complexo de encontro,* o qual, a seguir, é convertido ao complexo dimérico de alta afinidade, com as subunidades mais fortemente ligadas, como é mostrado no esquema a seguir:

$$A + B = [A\text{---}B] = AB \tag{5-76}$$

onde o complexo de encontro é indicado entre colchetes. As forças eletrostáticas, de ação a longa distância, são importantes em determinar o encontro das moléculas e a conseqüente formação do complexo de encontro. Já aproximadas e formando o complexo de encontro, as moléculas interagem mais fortemente por meio de interações de van der Waals e de ligações de hidrogênio (quando podem formar-se), que são interações de curta distância.

A formação do complexo de alta afinidade AB é acompanhada por outros eventos, tais como a dessolvatação, isto é, a expulsão de moléculas de água da interface de contato entre as moléculas, e as modificações conformacionais ou reordenamentos estruturais (GABDOULINE; WADE, 1997; SCHREIBER; FERSHT, 1996; SELZER; SCHREIBER, 1999; VIJAYAKUMAR et al., 1998).

Selzer e Schreiber (1999) mostraram que a constante de associação k_{assoc} de um complexo proteína–proteína pode ser calculada, quando ocorrem contribuições eletrostáticas, usando a seguinte expressão:

$$\ln k_{assoc} = \ln k^{o}_{assoc} - (E_{el}/RT)[1/(1 + \kappa a)] \tag{5-77}$$

onde k^o_{assoc} = constante de velocidade de associação em ausência de interação eletrostática, E_{el} = energia eletrostática de interação, κ = inverso do *comprimento de Debye* ou fator de blindagem e a = distância mínima de aproximação; $(1 + \kappa a)^{-1}$ é o parâmetro de Debye–Hückel. O parâmetro κ é relacionado à força iônica e expresso por

$$\kappa^2 = 8\pi N_A e^2 I / k_B T \varepsilon$$

onde I = força iônica

Em ausência de interação eletrostática, $E_{el} = 0$ e, $k_{assoc} = k^o_{assoc}$.

Por (5- 77), vê-se que gráficos lineares são obtidos quando valores de $\ln k_{assoc}$ são representados contra $(1 + \kappa a)^{-1}$

5.3.1.2 Interações proteína–ácidos nucléicos

A grande importância dos ácidos nucléicos em biologia molecular e bioquímica é devida, essencialmente, à sua capacidade de interagir com pequenos ligantes e proteínas. Essas interações caem em duas categorias: a) o ligante interage com uma seqüência específica de nucleotídeos, a qual constitui a sede de ligação; b) a interação ocorre em qualquer região da seqüência nucleotídica, sem especificidade, aproximada ou total. Na primeira categoria, há exemplos de grande relevância, como a interação específica de repressores, ativadores, fatores de transcrição e enzimas, com DNA. Esses ligantes controlam a síntese, degradação, reparo e transcrição de DNA, além da expressão gênica.

5.3.1.2.1 Interações específicas

Ao formarem um circuito fechado de realimentação (*feedback*) na regulação de genes, proteínas (fatores de transcrição) ligam-se direta ou indiretamente ao DNA. E, como é sabido, os padrões de expressão gênica são determinantes, em grande parte, do processo de desenvolvimento e das características estruturais e funcionais do organismo adulto.

Um gene, em sua região regulatória, tem as sedes de ligação específicas para os fatores de transcrição, proteínas que tornam possível a ativação ou inativação do gene, permitindo ou não sua expressão.

A enzima RNA-polimerase (RNAP), responsável pela transcrição da região codificante do gene em mRNA (em procariotes) ou em transcritos que, após processamento, resultam em mRNA (em eucariotes), tem seu estado funcional e ligação ao DNA na dependência da ação das proteínas regulatórias. Essas proteínas agem na forma de complexos cooperativos.

O reconhecimento específico entre uma proteína regulatória e seu DNA-alvo é obtido por complementaridade, por estrutura e por interações específicas entre os resíduos de aminoácidos da proteína e as bases do DNA. Ligações de hidrogênio e interações hidrofóbicas são geralmente envolvidas. Há evidência para a interação preferencial de certos aminoácidos com determinadas bases nucléicas.

Em procariotes, a seqüência regulatória estende-se por cerca de dez a cem bases, com poucas sedes específicas; em eucariotes, têm-se de mil a 100 mil bases e um número maior de sedes específicas.

Complexos de transcrição podem estar envolvidos na regulação da expressão de conjuntos de genes e apresentam múltiplas interações entre as proteínas que os constituem e com sedes específicas do DNA.

Típicos fatores de transcrição são membros de várias famílias de proteínas e, alguns deles, com os respectivos códigos do PDB (Protein Data Bank), são indicados a seguir: CAP (Catabolic Activator Proteins) = CRP (cyclicAMP Receptor Protein): 1ber, 1run; Homeodomínios 1apl, 1fjl, 1hdd, 1yrn,1hcr; "zinc fingers": 1oay, 1udb, 2drp; Repressores:1lmb,1oct, 1per,1rpe, 2orl.

Na interação de CAP e do repressor de *lac* com suas sedes no DNA são usados motivos estruturais semelhantes, os quais são constituídos tipicamente por HTH (hélice–volta–hélice). A interação com DNA por um dímero, com dois motivos HTH. Das duas hélices de HTH, uma delas, a chamada hélice de reconhecimento, ajusta-se ao sulco maior do DNA. O domínio aminoterminal de cada monômero de CAP é responsável pela dimerização além da ligação com cAMP. Na dimerização, participam principalmente interações hidrofóbicas. Interações eletrostáticas são envolvidas na ligação ao cAMP: uma ponte salina (par iônico) entre Arg(82) de CAP e um oxigênio de um fosfato de cAMP e várias ligações de H. O complexo do homodímero de CAP com cAMP liga-se a uma seqüência consenso de DNA com 22 pares de bases. A ligação ao DNA induz uma forte curvatura de aproximadamente 90° no ácido nucléico (Figura 5.10). Formas modificadas de HTH são os motivos (em homeodomínios) em eucariotes (Figura 5.11).

Figura 5.10 – **Estrutura do complexo CAP/DNA + cAMP (difração de raio-X), mostrando deformação do DNA**

Fonte: PDB 1CGP

Figura 5.11 – **Complexo homeodomínio/DNA (RMN, estrutura média)**

Fonte: PDB 1NK3

• Aspectos quantitativos

A ocupação das sedes específicas de DNA por ligantes protéicos, se for tratada com o mesmo formalismo desenvolvido para equilíbrios múltiplos em interações proteína-pequenos ligantes, levaria ao desenvolvimento a seguir.

Sejam A_o: DNA sem ocupação de sedes; P: proteína (ligante): C_i: complexo DNA-P_i; K_i: constante de equilíbrio para a etapa de formação de C_i a partir de C_{i-1}; n = número de sedes específicas do DNA, para a proteína P. O sistema é admitido em equilíbrio, à temperatura T.

As n sedes são supostamente independentes, isto é, não interagem uma com outra, apesar de terem diferentes afinidades para a proteína P. As sucessivas ocupações das sedes são indicadas no esquema a seguir:

$$A_o + P = AP = C_1 \qquad (C_1) = K_1(P)(A_o)$$
$$AP + P = AP_2 = C_2 \qquad (C_2) = K_1K_2(P)^2(A_o)$$
$$\cdots\cdots\cdots \qquad \cdots\cdots\cdots$$
$$AP_{n-1} + P = AP_n = C_n \qquad (C_n) = K_1K_2 \ldots K_n\,(P)^n(A_o)$$

Todas essas etapas estão em equilíbrio entre si, e os parênteses em torno dos símbolos indicam concentrações molares.

Em um simbolismo mais compacto para a concentração da espécie C_i, tem-se

$$(C_i) = \mathbf{K}_i\,(P)^i(A_o) \tag{5-78}$$

$$\mathbf{K}_i = \left(\prod_{1}^{i} K_i\right)\; i = 1, 2, \ldots, n \tag{5-79}$$

A fração de cada complexo $AP_i \equiv C_i$ pode ser dada por

$$\text{fração}\quad (i) = [\exp(-\Delta G_i/RT)](P)^i / Z \tag{5-80}$$

onde

ΔG_i = variação da energia livre de Gibbs referente à etapa de formacão de C_i a partir de C_{i-1}, em que se tem $\mathbf{K}_i = \exp(-\Delta G_i/RT)$; Z = *função de partição* = soma das concentrações de todos os complexos C_i existentes no sistema em equilíbrio.

Caso de duas proteínas que se ligam a duas sedes específicas e independentes no DNA: se duas proteínas distintas se ligam a duas sedes independentes, tem-se o esquema que se segue.

$$DNA_o + P \overset{K_1}{=} P\text{-}DNA \equiv DNA_1 \qquad (DNA_1) = K_1(DNA)(P)$$

$$DNA_o + Q \overset{K_2}{=} Q\text{-}DNA \equiv DNA_2 \qquad (DNA_2) = K_2(DNA)(Q)$$

....

$$DNA_1 + Q \overset{K_3}{=} P\text{-}DNA\text{-}Q \equiv DNA_3 \qquad (DNA_3) = K_1K_3(DNA)(P)(Q)$$

$$DNA_2 + P \overset{K_4}{=} DNA_3 \qquad (DNA_3) = K_1K_4(DNA)(P)(Q)$$

$$K_3 = K_4 \text{ (sedes independentes)}$$

No caso de haver cooperatividade entre as sedes, P e Q podem não se ligar independentemente, não sendo possíveis os complexos DNA_1 e DNA_2. Somente o complexo PQDNA seria formado. É o que ocorre com os complexos de transcrição: forte cooperatividade na ligação com o DNA.

5.3.1.2.2 Interações não específicas

Na ligação totalmente inespecífica, cada molécula de proteína pode ocupar m bases (ou m pares de bases no caso de um DNA dúplex) em qualquer parte da molécula do ácido nucléico, em solução (Figura 5.10).

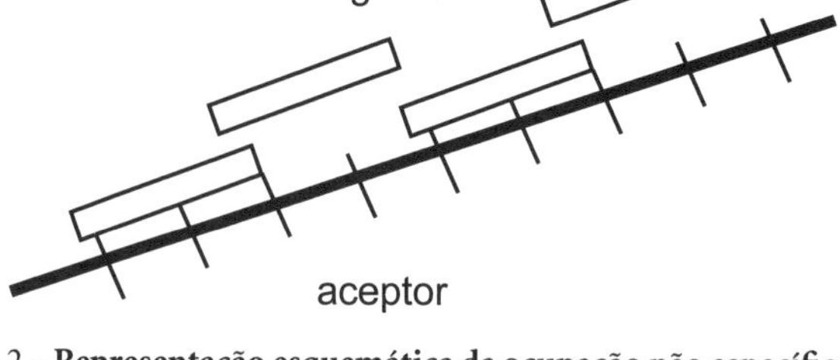

Figura 5.12 – **Representação esquemática da ocupação não específica, aleatória, de sedes do aceptor pelo ligante (m = 3)**

Se i moléculas de ligante estão ligadas ao ácido nucléico, tem-se um número h de sedes disponíveis para serem ocupadas por estas i moléculas ao longo do aceptor:

$$h = N - mi + i \tag{5-81}$$

onde N = número total de bases (ou pares de bases) no DNA, m = número de bases cobertas por molécula de ligante, o que chamamos de sede de ligação.

O número de modos para distribuir as i moléculas de ligante sobre a molécula de aceptor será dado pelo número de combinações de h sedes disponíveis tomadas i a i:

$${}^{h}C_{i} = h! \,/\, [i!\,(h - i)!] = (N - mi + I)/[\,i!\,(h - i)!] \tag{5-82}$$

Cada uma dessas combinações corresponde a um modo de ligação das i moléculas de ligante ou seja, a um complexo, o qual podemos admitir como sendo caracterizado por uma constante de ligação $K_i = k^i$, sendo k a constante de ligação para molécula ligada ao aceptor.

Sendo o valor inteiro de n = N/m o número máximo de moléculas de ligante que pode ser ligado ao aceptor, o que corresponderia à saturação do aceptor pelo ligante, e (L) = concentração molar de ligante livre, tem-se

$$r = \sum_{i}^{n} i\,{}^{h}C_{i}\,K_{i}\,(L) \,/\, [\,1 + \sum_{i}^{n} i\,{}^{h}C_{i}\,K_{i}\,(L)] \tag{5-83}$$

onde r é a *função de ligação* definida pela relação entre a concentração molar de ligante combinado e a concentração molar total de aceptor, $r = (L_b)/(A_{total})$. A fração de saturação é definida por r/n.

A expressão (5-83) tem a mesma forma daquela encontrada para o caso de interação pequeno ligante-aceptor com várias classes de sedes equivalentes e independentes, onde o número de sedes por classe corresponderia ao número de complexos possíveis com i moléculas de ligante, i ${}^{h}C_{i}$, e a constante de ligação para a sede de cada classe corresponderia a K_i, a constante de ligação para cada complexo.

A expressão (5-83), conquanto mostre-se adequada em dar conta dos gráficos de Scatchard, r/(L) *vs.* (L), obtidos a partir de dados experimentais, os quais mostram concavidade (curvatura para cima), tem algumas desvantagens como, por exemplo: a) torna-se muito complexa e trabalhosa em ser usada para o caso das interações proteína-DNA; b) o parâmetro N é difícil de ser conhecido com precisão, dada a variabilidade que apresenta para uma amostra de DNA.

Essas dificuldades foram removidas pelo tratamento probabilista de McGhee e von Hippel, proposto em 1974. Entretanto, nessa abordagem, admite-se a cadeia polinucleotídica como infinita, o que, evidentemente, é irrealista, apesar de que isso não parece causar um grande problema, desde que a ligação ligante–aceptor não seja de grande cooperatividade.

McGhee e Von Hippel deduziram a seguinte expressão para a ligação de um ligante a uma seqüência de m resíduos:

$$r/(L) = k\,(1 - mr)\{\,(1 - mr)/\,[\,1 - (m - 1)r\,]\,\}^{m-1} \qquad (5\text{-}84)$$

Gráficos de r/(L) *vs.* r mostram concavidade como gráficos de Scatchard construídos a partir de dados experimentais. Uma outra expressão mais complexa foi proposta para dar conta de cooperatividade nas ligações proteína-DNA.

5.3.1.2.3 Interações eletrostáticas na ligação com DNA

DNA é um polieletrólito linear com alta densidade de carga. DNA dúplex exibe, além da atmosfera de *counterions* (Debye-Hückel), um efeito conhecido por condensação de *counterions.*

A fração das cargas do poliíon de DNA neutralizadas por essa comdensação iônica, ϕ, é dada por

$$\Phi = 1 - [\,b\,/\,(\,e^2\,/\,\varepsilon\,k_B T\,)] \qquad (5\text{-}85)$$

onde b = separação das cargas no DNA, e = carga positiva do próton, ε = constante dielétrica e k_B = constante de Boltzmann.

Quando a molécula de DNA é posta em solução de eletrólito 1:1 (NaCl, por exemplo), à temperatura ordinária, tem-se $\phi = 0.77$, o que significa dizer que cerca de 80% da carga da molécula do poliíon são neutralizados pelos cátions, independentemente da contribuição da força iônica. Isso equivale a um forte efeito de blindagem pelos cátions. *Counterions* redistribuem-se a fim de que a energia livre do sistema DNA-solvente seja minimizada.

A interação da proteína com o DNA tem forte contribuição eletrostática, com grupos positivamente carregados interagindo atrativamente com grupos de fosfato, de carga negativa. A blindagem desses grupos por condensação de cátions atenua fortemente a força de ligação proteína-DNA. Isso explica a prática de dissociar complexos nucleoprotéicos por aumento de concentração salina da solução em que se encontram. Um bom exemplo do forte abaixamento da constante de ligação na interação proteína-DNA tem-se na ligação da proteína repressora da purina (PurR) ao DNA de seu operador, em que K_B é reduzida por cerca de quatro ordens de grandeza quando a concentração de eletrólito é apenas duplicada de 200 mM a 400 mM (MORAITIS et al., 2001).

Referências

ALBERTS, B. *Cell*, 92(3), p. 291-294, 1998.*

BENNETT, M. J.; SCHLUNEGGER, M. F.; EISENBERG, D. 3D Domain swapping: a mechanism for oligomer assembly. *Protein Science*, 4, p. 2455-2468, 1995.*

DAUNE, M. *Molecular biophysics*: structure in motion. New York: Oxford University Press, 1999.

DILL, K. A.; BROMBERG, S. Molecular driving forces. Statistical Thermodynamics. *Chemistry and biology*. New York: Garland Science, 2003.

FEYNMAN, R. P.; LEIGHTON, R. B.; SANDS, M. *The Feynman lectures on physics*. California: Addison-Wesley, 1964. vol. II (Commemorative issue).

GABDOULINE, R. R.; WADE, R. C. *Biophys*. J., 72, p. 1917-1929, 1997.*

Gabler, R. *Electrical interactions in molecular biophysics.* New York: Academic Press, 1978.

Gutfreund, H. *Kinetics for the life sciences.* Cambridge: Cambridge University Press, 1995.

Jeffrey, G. A.; Saenger, W. *Hydrogen bonding in biological structures.* Berlin: Springer, 1991.

Klotz, I. M. *Ligand-receptor energetics.* New York: Wiley, 1997.

Liu, Y.; Eisenberg, D. 3D Domain swapping: as domains continue to swap. *Protein Science*, 11, p. 1285-1299, 2002.*

Moraitis, M. I.; Xu, H.; Mathews, K. S. *Biochemistry*, 40, p. 8109-8117, 2001.*

Purcell, E. M. *Electricity and magnetism.* Berkeley Physics Course. New York: McGraw-Hill Book Company, 1965. Volume 2.

Schreiber, G.; Fersht, A. R. *Nature Struct. Biol.*, 3, p. 427-431, 1996.*

Selzer, T.; Schreiber, G. *J. Mol. Biol.*, 287, p. 409-419, 1999.*

Van Holde, K. E.; Johnson, W. C.; HO, P. S. *Principles of physical biochemistry.* New Jersey: Prentice-Hall, 1998.

Vijayakumar, M.; Wong, K-Y.; Screiber, G.; Fersht, A. R.; Szabo, A.; Zhou, H-X. *J. Mol. Biol.*, 278, p. 1015-1024, 1998.*

Winzor, D. J.; Sawyer, W. H. *Quantitative characterization of ligand binding.* New York: Wiley-Liss, 1995.

* Particularmente consultadas na elaboração do capítulo.

Capítulo 6

Automontagem de agregados biomacromoleculares

6.1 Introdução

6.1.1 Água: importância biológica

Apesar de saber-se do papel fundamental que a água desempenha para a vida desde seu início, a explanação, em termos moleculares, de suas múltiplas e relevantes funções nos sistemas biológicos, ainda apresenta aspectos pouco elucidados que são objeto permanente de pesquisa científica.

A água, além de ser a mais abundante substância sobre a terra, é o principal componente do meio onde se realizam as ações na célula viva, tomando parte na organização celular e na execução de processos de todo o metabolismo material e energético. O fluxo eletrônico, acoplado ao de prótons, do qual resulta a energia livre e o poder redutor imprescindíveis a tudo o que a célula viva faz, começa com a fotólise da água, na fotossíntese, e termina na água, pela respiração. As formas quiescentes de vida, esporos e sementes, por exemplo, têm sua atividade vital atenuada por desidratação, em etapas do ciclo vital dos respectivos organismos. Para que retomem atividade plena, basta que a água lhes seja restituída.

Vimos (Capítulo 4) que a maior parte das contribuições à energia livre da estrutura de uma proteína nativa ($\Delta G \sim$ 10-20 kcal/mol) é devida a interações com o solvente (água).

O conhecimento da estrutura da água, em nível atômico, é essencial ao entendimento de suas interações com biomoléculas *in vitro* e no contexto da célula viva.

6.1.2 Água: a molécula

A Figura 6.1(a) mostra o esquema estrutural correspondente à fórmula H_2O, com algumas indicações sobre a geometria molecular. Não há muito acordo quando se procura explicar o valor experimental de 104,474° para o ângulo das ligações, < HOH, em termos da geometria das orbitais moleculares formadas.

As ligações covalentes O-H correspondem a orbitais s-p que seriam formadas por duas orbitais 2p do átomo de O, cada uma com um elétron, e as duas orbitais dos dois átomos de H. Isso pode ser melhor visto com as respectivas configurações eletrônicas:

$$\begin{array}{ll} & 1s\ H \\ O\ 1s^2\ 2s^2\ 2p_x^{\ 2}\ 2p_y\ 2p_z & 1s\ H \end{array} \qquad (6\text{-}1)$$

As configurações eletrônicas de O e H, com um pouco mais de detalhe quanto à repartição de elétrons (KERN; KARPLUS, 1972), são dadas como:

$$O\ 1s^{2,000}\ 2s^{1,82}\ 2p_x^{\ 2,00}\ 2p_y^{\ 1,50}\ 2p_z^{\ 1,12}\ H\ 1s^{0,78}\ H\ 1s^{0,78} \qquad (6\text{-}2)$$

Vê-se que o átomo de O, pela formação das duas covalências com os átomos de H, recebe dos átomos de H, por sua mais alta eletronegatividade, o equivalente a 0,44 de um elétron. Isso serve como indicação do caráter iônico das ligações covalentes e da polaridade na molécula da água.

As orbitais atômicas p têm seus eixos orientados segundo as direções ortogonais x, y, z. Assim, as orbitais $\sigma_{O\text{-}H}$, correspondentes às ligações O – H, deveriam fazer um ângulo reto entre si, em discrepância, portanto, com o valor experimental achado para H_2O. Uma explicação para essa discordância é devida a Pauling e recorre ao efeito de repulsão eletrostática entre os dois núcleos de H.

Uma explicação alternativa é a de que as orbitais 2s e 2p do O sofrem hibridização sp^3 que se orientam segundo os vértices de um tetraedro, como mostra a Figura 6.1(c). A dois dos vértices correspondem os dois pares isolados de elétrons.

Entretanto, cálculos químicos quânticos *ab initio* não têm confirmado, no caso, essa hibridização de orbitais, não tendo sido detectados os pares isolados de elétrons na distribuição da densidade eletrônica em H_2O.

O momento dipolar da molécula da água é achado ser de 1,85 D.

A partir desse valor, o momento dipolar da ligação O-H é dado por $\mu_{O\text{-}K} = (\mu_{H2O}/2)/\cos\theta = 1.511$ D. Para um comprimento de ligação de 0,957 Å, este valor de $\mu_{O\text{-}H}$ corresponde a $|q| = 1{,}579$ u.e.CGS, o que equivale a 0,33 de e (carga eletrônica).

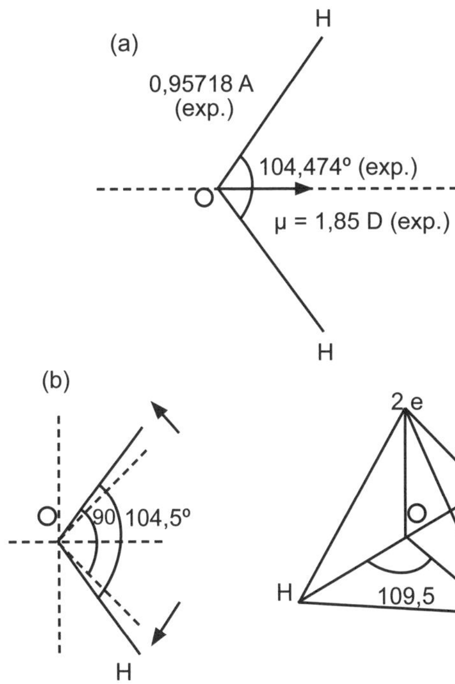

Figura 6.1 – **A molécula da água (esquemas)**

Assim, temos uma estimativa de 33% de caráter iônico para a ligação covalente O-H, em H_2O.

O diâmetro médio de van der Waals da água é usualmente dado como de 2,82 Å. O raio de 1.4 Å é usado para a molécula de água como sonda de rolamento na computação da área da superfície accessível de proteínas. A análise de gráficos de distribuição radial tem levado a um valor mais alto de aproximadamente 3,2 Å para o diâmetro de van der Waals da água.

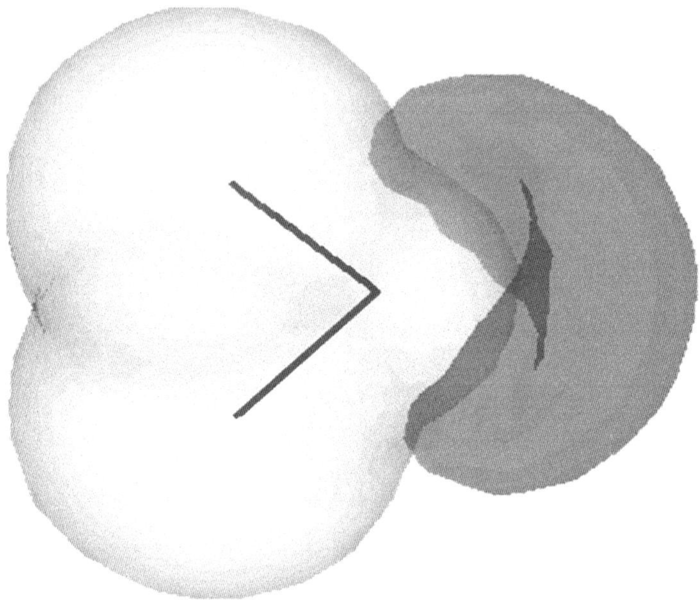

Figura 6.2 – **Molécula da água: isossuperfícies do potencial eletrostático (obtido por AM1, como implementado em HyperChem 5.1)**

6.1.3 A água líquida

É do conhecimento geral que os seres vivos são formados em grande parte por água líquida (alguns organismos aquáticos chegam a ter mesmo mais de 90% de água). A essa água líquida e suas propriedades peculiares, organismos devem, em grande parte, sua estrutura, funções e manutenção de sua organização.

A estrutura e a dinâmica locais da água líquida podem ser descritas, de um ponto de vista qualitativo, pela idéia de uma *rede aleatória de ligações de hidrogênio* (Figura 6.2). As ligações de H formam-se e rompem-se em uma escala de tempo de 10^{-12} s. Ligações de H atenuam a mobilidade rotacional e translacional de moléculas de soluto, principalmente de macromoléculas. Esse efeito retardador da rede de ligações de H é intensificado por abaixamento da temperatura.

Em líquidos, ocorre uma rápida variação temporal da relação espacial de uma molécula com outra, o que faz que medidas resultem em valores médios das grandezas consideradas.

Agregados abertos ou fechados de moléculas de água são dinamicamente rompidos e reorganizados. Regiões com maior grau de organização, onde ocorrem mais agregadas, correspondem a densidades mais baixas, enquanto menor agregação leva a aumento de densidade. Pequenos agregados podem juntar-se para formar agregados maiores. Assim, a massa líquida pode ser vista como um sistema micro-heterogêneo de estados transitórios de baixa e alta densidade, na escala de tempo de picossegundo. A uma dada temperatura há um equilíbrio dinâmico entre água de baixa densidade, mais organizada, e de alta densidade, com menos agregados moleculares.

Altas concentrações de sal contribuem para a desorganização da água, por rompimento de ligações de H.

Estudos estruturais por difração de raio-X têm mostrado que uma das várias formas de gelo, aquela formada à pressão atmosférica e 0°C e denominada gelo1, tem uma estrutura basicamente tetraédrica, em que uma molécula de água liga-se a quatro outras. Duas dessas moléculas ligam-se por ligações de H envolvendo os pares eletrônicos isolados da molécula central, enquanto as outras duas ligam-se por meio dos hidrogênios (Figura 6.1c).

As ligações de H não permitem que as moléculas de água aproximem-se além do que é determinado por essas ligações. Se isso não ocorresse, as moléculas poderiam tornar-se mais próximas, resultando em uma estrutura mais densa.

Essa estrutura tetraédrica expande-se por toda a massa de gelo e explana a baixa densidade da fase.

Quando a temperatura é aumentada, a fusão do gelo é acompanhada da ruptura dessa rede de conexões intermoleculares.

A estrutura tetraédrica da fase sólida é, em grande parte, conservada na fase líquida. Isso tem sido mostrado em gráficos de distribuição radial da densidade referente às moléculas que circundam uma molécula de água é posta contra a distância de afastamento desta molécula. O primeiro pico é observado em 2,9 Å, um valor próximo ao da distância de 2,76 Å observada para o gelo 1 que corresponde à distância entre oxigênios.

Cálculos têm mostrado que somente cerca de 15% das ligações de H do gelo são rompidas por fusão. Somente em temperaturas mais altas as ligações de H são rompidas em maior extensão.

Um segundo pico em 4,5 Å (para temperatura mais baixa) corresponde bem ao pico de 4,51Å observado para o gelo.

Na fase líquida, entretanto, a estrutura tetraédrica ao contrário do que ocorre com a fase sólida se estende por apenas cerca de 10 Å em torno de uma molécula.

O conceito de *tetraedralidade* (Medvedev e Naberukhin) refere-se a esse arranjo tetraédrico do grupo de quatro átomos de oxigênio e reflete o arranjo local de moléculas de água que resulta das interações de curta distância.

6.1.4 Interações hidrófilas e hidrofóbicas

Solutos hidrófilos: boa solubilidade em água; compreendem íons, grupos ácidos ou básicos (Brønsted-Lawry) e moléculas neutras polares (elevado momento dipolar).

Solutos hidrofóbicos: muito baixa solubilidade em água; compreendem moléculas neutras apolares (baixo momento dipolar) e grandes íons orgânicos.

Solutos anfífilos ou anfipáticos: uma mesma estrutura tem natureza hidrófila e hidrofóbica, isto é, apresenta partes polar e apolar. Exemplos de substâncias anfipáticas, temos em álcoois e ácidos monocarboxílicos (ou seus sais) de cadeia normal e extensa (C_{12} – C_{18}). Exemplos mais complexos são fosfolipídios, cuja parte apolar consiste por duas cadeias de carbono normais, saturadas ou insaturadas. Essas estruturas, como será visto mais adiante, são particularmente importantes em membranas biológicas, as quais são versões complexas de bicamadas.

Interações hidrófilas: referem-se a interações soluto hidrófilo – soluto hidrófilo ou soluto hidrófilo – água; incluem-se, também, interações entre grupos atômicos ou regiões moleculares hidrófilos.

Interações hidrofóbicas: interações entre solutos ou regiões hidrofóbicas e destes com a água.

6.1.4.1 Hidratação

Esse termo refere-se à interação de uma estrutura (soluto) com a água, podendo haver ligação direta ou não entre soluto e solvente. Dessa interação pode resultar um complexo, o qual se movimenta como uma unidade hidrodinâmica que apresenta características que diferem da estrutura não hidratada. Na hidratação, não somente são alteradas as propriedades do soluto por interação com o solvente (água), mas também as características (as relações espaciais das moléculas) do solvente alteram-se na vizinhança do soluto. De um modo geral, as interações soluto-solvente são denominadas como solvatação. Mais precisamente, adotaremos a definição dada por Ben-Naim: o processo pelo qual uma molécula de soluto é transferida de uma posição definida na fase de gás a uma posição definida na solução, a T, P e composição do solvente constantes. Essa definição será usada em considerações termodinâmicas.

6.1.4.2 Hidratação de solutos hidrófilos. Hidratação iônica

A hidratação de íons resulta da interação entre o campo elétrico iônico e os dipolos da água. A intensidade do campo depende da densidade de carga do íon, a qual é determinada, supondo o íon de forma esférica, pelo valor da carga e pela área da superfície iônica. Assim, devem ser tomados em consideração a carga e o tamanho do íon. Íons pequenos, mesmo de carga unitária, têm intenso campo elétrico e, conseqüentemente, forte efeito orientador e de atração sobre os dipolos da água. Um exemplo extremo temos no íon de hidrogênio, praticamente um próton, que se liga fortemente a uma molécula de água para formar o íon hidroxônio ou hidrônio, H_3O^+.

Nesse caso, O ácido de Lewis H^+ liga-se à base de Lewis H_2O.

Ao ser um eletrólito introduzido em água, cátions e ânions respectivos interagem com o solvente, hidratando-se e, por sua vez, modificam o arranjo molecular da água, em sua vizinhança, alterando-lhe as propriedades macroscópicas. Essas interações soluto–solvente fazem que as propriedades físicas de soluções não sejam a soma das respectivas propriedades do soluto e do solvente. Assim, ao dissolver NaCl em água, o volume da solução resulta menor que a soma dos volumes da água e do sal usados para fazer a solução.

Na vizinhança do cátion, os dipolos da água são orientados e constituem a camada primária de hidratação. O número de dipolos nessa camada depende da carga e do tamanho (raio) do íon ou, em outros termos, depende da densidade de carga do íon. O efeito de orientação do cátion sobre os dipolos depende da intensidade do campo elétrico criado pelo íon.

Na^+ e K^+, dois cátions de grande importância fisiológica, apresentam de 4-6 moléculas de água em sua camada primária de hidratação.

Seguindo-se à primeira camada de hidratação, tem-se a região II, onde as moléculas de água são menos orientadas e mostram certa desorganização. Essa região é seguida pelo corpo do solvente, cuja estrutura é a do solvente não perturbado pelo íon (região III).

As moléculas de solvente na região III são muito pouco ou nada influenciadas pelo íon.

O decréscimo observado na capacidade calorífica à medida que aumenta a concentração de eletrólito (soluto), em uma solução aquosa, pode ser explanado pelo aumento de desorganização molecular relativa ao solvente puro. Isso faz com que menor quantidade de energia seja necessária para aumentar a temperatura (agitação molecular).

A energia de hidratação de íons como Na^+ e K^+ é da ordem de 100 kcal/mol, uma energia da ordem da ligação covalente. O cálculo dessa energia de hidratação envolve o cálculo das contribuições: carga-dipolo, carga-dipolo induzido, interações de van der Waals e repulsão entre dipolos da água.

6.1.4.3 Hidratação de solutos polares

Solutos polares interagem com a água por meio de interações dipolo-dipolo, dipolo-dipolo induzido, dipolo induzido-dipolo induzido e ligações de hidrogênio ou, de modo geral, interações doador eletrônico (base de Lewis) – aceptor eletrônico (ácido de Lewis). O grupo peptídico, por exemplo, pode ligar-se a moléculas de água por meio de ligações de H com o grupo –NH e/ou com o oxigênio da carbonila. β-carboxilas de resíduos de aspartil e glutamil são sedes de hidratação em proteínas, assim como hidroxilas de serina e treonina, dependendo da acessibilidade dos resíduos ao solvente. Grupos polares de bases nucléicas são sedes de hidratação em ácidos nucléicos.

6.1.4.4 Hidratação hidrofóbica

A hidratação de grupos hidrofóbicos é muito diferente da que vimos ocorrer com íons ou grupos polares. Resulta, na realidade, não de interações diretas soluto–solvente, mas da modificação estrutural da água, cujas moléculas interagem entre si, na vizinhança do soluto, em resposta à presença do soluto neutro e apolar.

Enquanto na hidratação de íons é diminuída a organização das moléculas de água, no caso de solutos hidrofóbicos essa ordenação é aumentada por ligações de H, em virtude da presença das moléculas ou dos grupos apolares. A energia de hidratação decorre mais por conta das interações entre as moléculas de água que se arranjam em torno do soluto hidrofóbico do que de interações diretas entre a água e o soluto, como acontece com íons e solutos polares.

Em vários casos, as moléculas de água formam em torno dos grupos apolares estruturas geométricas, poliédricas, que se assemelham a "gaiolas" que enclausuram o soluto apolar em seu interior e que são chamada de *clatratos*.

Moléculas de água rompem ligações de H com outras, na massa do solvente, para que novas ligações sejam feitas que resultam em sua ordenação em torno do soluto apolar. Desde que é muito baixa a afinidade (quase ausência de interação) da água pela estrutura apolar, as moléculas de água interagem entre si mesmas, estabilizando energeticamente o sistema.

É um fato geral que estruturas apolares tendem, em meio aquoso, a interagir entre si mesmas, do que com a água, e preferem meios de baixa polaridade.

A interação hidrofóbica pode ser avaliada pela energia livre (Gibbs) de transferência do soluto não polar em fase de gás (meio de referência) (I) para um meio aquoso (II), a P e T constantes:

$$\Delta G(\mathrm{I} \rightarrow \mathrm{II}) = \Delta H - T\Delta S \qquad (6\text{-}3)$$

Para essa transferência, $\Delta G_{P,T} > 0$, indicando que o processo não é termodinamicamente favorecido, enquanto o processo inverso, de II $\rightarrow$ I, é espontâneo, do ponto de vista termodinâmico.

Isso pode ser interpretado com base na diminuição entrópica que corresponde à ordenação de moléculas de água em torno das moléculas de soluto. Se a variação entálpica ΔH (correspondendo ao rompimento e à formação de ligações) não for suficientemente negativa, o termo $T\Delta S$ imporá seu sinal positivo a ΔG.

ΔH compreende três contribuições: interações intermoleculares do soluto em fase de gás; rompimento de ligações de H entre moléculas de água, na massa líquida; formação de ligações de H na camada de hidratação hidrofóbica. A predominância da última dessas contribuições leva a ter-se $\Delta H < 0$ e, conseqüentemente, pode ocorrer alguma compensação do termo entrópico positivo.

O *número de hidratação* de um íon, por uma de suas várias definições, é o número médio de moléculas de água na 1ª camada de hidratação. Pode ser medido por difração de raio-X e de nêutrons. O raio da 1ª camada de hidratação, por convenção, é definido pela posição do primeiro mínimo da função de distribuição radial de água-íon.

Por simulação computacional, pode avaliar-se o tempo de residência de moléculas de água na 1ª camada de hidratação, tendo-se, assim, uma visão mais completa da hidratação iônica.

6.1.4.5 Repartição de um soluto entre duas fases condensadas

Veja-se, de modo geral, a transferência de um soluto entre duas fases líquidas. Consideremos, então, dois solventes imiscíveis e um soluto que será distribuído entre eles. Em equilíbrio, tem-se para a relação entre as densidades numéricas (número de moléculas por unidade de volume) do soluto na fase aquosa *w* e na fase *a*, $\rho_{soluto}{}^{w}$ e $\rho_{soluto}{}^{a}$:

$$\begin{aligned} \eta_{soluto} &= \rho_{soluto}{}^{w} / \rho_{soluto}{}^{a} \\ &= \exp[-\beta(\Delta G_{soluto}{}^{w} - \Delta G_{soluto}{}^{a})] \end{aligned} \tag{6-4}$$

onde $\beta = 1/k_BT$; $\Delta G_{soluto}{}^{w}$ e $\Delta G_{soluto}{}^{a}$ são as energias livres (Gibbs) de solvatação nas fases *w* e *a*, respectivamente (Bem-Naim). Se os volumes das duas fases forem iguais, a relação das densidades numéricas equivale à relação dos números de moléculas de soluto nas respectivas fases. Maior η_{soluto}, maior a afinidade do soluto pela fase aquosa.

As contribuições separadas de entalpia e entropia à energia livre de transferência podem ser determinadas, com base na equação de Gibbs-Helmholtz, se for disponível a variação de ΔG do processo com T.

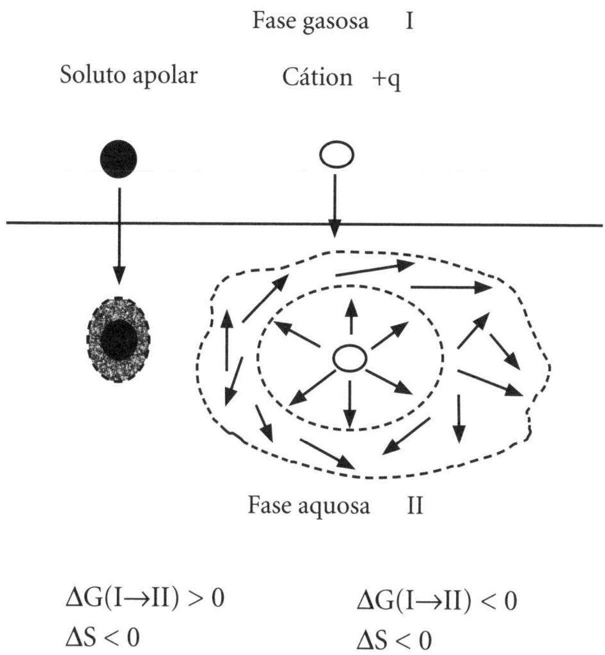

Figura 6.3 – **Esquema para hidratação hidrofóbica e iônica**

6.1.4.6 Água na proximidade de superfícies de macromoléculas

É previsível e experimentalmente indicado que o comportamento dinâmico da água na interface com macromoléculas difere daquele no corpo do solvente, afastado das macromoléculas. Por simulação computacional (LEVITT; SHARON, 1988) de inibidor protéico bovino de tripsina (BPTI) em solução aquosa, foi mostrado que coeficiente de difusão translacional de moléculas de água próximas a átomos polares (< 3,2 Å), à superfície da proteína era de 0,1 $Å^2$/ps, enquanto para distâncias maiores (< 4,5 Å), foi de 1,5 $Å^2$/ps. Para afastamentos maiores, o valor achado foi de 0,24 $Å^2$/ps.

Tempos de difusão translacional e rotacional para moléculas de água na interface com membranas biológicas chegam a ser cerca de 50-100% mais longos para movimentos sobre a superfície do que afastados das membranas.

6.1.4.7 Efeito hidrofóbico (Tanford)

Esse efeito consiste em que moléculas ou grupos apolares e neutros, em meio aquoso, tendem a unir-se. Isso resulta da tendência à minimização da interface estrutura apolar-água, uma situação termodinamicamente favorecida por diminuição do número de moléculas de água ordenadas, o que corresponde a uma diminuição entrópica. A área da superfície accessível ao solvente de um agregado de grupos hidrofóbicos é menor que a soma das áreas dos grupos individuais.

6.1.4.8 Solvatação

O termo solvatação refere-se a todas as interações soluto–solvente, das quais resultam modificações estruturais tanto do soluto quanto do solvente. Termodinamicamente, a solvatação é descrita por ΔG_{sol}. A energia livre de solvatação, que corresponde ao trabalho reversível posto em jogo na transferência do soluto entre uma fase de gás (referência) e uma fase de solvente líquido, para densidades numéricas iguais nas duas fases.

O processo de solvatação é suposto como compreendendo três etapas:

a) cavitação: criação de uma cavidade de tamanho suficiente para acomodar a molécula de soluto, no solvente, é desfavorável à solvatação, com $\Delta G_{cav} > 0$;
b) dispersão–repulsão: interações intermoleculares de van der Waals e repulsão por interações de permuta, é favorável à solvatação, com $\Delta G_{vdW} < 0$;
c) eletrostática: corresponde ao trabalho posto em jogo na redistribuição de cargas na molécula de soluto em solução relativamente à fase de gás mais o trabalho de polarização da distribuição de cargas pelo solvente. É dominante para o caso de solventes polares como a água, pela intensidade das interações eletrostáticas soluto–solvente.

Resumindo, temos

$$\Delta G_{sol} = \Delta G_{ele} + \Delta G_{vdW} + \Delta G_{cav} \qquad (6\text{-}5)$$

em que os termos da direita indicam as contribuições das três etapas acima para a solvatação, respectivamente.

6.1.4.9 Comportamento de anfífilos

Percebe-se, com alguma facilidade, que o comportamento dinâmico de moléculas anfifílicas em um meio solvente deve depender não só da polaridade do solvente como do balanço hidrofilicidade / hidrofobicidade do soluto.

Fosfolipídios e outras biomoléculas contendo fósforo (DNA, por exemplo) têm os átomos livres de oxigênio sobre PO_4^- envolvidos na primeira camada de hidratação.Têm-se 7 ± 2 moléculas de água fortemente ligadas a um grupo fosfato, em média.

O grupo hidroxila liga-se diretamente a uma ou duas moléculas de água.

Na seção que se segue, estudaremos os agregados moleculares que são automontados por interações entre moléculas anfífilas.

6.2 Agregados moleculares I: monocamadas, micelas e bicamadas

No capítulo anterior, vimos que a associação de proteínas, que resulta na estrutura quaternária dessas macromoléculas, pode ser indicada como a forma mais simples dos processos de auto-organização, espontâneos, portanto, que levam à formação de agregados moléculares fundamentais na organização estruturo-funcional da célula viva.

A informação necessária para a montagem dessas estruturas já reside nas moléculas das peças que as constituem e se ligam por interações intermoleculares não covalentes: eletrostáticas, ligações de hidrogênio e interações de van der Waals. Ressalte-se que aquela informação provém do genoma que resulta da evolução e a ela continua submetida.

Neste capítulo, em grau subseqüente de complexidade, continuaremos a ver como forças intermoleculares continuam a responder pela automontagem de agregados biomoleculares. Não se pretende a descrição detalhada dos agregados aqui referidos ou de alguns outros que não hajam sido mencionados. O foco é sobre a participação de forças intermoleculares na sua auto-organização que resultam da química e da física de moléculas, apesar do contexto biológico.

Postas em solvente aquoso, moléculas anfífilas ou anfipáticas unem-se por sua porção hidrofóbica (efeito hidrofóbico), por interações de van der

Waals, reduzido a exposição ao solvente, com o qual não há afinidade (ou muito pouca interação).

Por sua parte hidrófila (polar e/ou iônica) as moléculas interagem com o solvente polar (água), estabilizando o sistema. Essas interações podem levar à automontagem de agregados moleculares, tais como: monocamadas, micelas e bicamadas. Estas últimas podem assumir estrutura complexa, com características multifuncionais, no caso das biomembranas.

Para exemplificar o estudo desses agregados moleculares, usaremos aqui, principalmente, moléculas lipídicas, as quais, em grande parte, são anfifílicas e contribuem para a formação de importantes estruturas biológicas, tais como as biomembranas.

6.2.1 Micelas

Agregados moleculares, esféricos ou cilíndricos, em que moléculas anfífilas dispõem-se com suas partes polares e/ou iônicas em contato com a fase condensada polar e as partes apolares voltadas para o interior e em interação entre si (Figura 6.5). Preferencialmente, micelas formam-se quando há uma alta relação hidrofilicidade /hidrofobicidade. O *número de agregação* de uma micela corresponde ao número de unidades anfipáticas que a formam. Micelas, por vezes, são consideradas como uma fase separada no sistema, o que nem sempre é justificável.

Lipídios com parte hidrofóbica de uma única cadeia carbonada normal, tais como ácidos monocarboxílicos e seus anions (sabões) tendem a formar micelas. As caudas hidrofóbicas, voltadas para o interior do agregado, interagem entre si por meio de forças de van der Waals. O interior da micela é assemelhado a um hidrocarboneto líquido. Os grupos polares e/ou iônicos orientam-se para um exterior, onde interagem com a fase aquosa. Apesar da repulsão eletrostática das cabeças e a diminuição entrópica na formação do agregado, esse resulta estabilizado pelo jogo de todas as interações. Micelas com um adequado número de agregação tendem a assumir forma esferoidal. A concentração de moléculas anfipáticas deve atingir um valor de limiar – a concentração micelar crítica, a partir da qual é iniciada a micelização. Esse valor de limiar corresponde a descontinuidades em várias das propriedades do sistema, indicando o aparecimento dos agregados. Se o número de agregação é forçado a ser muito alto, formam-se micelas de pouca estabilidade, com fase polar em seu interior (Figura 6.5b), o que não é energeticamente favorável. Essas micelas colapsam em micelas elipsoidais (Figura 6.5c), alongadas, que, por vezes, ainda possuem fase aquosa em seu interior.

6.2.2 Monocamadas moleculares

Em interfaces água/ar, moléculas anfífilas, com parte apolar suficientemente extensa, podem conseguir estabilização termodinâmica, ao formarem estruturas com a parte iônica ou polar ("cabeça"), em contato com a superfície da fase aquosa e a parte hidrofóbica ("cauda") voltada para a fase gasosa. As moléculas dispõem-se normalmente na interface, em forma de paliçada, com as "cabeças" em interação com o solvente polar e as "caudas" hidrofóbicas em interação entre si por forças de van der Waals. Monocamadas não se restringem a interfaces água–fase gasosa. Podem formar-se em interfaces de fases condensadas polar/apolar (Figura 6.4a).

Sem querer detalhes metodológicos, essas monocamadas podem ser obtidas ao depositar pequenas porções de solução da substância anfifílica em solvente orgânico sobre a superfície da água e deixando que o solvente evapore. As moléculas anfifílicas, com suas porções polares em contato com a superfície da fase aquosa, espalham-se por toda a superfície.

A formação de uma monocamada abaixa consideravelmente a tensão superficial da fase aquosa por interferir com as interações entre as moléculas da superfície da fase condensada.

As interações entre as cadeias hidrofóbicas em uma camada monomolecular dependem, no caso de cadeias de hidrocarbonetos normais, de seu comprimento e de sua separação.O comprimento é proporcional ao número de grupos de metileno, $-CH_2-$.

Se a separação entre as cadeias, R, é muito menor que o comprimento, L, isto é, R << L, o modelo proposto por L. Salem (1962) leva à expressão

$$U_{tot} = -3\pi A N/(8l R^5) \qquad (6\text{-}6)$$

onde U_{tot} = energia total da interação intercadeia. N = L/l, l = comprimento de $-CH_2-$, A é uma constante dependente da natureza dos grupos que interagem.

Apesar dos trabalhos feitos ao longo de várias décadas, o entendimento pleno da estabilidade de monocamadas, como determinada pelas interações de grupos polares ou iônicos e cadeias apolares, ainda não foi conseguido.

O uso de monocamadas como modelo para o estudo de biomembranas permanece em foco.

Monocamadas podem sofrer transições estruturais, até mesmo com mudança na dimensionalidade, de duas a três dimensões.

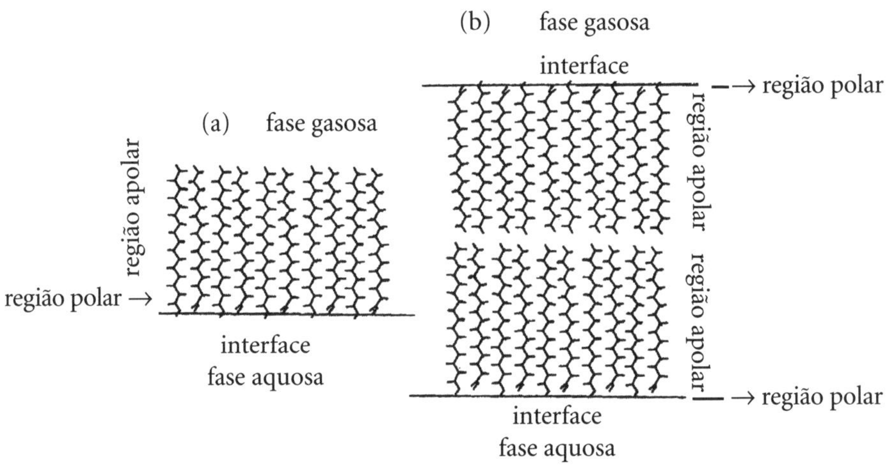

Figura 6.4 – **Apresentação esquemática de monocamada (a) e bicamada (b) de ácido graxo em C_{16} (palmítico)**

6.2.3 Bicamadas lipídicas e biomembranas

Bicamadas moleculares (Figura 6.4b) podem formar-se quando as contribuições energéticas das partes polar e apolar das moléculas anfifílicas (lipídicas, por exemplo) aproximadamente se equilibram.

A automontagem ou auto-organização de bicamadas lipídicas resulta da estrutura e do comportamento em fase aquosa das moléculas anfipáticas de fosfolipídio que as constituem. Bicamadas não se formam se ocorrer prevalência da hidrofilicidade sobre a hidrofobicidade na molécula anfipática.

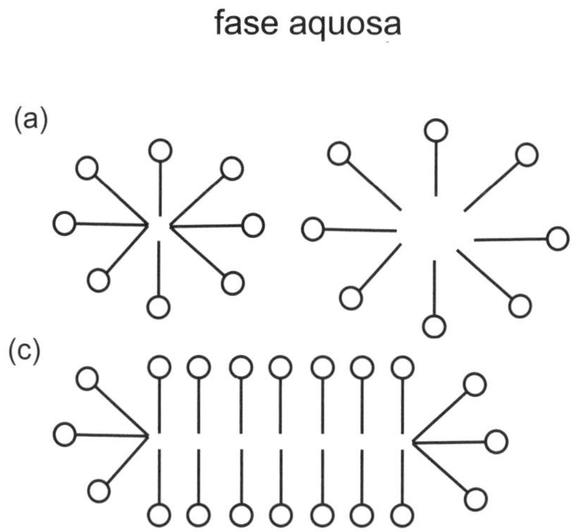

Figura 6.5 – **Representação esquemática de micelas de moléculas anfipáticas simples: a) micela esferoidal; b) micela com fase aquosa interna; c)micela cilíndrica**

A Figura 6.6 mostra aspectos estruturais de um fosfolipídio (POPC: 1-palmitoil-2-oleoil-3- fosfatidil-colina). A unidade fosfolipídica tem, geralmente, um ácido graxo saturado (C_{14} – C_{18}) em ligação éster na posição 1 do glicerol e um ácido graxo insaturado (ácido oléico, por exemplo) em posição 2 do triol.

A espessura da bicamada lipídica é cerca de 60 Å.

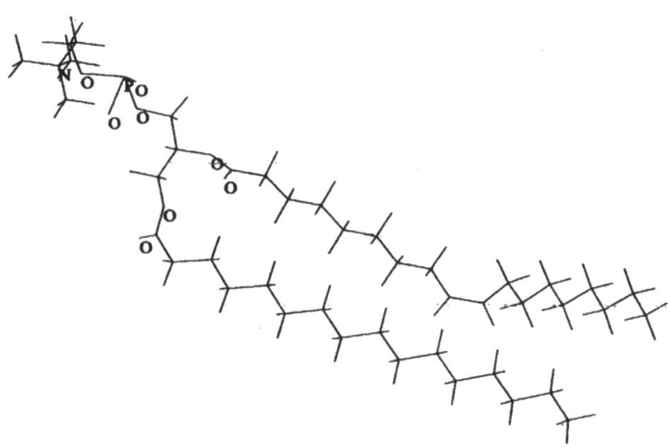

Figura 6.6 – **POPC: 1-palmitoil-2-oleoil-fosfatidilcolina**

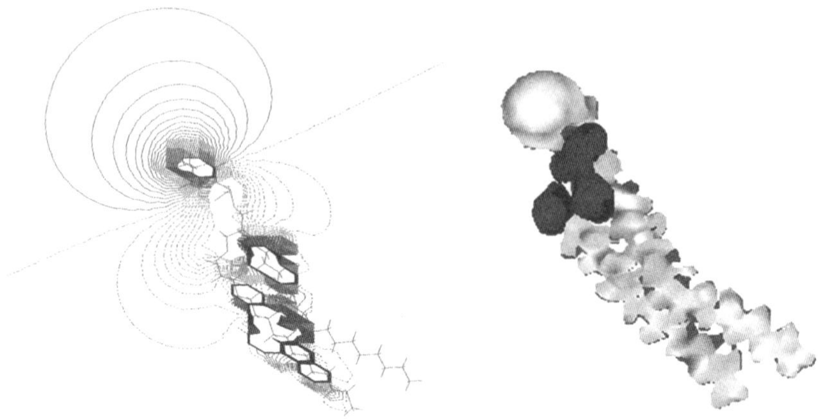

Figura 6.7 – **Potencial eletrostático molecular de POPC: 1-palmitoil- 2- oleoil- fosfatidilcolina: contornos 2D (esquerda)(linhas pontilhadas indicam valores negativos do potencial elétrico) e isossuperfícies (Gouraud) 3D (potenciais negativos são indicados por cor mais escura). Computação por AM1 como implementado em HyperChem v.5.1**

Em um diacilfosfatidilcolina (POPC, por exemplo), a cabeça polar apresenta uma região de potencial negativo em torno do grupo fosfato e outra de potencial positivo em volta do grupo trimetilamônio (colina), como mostra a Figura 6.7. Os átomos de P e N, no modelo, estão separados de 4.36 Å um do outro. O momento dipolar de toda a molécula de POPC é μ_{tot} = 14.98 D. A energia de hidratação (não-energia livre) de POPC foi achada ser E_{hyd} ~ 180 kcal/mol, da qual ~ 58% são contribuição da cabeça polar, e o restante corre por conta das cadeias metilênicas dos ácidos graxos.

Bicamadas lipídicas são a estrutura fundamental das biomembranas, as quais, além dessas estruturas básicas, possuem estruturas adicionais, principalmente proteínas, para dar conta das suas funções na célula viva.

As biomembranas, com seu arcabouço básico de bicamada lipídica, estão longe de ser apenas divisórias delimitadoras da célula e de suas organelas. A delimitação da célula garante-lhe a individualidade, mas, ao mesmo tempo, terá de possibilitar sua intercomunicação com outras células e com o ambiente. Isto acontece dentro da célula, onde as organelas, delimitadas e estruturadas por membranas, compartimentalizam a célula e tornam possível a superorganização funcional de milhares de reações químicas (com suas enzimas, inibidores, ativadores, substratos e produtos) da extensa e intricada rede metabólica (metaboloma), de sinalização e de regulação da expressão gênica. Toda essa atividade de organização exigiu a sofisticação da bicamada lipídica básica.

Biomembranas desempenham o importante papel de arcabouço ou suporte para várias estruturas relevantes para a vida da célula. Referimo-nos, por exemplo, a "bombas" moleculares que promovem o transporte de substâncias contra gradientes de concentração ou eletroquímicos. Várias enzimas que integram a membrana interna de mitocôndria realizam o transporte de elétrons, desde intermediários metabólicos (originários do metabolismo de nutrientes) até o oxigênio como aceptor final, gerando energia livre que é estocada, principalmente, na forma de ATP (fosforilação oxidativa) que servirá às múltiplas formas de trabalho celular. O processo fundamental da fotossíntese é realizado na membrana interna do cloroplasto, criando o poder redutor e a energia livre e formando carboidratos a partir de CO_2 e H_2O.

Bicamadas lipídicas, em dependência da temperatura, podem estar em fase de gel ou em fase líquida, a transição (ordem–desordem) dando-se no intervalo 10° – 40°C. A estrutura da fase líquida (fase-L_a) é essencial ao entendimento, em nível molecular, das interações com peptídeos associados.

A estrutura de uma bicamada lipídica associada a proteínas pode ser definida, operacionalmente, com base em dados obtidos a partir de difração de raio-X e de nêutrons e representada de modo muito elucidativo pelo procedimento de White e Wiener (1995). Sobre um eixo perpendicular ao plano da bicamada, a distribuição espacial, como média temporal, dos vários grupos estruturais do fosfolipídio (carbonilas, fosfatos, etc.), é projetada. Essa distribuição corresponde a densidades de probabilidade de achar os respectivos grupos moleculares (Stephen White: http://blanco.biomol.uci.edu/Bilayer_Struc_frames.html). Os máximos de probabilidade para os principais grupos da molécula de DOPC (dioleoil-fosfatidilcolina), em representação transbicamada, foram estimados a partir da Fiura 2 A, no endereço da rede dado acima, com as distâncias referidas ao centro da bicamada fluida, de uma interface à outra: água de hidratação, -23 Å; colina, -22,2 Å; fosfato, -20,6 Å; carbonila, -16,4 Å; metileno, -12,3/ -5,8 Å (distribuições com superposição); metil, 0 Å; metileno, 12,3/4,9 Å, carbonila, 16,4 Å, glicerol, 23,2 Å; água de hidratação, 23,0 Å. Esses valores, é claro, estão sujeitos a erros de avaliação gráfica, apesar dos picos de probabilidade serem obtidos com alta precisão. Essas distribuições constituem excelente representação do movimento térmico no interior da bicamada fluida.

Membranas biológicas, como bicamadas lipídicas acrescidas de multicomponentes (centenas de diferentes componentes), constituem sistemas bidimensionais de escala mesoscópica. Em sua extensão lateral, uma membrana biológica pode apresentar domínios, isto é, regiões ou zonas que diferem em composição e transições e coexistência de fases. Domínios contendo fosfolipídios, esfingomielina e colesterol são denominados de *rafts,* os quais são de difícil detecção e têm mesmo sua existência duvidosa.

No estudo de membranas, convém ter presente que o termo *lipídio,* por vezes, é usado em sentido muito amplo, abrangendo fosfolipídios, esfingomielina, colesterol e glicolipídios.

Bicamadas lipídicas podem ser sede de movimentos de suas unidades lipídicas. Esses deslocamentos são considerados processos difusivos. Quando a molécula de lipídio muda de camada, atravessando a região apolar, tem-se a difusão transversa (*flip-flop*), que é muito lenta, pois a cabeça polar do lipídio tem de se mover em um meio apolar até alcançar a região da interface oposta com a fase aquosa. A difusão lateral consiste em mudança de posição da molécula de lipídio dentro da mesma camada por deslocamento translacional, permanecendo a cabeça polar da molécula lipídica que se desloca sempre na região da interface com a fase aquosa.

Em membranas celulares, a difusão transversa não é tão lenta quanto em bicamadas lipídicas, desde que, em biomembranas, o processo é catalisado por flipases. Essas enzimas aceleram a redistribuição de fosfolipídios entre as duas camadas. Além disso, fosfolipídios podem ser deslocados contra gradientes de concentração por meio de proteínas carreadoras – as translocases de fosfolipídios, que exigem energia livre de hidrólise de ATP, em um processo de transporte ativo.

Membranas biológicas apresentam superfícies de grande flexibilidade e mudanças de forma, como a formação de "botões", que constitui a primeira etapa na formação de vesículas, formações importantes no transporte por meio de membranas celulares e entre compartimentos intracelulares.

Deve-se ter sempre em mente o caráter extremamente dinâmico das biomembranas. Em membranas fluidas de composição uniforme, uma molécula de lipídio varre uma área de cerca de $1 \mu m^2/s$. Alguns componentes da membrana tendem a agregar-se e, deste modo, formarem domínios na extensão da membrana que respondem por propriedades e funções específicas.

O "brotamento" da membrana celular, por exemplo, envolve, algumas vezes, domínios de clatrina, uma proteína de revestimento.

Convém destacar aqui, a importância das propriedades mecânicas da membrana celular, pois a mecânica da membrana pode estar conectada a mecanismos de controle de processos relevantes. Canais iônicos mecanossensíveis, por exemplo, têm o papel crítico de permitir que uma célula "sinta" forças mecânicas ou físicas a partir do meio extracelular ou de células vizinhas. Esses canais abrem ou fecham em resposta a estresses mecânicos aplicados à membrana da célula. Canais mecanossensíveis podem ser considerados transdutores primários em cascatas de sinalização e têm sido identificados em muitos tipos de células. Em Escherichia coli, foi identificado um canal iônico não seletivo (condutância de cerca de 2.5 nS) que é ativado *in vitro* por tensões na membrana.

Proteínas de membrana. Proteínas associadas a membranas são responsáveis por ações específicas e diferem pela intensidade com que se ancoram à membrana. Proteínas integrais ou intrínsecas são embutidas na membrana e fortemente ancoradas por interações hidrofóbicas ou apolares. Apesar de embutidas na estrutura da membrana, proteínas sempre apresentam alguma exposição ao meio extracelular ou ao citoplasma. Algumas dessas proteínas atravessam a membrana e são chamadas de proteínas transmembrana, em que se distinguem três regiões: extracelular, transmembrana e citoplasmática.

Outras proteínas associam-se fracamente às superfícies da membrana, do lado do citoplasma ou do externo, e são chamadas de extrínsecas ou periféricas.

6.2.4 Força de hidratação

Agregados anfipáticos (lipídicos, por exemplo), quando em meio aquoso, podem repelir-se entre si. A força responsável por essa repulsão, a chamada força de hidratação, surge como conseqüência dos agregados ligarem-se à água, por sua superfície hidrofílica.

Por causa dessa interação com a água, há um decréscimo do coeficiente de atividade da água entre as superfícies hidrófilas. Assim, surge um excesso de pressão osmótica entre essas superfícies, o que causa um influxo de moléculas de solvente, afastando as superfícies polares. A força de hidratação ocorre para todas as superfícies hidrófilas: bicamadas lipídicas, DNAs, polissacarídeos, etc.

A força de hidratação é proporcional ao quadrado da afinidade das superfícies pela água. Essa afinidade é função da densidade e do excesso de carga, momentos dipolar e quadrupolar, etc.

6.3 Agregados moleculares II

6.3.1 Considerações gerais

Vimos no capítulo anterior e neste que complexos macromoleculares podem ser automontados a partir de subunidades estruturais mais simples, as quais interagem entre si por interações intermoleculares não covalentes (interações eletrostáticas, ligações de hidrogênio e forças de van der Waals). Na auto-organização dessas supramoléculas, a informação necessária está contida nas estruturas das subunidades que se ligam e a redução entrópica é compensada por aumento da desordem de camadas de hidratação em torno de regiões apolares e/ou por contribuição entálpica, resultando $\Delta G_{P,T} < 0$. Assim, o genoma, em última análise, é que codifica a forma e a função da estrutura automontada.

A cinética desses processos, geralmente, não é governada por energia de ativação (cinética não-Arrhenius) e sim por difusão.

É essencialmente desse modo que se formam em grande parte, *mas não em totalidade*, os agregados moleculares que formam a célula viva. Frisamos "não em totalidade" porque, realmente, há agregados na célula para cuja montagem é exigida informação adicional e/ou contribuição de energia livre. Nesse caso, falta a espontaneidade que é típica da auto-organização. Isso ocorre, por exemplo, quando é necessária a informação a ser fornecida por um molde, pois a simples direcionalidade ou orientação das forças intermoleculares não é suficiente para determinar a forma do complexo a ser montado. Quando na montagem de um agregado molecular, for exigida a participação de moléculas que não aparecem na estrutura final, não se deve falar em espontaneidade ou automontagem.

Anteriormente, vimos sobre as vantagens de montar estruturas maiores e mais complexas a partir da repetição de subunidades menores, com destaque para a economia de informação genômica, a maior facilidade de controle, tanto da montagem quanto da desmontagem dos complexos, assim como na mais fácil correção de erros na síntese das estruturas.

A automontagem pode ser demonstrada por experimentos *in vitro*. No início deste capítulo, vimos que bicamadas lipídicas, estruturas básicas para as membranas biológicas, são auto-organizadas quando fosfolipídios são dispersos em água. Na década de 1950, o vírus do mosaico do tabaco foi dissociado em seu RNA e em subunidades do revestimento protéico e, então, foi *reassociado* a partir desses constituintes purificados, do que resultaram partículas virais infecciosa.

Ao considerar limites para a automontagem molecular de estruturas celulares, desde que, há casos em que o contexto celular é imprescindível a fim de que o processo de formação do complexo, melhor seria encarar a célula como uma "[...] spatially structured self-organizing system made up of genes-specified elements" (HAROLD, 2001). A célula não deve ser vista apenas como um sistema de decodificação de genes. Os processos epigenéticos assumem grande importância ao ser explanada a célula e suas atividades.

Um traço marcante da biologia estrutural contemporânea é a ênfase dada ao estudo dos grandes agregados macromoleculares: vírus, ribossomos, enzimas gigantes e outros.

Em continuação, veremos em linhas gerais a automontagem de alguns complexos multimoleculares de relevante importância estrutural-funcional na célula viva.

6.3.2 Vírus

6.3.2.1 Estrutura, simetria e quase-equivalência

Vírus são estruturas nucleoprotéicas que, em seu ácido nucléico (RNA ou DNA de uma ou duas fitas) ou genoma, têm as informações necessárias à utilização de células vivas suscetíveis para sua multiplicação. Um vírus, portanto, age como um parasita, ao penetrar em uma célula pondo-a a seu serviço. Vírus podem ser encontrados em bactérias (bacteriófagos ou simplesmente fagos), plantas e animais.

O ácido nucléico viral é protegido por um revestimento protéico, a *cápside*, que é sempre construída por múltiplas cópias de poucas proteínas muito mais simples do que a estrutura resultante. O genoma dos vírus tem um número reduzido de genes, que vai desde um único gene, como no vírus satélite da necrose do tabaco (STNV), a poucas centenas. Nos vírus mais complexos, a cápside pode ser envolvida por uma dupla camada lipídica (vírus envelopados) ou um revestimento glicoprotéico originário da membrana da célula hospedeira. A partícula viral completa (ácido nucléico + cápside) é denominada de *virion*.

Simetria é uma característica dos vírus. Nos vírus de forma alongada (em bastonete), a cápside tem sua construção segundo uma simetria em hélice. Nos esféricos, a simetria é icosaédrica ou uma sua variante.

O icosaedro regular, um dos chamados sólidos platonianos (tetraedro, cubo, octaedro, dodecaedro e icosaedro) é formado por vinte faces, as quais são triângulos eqüiláteros, com 12 vértices e trinta arestas (Figura 6.8). A simetria rotacional do icosaedro regular é caracterizada pelos seguintes eixos: um eixo 5x através de cada vértice, um 3x através do centro de cada face, e um 2x através do centro de cada aresta. Resumidamente, dizemos que o tipo de simetria é indicado por 5:3:2.

Todos os vírus esféricos exibem simetria icosaédrica. Isso tornou-se conhecido desde as décadas de 1950 e 1960, pelos estudos de microscópia eletrônica com a técnica de coloração negativa, com realce para o trabalho de Aaron Klug e seu grupo, em Cambridge (Inglaterra). Além disso, estudo de cristais de vírus por difração de raio-X mostraram que a simetria é verificada na cápside como um todo e não apenas na superfície.

Em virtude da escassez de genes do genoma viral, poucas proteínas são disponíveis para montar a cápside, o que leva a uma estratégia arquitetural que se manifesta na simetria esférica ou em hélice.

A arquitetura dos vírus obedece a princípios gerais que vêm sendo estudados desde a contribuição de Crick e Watson (1957), no início da biologia molecular, e de Caspar e Klug (1962). Princípios básicos foram indicados, como os de especificidade e economia. Quanto à especificidade, tem-se que a montagem da partícula viral é um processo de auto-organização que resulta das interações intermoleculares entre as subunidades protéicas da cápside e entre subunidades e ácido nucléico. As subunidades, por reconhecimento molecular preciso, devem formar uma interface de interações não covalentes entre os componentes. Disso depende a formação e a estabilidade da montagem macromolecular. A economia genética é imposta pelo pequeno número de genes estruturais do vírus. Tudo isso se realiza pela simetria helicoidal e icosaédrica dos vírus por meio de padrões específicos de ligação entre as peças constitutivas.

Os vírus mais simples são exemplos típicos de complexos biomacromoleculares totalmente automontáveis, *in vivo* ou em *in vitro*.

Após a penetração do vírus em uma célula suscetível, o ácido nucléico viral é liberado por dissociação da cápside. Na célula, o ácido nucléico promove sua replicação e a síntese das subunidades protéicas que servem à montagem da nova cápside para encapsular o ácido nucléico replicado, por utilização do equipamento enzimático da célula.

O RNA (uma fita) do vírus pode ser *positivo* (mensageiro) ou *negativo* (complementar) pode replicar-se diretamente ou, retroativamente, ser transcrito e integrado ao DNA da célula. O DNA viral pode ter replicação autônoma ou por meio do genoma celular.

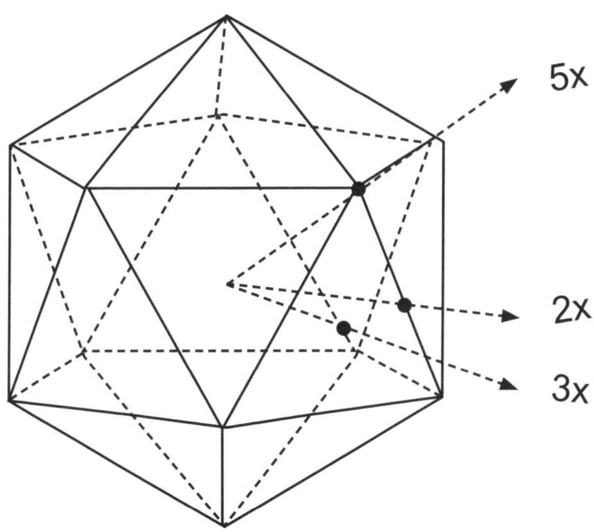

Figura 6.8 – **Icosaedro regular: 20 faces (triângulos eqüiláteros), 12 vértices e 30 arestas. Eixos de simetria com multiplicidades indicadas**

Vimos que muitos vírus têm suas partículas montadas como icosaedros. Se cada uma das vinte faces triangulares eqüilaterais acomodar três subunidades protéicas, teremos uma cápside icosaédrica com sessenta blocos constitutivos, a qual, geralmente, não é de tamanho suficiente para proteger o genoma viral em seu interior. Como solução a esse problema, Caspar e Klug propuseram a teoria da não equivalência, em 1962, sugeridos pelo projeto estrutural do domo geodésico de R. Buckminster Fuller (1959) (arquiteto e engenheiro americano de grande versatilidade que dedicou a parte de sua vida profissional ao que ele denominou *Comprehensive Anticipatory Design Science*), que mostra como uma cápside icosaédrica pode ser formada de 60n subunidades de proteína, em que n é um inteiro cujo valor pode determinar um tamanho de cápside compatível com o genoma a ser abrigado. Isso é conseguido supondo um certo grau de flexibilidade nas ligações entre as subunidades protéicas que permita alguma deformabilidade (cerca de 5° a partir da direção média) necessária ao ajuste ou à acomodação espacial. Desse modo será possível manter o tipo de simetria icosaédrica pela formação de poliedros de faces constituídas de triângulos eqüiláteros – os deltaedros.

Há alguns exemplos de vírus esféricos que têm cápsides com um total de sessenta subunidades. Esses vírus, entretanto, têm um genoma insuficiente para codificar todas as funções exigidas para sua replicação e, por isso, são referidos como *não* auto-suficientes ou satélites, desde que ocorrem associados a outro vírus. É o caso do vírus satélite da necrose do tabaco, com um diâmetro de apenas 180 Å. Esse vírus necessita da cooperação de outro vírus, o da necrose do tabaco, para que possa multiplicar-se. O vírus satélite da necrose do tabaco tem um genoma que codifica apenas a subunidade protéica que, em número de sessenta cópias, forma a cápside. Não possui, entretanto, a informação necessária à biossíntese das enzimas necessárias à replicação de seu ácido nucléico. A cápside de apenas sessenta subunidades (três por face) não permite qualquer aumento do genoma. A maneira de ter uma cápside maior e, ao mesmo tempo, manter a simetria icosaédrica e a especificidade de interações é aumentar por múltiplos de 60, isto é, 60n, com n= 1, 2, 4... Entretanto, Caspar e Klug (1962) mostraram que, desses múltiplos, somente alguns podem ocorrer: 1, 3, 4, 7, 8, 12, 13, 16, 19, 21, ..., os quais foram chamados de números de triangulação, T. O número de triangulação T serve de referência para um vírus de simetria icosaédrica. Assim, quando dizemos que um tal vírus é T = 3, quer-se dizer que sua cápside é formada por 3x60 subunidades.

A teoria da quase-equivalência de Caspar e Klug mostra que, para esses números de triangulação, mesmo que a situação não seja equivalente àquela da cápside de sessenta subunidades, é possível a quase-equivalência para, por exemplo, 180 subunidades (T = 3). Deve-se isso, como indicado anteriormente, à flexibilidade estrutural no ajuste e na acomodação das subunidades de proteína.

O número de triangulação T é expresso pela relação geral

$$T = h^2 + hk + k^2$$

Onde h e k são quaisquer inteiros. Assim, T = 3 corresponde a h = k = 1 e T = 4 a h=2, k = 0.

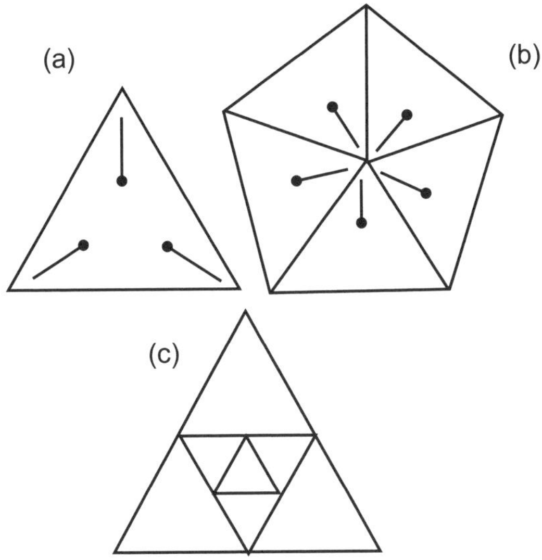

Figura 6.9 – **Simetria icosaédrica: a) face (isolada para simplicidade da figura) com três subunidades que se dispõem em torno do eixo triplo de simetria; b) disposição de subunidades em torno do eixo quinúplo de simetria; c) triangulação de uma face**

6.3.2.2 Automontagem do vírus do mosaico do tabaco (TMV)

A automontagem de um vírus a partir de suas partes constitutivas segue as duas etapas que geralmente são consideradas na automontagem dos grandes agregados ou complexos macromoleculares:

a) nucleação, a iniciação da agregação, onde partículas em movimento um tanto desordenado encontram-se, interagem e ligam-se aos pares, por forças intermoleculares; barreiras informacionais (reconhecimento molecular) e de energia são vencidas;
b) crescimento, quando as estruturas surgidas por nucleação aumentam de tamanho por interação e ligação com as demais unidades estruturais, onde as interações intermoleculares são responsáveis pela forma e estabilização do complexo formado, no meio físico–químico considerado.

A etapa de nucleação, geralmente, determina a cinética de todo o processo, por ser a mais lenta.

No caso do TMV, a nucleação parece consistir em formar a estrutura mínima do RNA viral em associação com 17 ou 18 subunidades protéicas (proto-hélice), o que corresponde à formação de uma volta da hélice que constitui a partícula de vírus. O crescimento ocorre por ambas as extremidades da hélice. *In vitro*, o processo completo dura cerca de seis horas. *In vivo*, é provavelmente mais rápido. Supõe-se que o crescimento da estrutura viral se dê por adições sucessivas de proto-hélices. A presença do RNA favorece a formação da cápside por interações ácido nucléico-proteína, as quais se opõem ao efeito eletrostático repulsivo entre as subunidades de proteína, em dependência do pH do meio.

6.3.2.3 Automontagem do vírus do mosqueado clorótico de caupi (CCMV)

CCMV é um pequeno bromovírus de genoma repartido em quatro moléculas de RNA que são encapsuladas em uma cápside de 180 subunidades protéicas idênticas (vírus T = 3). Em ordem decrescente de tamanho, as moléculas de RNA são referidas como 1, 2, 3, 4. RNA-1 e RNA-2 são protegidas por revestimento protéico e RNA-3 e RNA-4 constituem uma partícula núcleoprotéica. RNA-1, RNA-2 e RNA-3, em conjunto, respondem pela infectividade. RNA-4 é, presumivelmente, o mensageiro para a síntese *in vivo* da cápside. Assim, somente quatro moléculas de RNA e um tipo de subunidade protéica constituem preparações purificadas de CCMV.

CCMV pode ser automontado a partir de seus RNAs e proteína da cápside isolados para formar partículas infectivas, as quais são resistentes a exonucleases (BANCROFT; HIEBERT, 1967).

Sob determinadas condições, as subunidades isoladas podem agregar-se em uma cápside vazia.

CCMV foi o primeiro vírus esférico de planta a ser automontado a partir de seus componentes isolados (BANCROFT; HIEBERT, 1967).

As subunidades protéicas podem associar-se em vários oligômeros, em função das condições do meio (força iônica, pH e temperatura). Podem ser formados tubos, camadas e cápsides vazias. Isso é relevante, desde que demonstra que as subunidades de proteína têm a informação suficiente para montar a cápside de simetria icosaédrica (VERDUIN, 1978).

Esse polimorfismo das proteínas de cápsides é encontrado em muitos vírus. As proteínas auto-associam-se não somente nas cápsides icosaédricas de onde foram isoladas, mas também na forma de partículas subvirais, até mesmo hélices. Em suma, as subunidades estruturais de proteína são capazes de transições polimórficas.

É preciso considerar que esse polimorfismo, que reflete a dinâmica conformacional de proteínas, não é incompatível com a especificidade nas interações de proteínas, a qual é o conceito que talvez mais contribua para uma visão unificada da organização biológica, juntamente com a tendência das estruturas à minimização de sua energia livre.

6.3.3 Citoesqueleto

A célula eucariótica, como uma das vantagens evolutivas, tem um conjunto de estruturas em seu citoplasma, do qual depende sua capacidade de assumir múltiplas formas e realizar ações mecânicas que consistem, principalmente, em movimentos direcionados e coordenados. Essas estruturas são coletivamente denominadas de citoesqueleto e estão ausentes em células de procariotes. Dentre os movimentos intracelulares sob a coordenação do citoesqueleto tem-se, por exemplo, o movimento de organelas como cromossomos (segregação em mitose). No desenvolvimento do embrião de vertebrados ocorrem mudanças de forma por conta de elementos do citoesqueleto. A contração muscular é um relevante exemplo de movimento coordenado dependente de estruturas do citoesqueleto.

O citoesqueleto é composto de proteínas que se auto-organizam em filamentos. As interações intermoleculares envolvidas nas associações das subunidades são as que, com algum detalhe, se tem visto anteriormente: interações eletrostáticas (carga-carga, carga-dipolo permanente), ligações de hidrogênio e interações de van der Waals. O efeito hidrofóbico que, como foi visto, pode ser reduzido ao efeito de ligações de H e forças de van der Waals, pode tomar parte sgnificativa na automontagem dos complexos macromoleculares do citoesqueleto.

Três tipos de agregados moleculares constituem o citoesqueleto:

a) filamentos de actina;
b) microtúbulos;
c) filamentos intermediários.

Esses três componentes do citoesqueleto não atuam independentemente e sim de modo coordenado.

Aqui, põe-se em foco a natureza de automontagem na formação dos principais componentes do citoesqueleto. Maior detalhe sobre a estrutura e a função desses componentes pode ser encontrado na Referência indicada no fim do capítulo.

6.3.4 Filamentos de actina

A G-actina é uma proteína globular de 43 kDa que se polimeriza em estruturas lineares ou filamentos, F-actina, por interações não covalentes.

Actina é quantitativamente predominante na célula eucariótica e atinge cerca de 15% da proteína total. É uma proteína de 375 resíduos de seqüência altamente conservada. A molécula da proteína é formada por quatro domínios e quase bissectada por uma profunda fenda, a qual forma sedes de ligação para cátions divalentes (Ca^{2+} e Mg^{2+}, principalmente) e nucleotídeo (ATP ou ADP).

A associação de G-actina forma um microfilamento em hélice, em que as subunidades de actina são sucessivamente torcidas de 166º, de modo que a cada 36nm se repete a mesma posição para a subunidade. Todas as subunidades de actina apontam para a mesma extremidade do filamento (polaridade estrutural). *In vitro,* a associação ou polimerização de G-actina pode ser induzida pela adição de Mg^{2+}, K^+ ou Na^+, e a despolimerização ocorre por abaixamento da força iônica. Cada molécula de actina é ligada a uma de ATP, a qual é hidrolisada a ADP que é fortemente ligada à subunidade logo a seguir à sua associação ao polímero. A hidrólise de ATP, entretanto, não é necessária à polimerização de G-actina, afetando apenas a cinética do processo. A polimerização é admitida se seguir as seguintes etapas: nucleação, alongamento e estado estacionário. No estado estacionário, o número de subunidades que se adiciona ao filamento é o mesmo que se dissocia, o comprimento do filamento permanecendo praticamente constante.O estado estacionário é alcançado quando a concentração de G-actina atinge um valor crítico C ~ 0.1μM. Abaixo desta concentração ocorre a despolimerização.

Microfilamentos de actina são formados de dois polímeros em hélice e são estruturas flexíveis de 5-9 nm de diâmetro que formam feixes, redes bidimensionais e tridimensionais (em géis); concentram-se, particularmente, logo abaixo da membrana plasmática.

A córtex celular é formada por uma rede de filamentos de actina associada a várias proteínas e pode ser responsável por mudanças de forma da membrana plasmática.

6.3.5 Microtúbulos

Microtúbulos são automontagens tubulares de heterodímeros (110kDa) de α-tubulina (55 kDa) e β-tubulina (55 kDa), a qual se liga a GTP, quando, então, assume a conformação própria à polimerizacão. A dissociação de GTP induz à despolimerização, por modificação conformacional da β-tubulina.

Microtúbulos têm diâmetro de fora-a-fora de 25nm e interno de 14nm e têm polaridade. Uma β´tubulina é encontrada na extremidade negativa e uma α-tubulina na extremidade positiva. O protofilamento resultante da polimerização não covalente do heterodímero de tubulina, na realidade, é em hélice, em virtude da orientação relativa das sedes de ligação das subunidades associantes.Treze dímeros de tubulina dispõem-se na circunferência do microtúbulo, ou seja, há treze dímeros por passo da hélice. Para alguns tipos de células, esse número pode ser diferente.

6.4 Ribossomos: estrutura e montagem

A grande relevância biológica dos ribossomos reside no fato de traduzirem as informações genéticas trazidas pelos mRNAs em cadeias polipeptídicas, as quais são montadas a partir dos aminoácidos presentes no citoplasma. Ao sintetizarem as proteínas da célula, tornam-se responsáveis por maior parte de sua estrutura e função.

Ribossomos são organelas celulares que ocorrem em procariotes e eucariotes. São grandes agregados nucleoprotéicos formados de várias proteínas e três rRNAs (procariotes) ou quatro rRNAs (eucariotes) e podem ocorrer livres no citossol, isolados ou agrupados como poliribossomos ou polissomos, ou ligados à parte externa do retículo endoplasmático (RE rugoso). Localizam-se também em outras ornelas, tais como: mitocôndria e cloroplasto, onde são menores do que os que ocorrem no citossol.

Ribossomos são formados de duas subunidades que se associam pelo mRNA, ao iniciar-se a síntese da proteína: uma de coeficiente de sedimentação de 30S, com 8,5 x 10^5 Da ou 40S e uma maior, de 50S, com 1,5 MDa, ou 60S, para procariotes ou eucariotes, respectivamente. A associação dessa subunidades forma partículas funcionais de 70S e 80S, em procariotes e eucariotes, respectivamente (CATE et al., 1999).

A seguir, são dados, esquematicamente, os ácidos nucléicos e as proteínas que constituem as subunidades do ribossomo de um procariote (Micoplasma pneumoniae)(obtido do KEGG):

Subunidade 30S:

RNA		16S		
Proteínas	S2	S7	S12	S17
	S3	S8	S13	S18

S1	S4	S9	S14	S19
	S5	S10	S15	S20
	S6	S11	S16	S21

Subunidade 50S:

RNA		23S			5S		
Proteínas	L1	L6	L13	L18	L23	L29	L34
	L2	L9	L14	L19	L24	L30	Ll35
	L3	L10	L15	L20	L25	L31	L36
	L4	L11	L16	L21	L27	L32	
	L5	L12/L7	L17	L22	L28	L33	

6.4.1 Montagem do ribossomo

Esquematicamente, as principais etapas da montagem de um ribossomo de eucariote são indicadas na Figura 6.8 e brevemente descritas a seguir:

1) Os tRNAs são transcritos pela polimerase III de RNA, no nucleoplasma, e, a seguir, processados e transportados ao citoplasma, onde se ligam aos aminoácidos específicos.
2) Pré- mRNAs, que contêm a codificação das seqüências das proteínas ribossomais, são transcritos por polimerase II de RNA, no nucleoplasma. Após serem processados, mRNAs são transportados ao citoplasma, onde participam da iniciação e elongação da tradução a proteínas ribossomais.
3) Os rRNAs, com exceção de rRNA 5S, são transcritos por ribonuclease I a um único precursor, no nucléolo. Então, o RNA precursor é processado aos rRNAs 18S, 5,8S e 28S. O rRNA 5S é transcrito por polimerase III de RNA, no nucleoplasma e, a seguir, transportado ao nucléolo.
4) No nucléolo, os rRNAs, após dobramento, associam-se às proteínas ribossomais no processo de montagem das subunidades ribossomais 40S e 80S que, então, são transportadas ao citoplasma.

O ribossomo de eucariotes é a mais complexa estrutura ribonucleoprotéica na célula. A maior parte dos estudos sobre a biogênese e montagem do ribossomo tem sido feita com *Saccharo-myces cerevisiae*, um eucariote unicelular.

O esquema da Figura 6.10 dá uma idéia da grande complexidade e coordenação de etapas na montagem do ribossomo. Apesar de o nucléolo ser, propriamente, o palco da montagem das subunidades ribossomais, precursores e intermediários são formados no núcleo e citoplasma, de onde são transportados ao nucléolo.

É possível que o processo de associação no nucléolo, de rRNAs e proteínas, a subunidades ribossomais seja uma automontagem, onde os complexos macromoleculares são formados pela especificidade, afinidade e ligação entre as partes constitutivas.

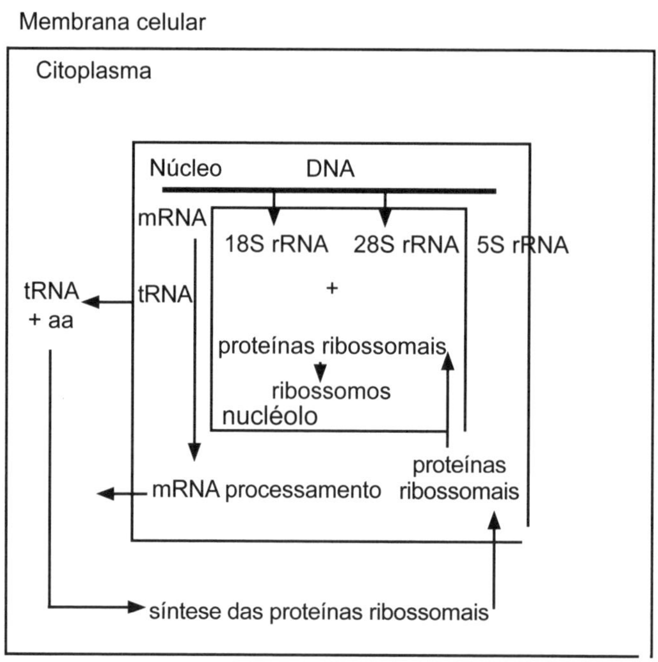

Figura 6.10 – **Representação esquemática da montagem de um ribossomo de eucariote**

Referências

ALBERTS, B.; BRAY, D.; LEWIS, J.; RAFF, M.; ROBERTS, K.; WATSON, J. D. *Molecular biology of the cell*. 3. ed. London/New York: Garland Publishing, Inc., 1994.

BANCROFT, J. E.; HIEBERT, E. Formation of an infectious nucleoprotein from protein and nucleic acid isolated from a small spherical virus. *Virology*, 32, p. 354-356, 1967.*

BEM-NAIM, A. *Statistical thermodynamics for chemists and biochemists.* New York: Plenum Press, 1992.

CATE, J. H.; YUSUPOV, M. M.; YUSUPOVA, G. Z.; EARNEST, T. N.; NOLLER, H. F. X-ray Crystal Structures of 70S Ribosome Functional Complexes. *Science*, 285, p. 2095-2104, 1999.*

CHENG, R. H.; HAMMAR, L. (Ed.). *Conformational proteomics of macromolecular arquitecture.* Singapore: World Scientific, 2004.

HAROLD, F. *The way of the cell.* Oxford: Oxford University Press, 2001.*

KERN, C. W.; KARPLUS, M. The water molecule. In: FRANCIS, F. (Ed.). *Water*: a comprehensive treatise. Vol. I. p. 21-91. New York: Plenum Press, 1972.

LEVITT, M.; SHARON. *Proc. Natl. Acad. Sci. USA*, 85, p. 7557, 1988.*

VERDUIN, B. J. M. *Characterization of cowpea chlorotic mottle virus and its assembly.* Landbouwhogeschool Wageningen, 1978.*

VOET, D.; VOET, J. G. *Biochemistry.* 2. ed. New York: Wiley, 1995.

WHITE, S. H.; WIENER, M. C. Determination of the structure of fluid lipid bilayer membranes. *Permeability and stability of lipid bilayers.* In: DISALVO, E. A.; SIMON, S. A. (Ed.). Boca Raton: CRC Press, 1995. p. 1-19. *

* Particularmente consultadas na elaboração do capítulo.

Apêndices

Apêndice I
Matemática

I.1 Funções homogêneas – Teorema de Euler

Seja uma função de n variáveis independentes,

$$f = f(x_1, x_2, ..., x_n). \qquad \text{(AI-1)}$$

Se, ao serem multiplicadas as variáveis independentes por λ a função f resulta multiplicada por λ^m, se diz que f é homogênes de grau m:

$$\lambda^m f = f(\lambda x_1, \lambda x_{2,} ..., \lambda x_n). \qquad \text{(AI-2)}$$

I.1.1Teorema de Euler

Se $f = f(x_1, x_2, ..., x_n)$ é homogênea de grau m e suas primeiras derivadas parciais são funções contínuas, então, tem-se

$$x_1 \, \partial f / \partial x_1 + x_2 \, \partial f / \partial x_2 + ... + x_n \, \partial f / \partial x_n = m \, f(x_1, x_2, ..., x_n) \qquad \text{(AI-3)}$$

I.2 Expansão de Taylor

A expansão de Taylor é a expansão de uma função em uma série infinita ou em uma série finita mais um termo-resto. Derivadas sucessivas da função aparecem nos coeficientes dos termos sucessivos da série.

Para uma função real f(x), da qual existe a derivada $f^{(n)}(x)$ para $a \leq x < b$, tem-se

$$f(x) = f(a) + f'(a)(x - a) + (1/2!)\, f''(a)(x - a)^2 + \ldots + [(n - 1)!]\, f^{(n-1)}(a)(x-a)^{n-1} + R_n(x) \qquad \text{(AI-4)}$$

Na chamada forma lagrangiana, R_n é expresso por

$$R_n = [(x-a)^n / n!\,]\, f^{(n)}(\xi), \qquad \text{(AI-5)}$$

Onde $a \leq \xi \leq x$.

Quando a função é tal que

$$\lim R_n(x) = 0 \text{ se } n \rightarrow \infty$$

a expansão dada em (AI-4) reduz-se a

$$f(x) = \sum_{0}^{\infty} [(x - a)^n / n!\,)\, f^{(n)}(a). \qquad \text{(AI-6)}$$

I.2.1 Teorema de Maclaurin

Se a= 0, isto é, expandindo em torno da origem, tem-se

$$F(x) = f(0) + xf'(0) + (x^2/2!)\, f^{(n)}(0) + \ldots = \sum_{0}^{\infty} (x^n / n!\,)\, f^{(n)}(0). \qquad \text{(AI-7)}$$

I.3 Operadores diferenciais

Um operador indica a operação que será aplicada sobre a expressão que lhe segue . Assim, em $\sqrt{}\,9$, o símbolo $\sqrt{}$ é um operador que, ao operar sobre o operando 9, extrai a raiz quadrada de 9; em (d/dx) y(x), o operador diferencial d/dx indica que o operando y(x) deve ser derivado com relação a x.

Operadores diferenciais são de grande importância no estudo de um grande número de fenômenos físicos e são essenciais no formalismo de teorias como hidrodinâmica e mecânica quântica.

I.3.1 Operador gradiente

O operador gradiente, denotado por grad ou ∇ (nabla ou del) é vetorial e atua sobre um campo escalar produzindo o campo vetorial do gradiente. É definido como

$$\text{grad} \equiv \nabla \equiv (\text{i} (\partial/\partial x) + \mathbf{j} (\partial/\partial y) + \mathbf{k} (\partial/\partial z)) \qquad \text{(AI-8)}$$

onde i, j, k são os vetores unitários segundo os eixos X, Y, Z.

Se o operador ∇ atua sobre um campo escalar, onde em cada ponto do espaço se tem um valor definido de F(r) (temperatura e densidade, por exemplo), resulta o campo vetorial do gradiente de F:

$$\text{grad } F \equiv \nabla F = \mathbf{i}\, \partial F/\partial x + \mathbf{j}\, \partial F/\partial y + \mathbf{k}\, \partial F/\partial z. \qquad \text{(AI-9)}$$

Sejam dois valores próximos da função escalar, F e F+dF, aos quais correspondem duas superfícies nas quais esses valores são constantes.

Considerem-se dois elementos dessas superfícies, como mostra a Figura A.1.

Seja $P_1(r)$ um ponto sobre o elemento de superfície de F e $P_2(r + dr)$ um outro ponto no elemento de superfície de F + dF.

Se n é o vetor unitário normal ao elemento de superfície F, tem-se que o vetor n $\partial F/\partial n$ representa, em grandeza e direção, a maior taxa de variação de F para F+dF, no ponto P_1, sendo é denotado por

$$\text{grad } F \equiv \nabla F = \mathbf{n}\, \partial F/\partial n. \qquad \text{(AI-10)}$$

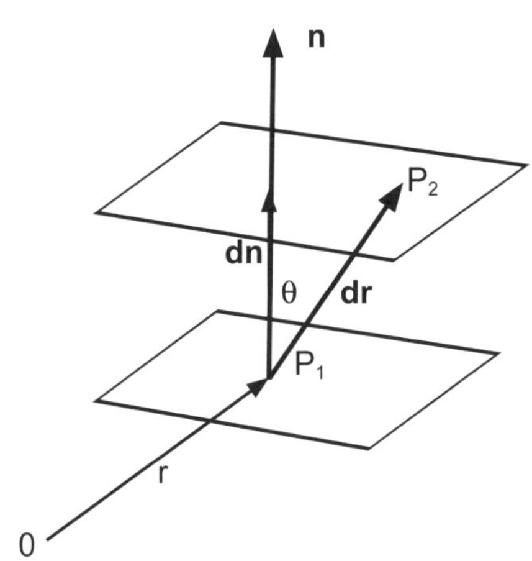

Fig. AI.1 – **Gradiente de um escalar**

I.3.2 Divergência de um campo vetorial

O operador ∇ pode ser formalmente usado como um vetor independente.

O produto escalar do vetor ∇ por um outro vetor J produz um escalar que se denomina de divergência de J.

Assim, para o campo vetorial J, se tem para sua divergência:

$$\text{div}\,\mathbf{J} \equiv \nabla \cdot \mathbf{J} = (\mathbf{i}\,\partial/\partial x + \mathbf{j}\,\partial/\partial y + \mathbf{k}\,\partial/\partial z) \cdot (\mathbf{i}\,\mathbf{J}_x + \mathbf{j}\,\mathbf{J}_y + \mathbf{k}\,\mathbf{J}_z)$$

$$= \partial J_x/\partial x + \partial J_y/\partial y + \partial J_z/\partial z. \qquad \text{(AI-11)}$$

O operador divergência é denotado por ∇ .

Para o significado físico da divergência, veja a seguir, neste Apêndice.

I.3.3 Divergência de um campo vetorial: significado físico

Suponha-se um campo vetorial **B,** ou seja, uma porção do espaço que, a cada ponto, esteja associado ao vetor **B**. Além disso, admita-se, nesse campo, um elemento de volume dx dy dz, cujo centro está localizado na origem de um sistema retangular de coordenadas, XYZ (Figura AI.2).

Consideremos as duas faces do elemento de volume perpendiculares à direção X e sejam Bx, By, Bz as componentes de B, no centro do elemento de volume. Na face de entrada, tem-se

$$Bx - (1/2)(\partial Bx / \partial x)\,dx. \qquad \text{(AI-12)}$$

Na face de saída, tem-se

$$Bx + (1/2)(\partial Bx / \partial x)\,dx. \qquad \text{(AI-13)}$$

Analogamente, tem-se para as outras direções:

$$By - (1/2)(\partial By / \partial y)\,dy \qquad \text{(AI-14)}$$

$$By + (1/2)(\partial By / \partial y)\,dy \qquad \text{(AI-15)}$$

$$Bz - (1/2)(\partial Bz / \partial z)\,dz \qquad \text{(AI-16)}$$

$$Bz + (1/2)(\partial Bz / \partial z)\,dz \qquad \text{(AI-17)}$$

As diferenças nos fluxos segundo as direções X, Y, Z são dadas por

$$(\partial Bx/\partial x)\ dx\ dy\ dz \qquad \text{(AI-18)}$$
$$(\partial By/\partial y)\ dx\ dy\ dz \qquad \text{(AI-19)}$$
$$(\partial Bz/\partial z)\ dx\ dy\ dz. \qquad \text{(AI-20)}$$

O fluxo resultante total, deixando o elemento de volume, é dado pela soma de (AI-18), (AI-19) e (AI-20):

$$(\partial Bx/\partial x + \partial By/\partial y + \partial BZ/\partial z\ )\ dx\ dy\ dz. \qquad \text{(AI-21)}$$

O fluxo por unidade de volume é

$$\text{div}\ \mathbf{B} = \partial Bx/\partial x + \partial By/\partial y + \partial Bz/\partial z, \qquad \text{(AI-22)}$$

que é um escalar.

Se div B = 0, o fluxo resultante, divergindo do elemento de volume, é nulo, isto é, o fluxo de saída é compensado pelo fluxo de entrada. Tanto sai quanto entra.

Se entrar mais do que sai, no mesmo intervalo de tempo, haverá um acréscimo de matéria (no caso de um fluxo material) no elemento de volume; se sair mais do que entra, tem-se um decréscimo.Tais situações correspondem a

$$\text{div}\ \mathbf{B} = 0$$
$$\text{div}\ \mathbf{B} > 0$$
$$\text{div}\ \mathbf{B} < 0,$$

respectivamente.

Para o caso de um fluido, tem-se

$$\partial \rho/\partial t = -\ \text{div}\ J = \text{div}\ \rho v \qquad \text{(AI-23)}$$

onde J = ρv é um fluxo material, v = velocidade e ρ = densidade (massa/volume).

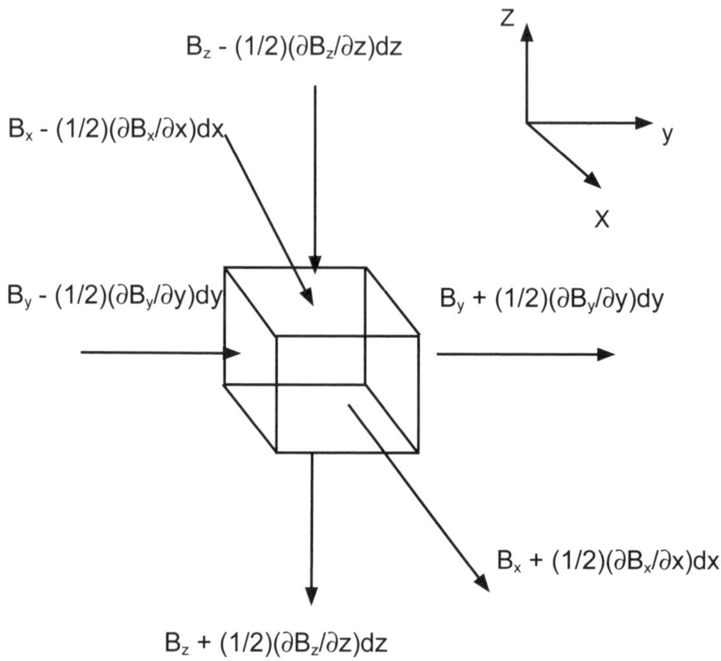

Fig. AI.2 – **Divergência de um campo vetorial**

I.3.4 Divergência do gradiente

A divergência do gradiente de um campo escalar é denotada e expressa como a seguir:

$$\text{div grad } F(x,y,z) \equiv \nabla \cdot \nabla F = \partial/\partial x\,(\partial F/\partial x) + \partial/\partial y\,(\partial F/\partial y) + \partial/\partial z\,(\partial F/\partial z)$$

$$= \partial^2 F/\partial x^2 + \partial^2 F/\partial y^2 + \partial^2 F/\partial z^2. \qquad \text{(AI-24)}$$

onde F (x, y, z) representa o campo escalar.

O operador

$$\nabla^2 = \partial^2/\partial x^2 + \partial^2/\partial y^2 + \partial^2/\partial z^2 \qquad \text{(AI-25)}$$

é denominado de laplaciano.

I.3.5 O operador laplaciano de um campo vetorial

Uma função vetorial B (r), a qual representa um campo vetorial, pode ser expressa por suas componentes B_x, B_y, B_z, nas direções X, Y, Z, as quais são funções escalares. Pode-se, então, aplicar o operador laplaciano a cada uma dessas componentes.

Assim, desde que

$$\mathbf{i}\,B_x + \mathbf{j}\,B_y + \mathbf{k}\,B_z \qquad \text{(AI-26)}$$

resulta

$$\nabla^2 \mathbf{B} = \mathbf{i}\,\nabla^2 B_x + \mathbf{j}\nabla^2 B_y + \mathbf{k}\nabla^2 B_\varsigma. \qquad \text{(AI-27)}$$

I.3.6 Gradiente da divergência

Desde que a divergência de um campo vetorial é um campo escalar, é possível ter o gradiente da divergência:

$$\begin{aligned}
&\text{grad div } J \equiv \nabla\,(\nabla \,.\, J\,) \\
&= (I\,\partial / \partial x + j\,\partial / \partial y + k\,\partial / \partial z\,)\,(\,\partial J_x / \partial x + \partial J_y / \partial y + \partial J_z / \partial z) \\
&= I\,(\,\partial^2 J_x / \partial x^2 + \partial^2 J_y / \partial y^2 + \partial^2 J_z / \partial z^2\,) \\
&+ j\,(\,\partial^2 J_x / \partial x \partial y + \partial^2 J_y / \partial y^2 + \partial^2 J_z / \partial y \partial z\,) \\
&+ k(\,\partial^2 J_x / \partial x \partial z + \partial^2 J_y / \partial y \partial z + \partial^2 J_z / \partial z^2\,).
\end{aligned} \qquad \text{(AI-28)}$$

Assim, se **J** é o fluxo de um fluido, div J dá a taxa de variação da densidade em um dado elemento de volume, na unidade de tempo.

O gradiente da divergência de **J** dará, em grandeza e direção, a mais alta taxa de variação dessa densidade.

I.3.7 Teorema da divergência (Gauss)

Seja uma superfície fechada Σ em um campo vetorial **J**.

O fluxo atravessando o elemento vetorial de área $\mathbf{d}\Sigma$ = n $\mathbf{d}\Sigma$, onde é o vetor normal unitário, apontando para fora é dado por

$$\int_\Sigma \mathbf{J}\,.\,\mathbf{d}\,\Sigma = \int_\Sigma \mathbf{J}\,.\,\mathbf{n}\;d\Sigma \qquad \text{(AI-29)}$$

O teorema da divergência de Gauss consiste em

$$\int_\Sigma \mathbf{J} \cdot \mathbf{d}\Sigma = \int_\Sigma \mathbf{J} \cdot \mathbf{n}\, d\Sigma = \int_V \text{div}\, \mathbf{J}\, dV = \int_V \nabla \cdot \mathbf{J}\, dV \qquad \text{(AI-30)}$$

mostrando a interconversão entre integrais de superfície e de volume.

I.3.8 O rotacional (rotação) de um campo vetorial

O operador rotacional é definido como o produto vetorial do vetor gradiente por um campo vetorial:

$$\nabla \times \mathbf{J} = (\mathbf{I}\, \partial / \partial x + \mathbf{j}\, \partial / \partial y + \mathbf{k}\, \partial / \partial \mathbf{z}) \times (\mathbf{I}\, J_x + \mathbf{j}\, \mathbf{J}_y + \mathbf{k}\, J_z)$$
$$= \mathbf{i}\, (\partial J_z / \partial y - \partial J_y / \partial z) + \mathbf{j}\, (\partial x / \partial z - \partial J_z / \partial x) + \mathbf{k}\, (\partial J_y / \partial x - \partial J_z / \partial y) \qquad \text{(AI-31)}$$

I.4 Jacobianos

Jacobianos são determinantes funcionais de grande importância em aplicações à física e outros domínios.

Sejam x e y duas funções das variáveis independentes u e v, respectivamente: $x = x(u)$ e $y = y(v)$.

O jacobiano de x e y, com relação a u e v, é denotado e definido como a seguir:

$$J\,(x,y)/(u,v) = \partial(x,y) / \partial(u,v) = \begin{vmatrix} (\partial x/\partial u)_v & (\partial x/\partial v)_u \\ (\partial y/\partial u)_v & (\partial y/\partial v)_u \end{vmatrix}$$

$$= (\partial x/\partial u)_v\, (\partial y/\partial v)_u - (\partial x/\partial v)_u\, (\partial y/\partial u)_v.$$

Quando as variáveis independentes são destacadas, usa-se, com freqüência, a notação simplificada J(x,y).

Algumas propriedades dos jacobianos

$$J(u,v) = - J(v,u) = 1$$
$$J(x,x) = 0;\ J(k,x) = 0 \ (\ k = \text{const.})$$
$$J(x,y) = J(y, -x) = J(-y, x) = - J(y,x)$$

Obviamente, muitas das propriedades dos jacobianos resultam deles serem determinantes.

I.5 Matrizes: eigenvalores e eigenvetores

Seja uma matriz **A** de ordem -n e o vetor-coluna $\mathbf{X} = [x_{n1}]$. A equação $\mathbf{A}\ \mathbf{X} = \lambda\ \mathbf{X}$, onde λ é um escalar, possui soluções não triviais, $\mathbf{X} \neq 0$, para determinados valores de λ, os quais são chamados de eigenvalores, valores característicos, valores próprios ou ainda autovalores de **A**.

Uma matriz de ordem n tem n eigenvalores, os quais podem ser reais ou complexos. A partir de $\mathbf{A}\ \mathbf{X} = \lambda\ \mathbf{X}$, tem-se

$$(\mathbf{A} - \lambda\ \mathbf{I})\ \mathbf{X} = \mathbf{0} \qquad \text{(AI-32)}$$

onde **I** é a matriz identidade de ordem n.

Sabe-se que (AI-32) tem soluções não triviais se, e somente se, o posto (rank) de $\mathbf{A} - \lambda\ \mathbf{I}$ é menor do que n, o que equivale a dizer que $\det(\mathbf{A} - \lambda\ \mathbf{I}) = 0$.

A equação $\det(\mathbf{A} - \lambda\ \mathbf{I}) = 0$ é a *equação característica* de **A** e suas raízes são seus eigenvalores ou valores característicos.

Exercício 1.

Achar os eigenvalores de $A = \begin{bmatrix} 3 & 4 \\ -1 & 7 \end{bmatrix}$.

Para a matriz A, tem-se para $A\ X = \lambda\ X$,

$$\begin{bmatrix} 3 & 4 \\ -1 & 7 \end{bmatrix} \begin{bmatrix} x_1 \\ x_2 \end{bmatrix} = \lambda \begin{bmatrix} x_1 \\ x_2 \end{bmatrix} \qquad \text{(AI-33)}$$

$$\left\{ \begin{bmatrix} 3 & 4 \\ -1 & 7 \end{bmatrix} - \lambda \begin{bmatrix} 1 & 0 \\ 0 & 1 \end{bmatrix} \right\} \begin{bmatrix} x_1 \\ x_2 \end{bmatrix} \begin{bmatrix} 0 \\ 0 \end{bmatrix} \qquad \text{(AI-34)}$$

Uma solução não trivial ($X \neq 0$) existirá se, e somente se,

$$\det \left\{ \begin{bmatrix} 3 & 4 \\ -1 & 7 \end{bmatrix} - \lambda \begin{bmatrix} 1 & 0 \\ 0 & 1 \end{bmatrix} \right\} = 0$$

ou ainda,

$$\det \begin{bmatrix} 3-\lambda & 4 \\ -1 & 7-\lambda \end{bmatrix} = 0. \qquad \text{(AI-35)}$$

Por expansão do determinante em (AI-35), obtém-se a equação característica

$$\lambda^{2}-4\lambda + 25 = 0$$

cujas raízes são os eigenvalores de A, $\lambda_1 = \lambda_2 = 5$.

Achados os valores dos eigenvalores, podemos agora resolver para X o sistema homogêneo

$$(A - \lambda I)\, X = 0,$$

obtêm-se os respectivos eigenvetores X_1 e X_2, como a seguir:

Os vetores resultantes $X = X_i \neq 0$ são os eigenvetores ou vetores característicos.

Para os eigenvalores calculados acima, tem-se

$$\begin{bmatrix} 3 & 4 \\ -1 & 7 \end{bmatrix} \begin{bmatrix} x_1 \\ x_2 \end{bmatrix} = 5 \begin{bmatrix} x_1 \\ x_2 \end{bmatrix} \qquad 3x_1 + 4x_2 - 5x_1 = 0 \qquad x_1 = 2x_2$$

$$2x_1 = 4x_2$$

eigenvetor $x_1 = 2, \qquad x_2 = 1$

$$\begin{bmatrix} 3 & 4 \\ -1 & 7 \end{bmatrix} \begin{bmatrix} 2 \\ 1 \end{bmatrix} = 5 \begin{bmatrix} 2 \\ 1 \end{bmatrix}$$

Referências

HAGUE, B. *An introduction to vector analysis*. 6. ed. London: Methuen, 1970.

MARGENAU, H.; MURPHY, G. M. *The mathematics of physics and chemistry*. 5.printing. New York: Van Nostrand, 1943.

Apêndice II
Elementos de eletrostática

II.1 Interação de cargas. Lei de Coulomb

Sejam as cargas puntiformes 1 e 2, em repouso e no vácuo, separadas pela distância r_{21}. A força $\mathbf{F}_2$ exercida pela carga 1 e carga 2 é dada pela lei de Coulomb:

$$\mathbf{F}_2 = k\, q_1 q_2\, \mathbf{r}_{21} / r_{21}^2, \qquad \text{(AII-1)}$$

onde q_1 e q_2 são escalares dando a grandeza e o sinal das cargas, e r_{21} é o vetor unitário na direção da carga 1 para a carga 2.

Se as cargas têm o mesmo sinal, F_2 fará com que a carga 2 tenda a afastar-se da carga 1 (repulsão), com $F_2 > 0$; se as cargas têm sinais diferentes, a força F_2 tenderá a trazer a carga 2 ao encontro da carga 1, com $F_2 < 0$ (atração).

A força exercida pela carga 2 sobre a carga 1 é igual e diretamente oposta a F_2 : $F_1 = - F_2$.

O vetor unitário r_{21} indica que F_2 tem direção paralela à linha de união entre as cargas.

Uma aproximação para o caráter puntiforme das cargas será admiti-las abrangendo dimensões insignificantes com relação às distâncias que as separam.

A constante k é introduzida em (AII-1) para dar conta das unidades usadas. Se as cargas são dadas em unidades eletrostáticas CGS de carga elétrica e as distâncias que as separam em cm, faz-se k = 1 e a força será expressa em dine.

No Sistema Internacional de Unidades (SI), as cargas são dadas em Coulomb (= 2,998x 10^9 u.e. CGS) e as distâncias em metro, resultando a força expressa em newton (= 10^5 dine) e a constante $k = 1/(4\pi\varepsilon_o) = 8{,}998x\ 10^9\ N.m^2/C^2$. ε_o = permissividade do vácuo. k, assim expressa, é uma constante universal.

É interessante chamar a atenção para o seguinte: a interação de um par de cargas fixas não é influenciada pela presença de outras cargas, sendo sempre válida a lei de Coulomb. As forças entre as várias cargas fixas terão uma resultante que pode ser obtida pela soma dos respectivos vetores (princípio da superposição)

II.1.1 Cargas em meio material

Se as cargas elétricas, em lugar de estarem no vácuo, estão em um meio material, a equação (AII-1) deve ser escrita como

$$F_2 = k\ q_1 q_2 \mathbf{r_{21}} / (\varepsilon\ r_{21}{}^2), \qquad \text{(AII-2)}$$

onde ε é a chamada constante dielétrica, que dá conta da influência do meio material sobre a interação das cargas consideradas; é um número puro, tendose $\varepsilon = 1$ para o vácuo e $\varepsilon > 1$, em meio material ordinário.

A água líquida tem uma alta constante dielétrica, $\varepsilon \approx 80$ (à temperatura ordinária), disto decorrendo seu forte poder ionogênico, isto é, sua alta capacidade de separar e manter íons separados.

II.1.2 Distribuição contínua de cargas

Cargas elétricas são, essencialmente, grandezas discretas. Com a particular exceção dos quarks, as cargas elétricas na natureza consistem, em magnitude, de um número inteiro de cargas eletrônicas que é sempre conservado. Entretanto, em algumas situações, pode ser conveniente a idealização de uma distribuição contínua de carga elétrica em um dado volume. Nesse caso, podese definir a função densidade de carga, ρ(r). ρ é uma função da posição considerada (**r**, vetor de posição) e tem as dimensões carga/volume. Assim, ρdv é a carga no elemento de volume dv e a carga total no volume v será dada pela soma abrangendo todo o volume:

$$q_v = \int \rho\ dv. \qquad \text{(AII-3)}$$

II.2 Campo elétrico

Uma carga elétrica perturba todo o espaço que lhe circunda. O campo elétrico expressa essa perturbação. Cargas elétricas interagem por meio dos campos elétricos por elas gerados. É o campo elétrico que exerce uma força sobre uma partícula carregada. Partículas carregadas não agem direta e instantaneamente entre si, mas sim por meio de seus campos elétricos, os quais propagam suas perturbações com a velocidade da luz.

Suponhamos que o campo elétrico seja gerado por N cargas, q_1, q_2, ... q_N (cargas-fonte) e que uma carga-teste q_o seja colocada em uma posição A(**r**) do campo. Em A, q_o sofrerá por parte do campo uma força $\mathbf{F}_A$, a qual, no vácuo, é dada por

$$\mathbf{F}_A = \sum_{j=1}^{N} q_o q_j \, \mathbf{r}_{oj} / r_{oj}^2, \qquad \text{(AII-4)}$$

segundo a lei de Coulomb.

O campo elétrico em A, E_A, é dado por

$$\mathbf{E}_A = \mathbf{F}_A/\mathbf{q}_o = \sum_{j=1}^{N} q_j \, \mathbf{r}_{oj} / r_{oj}^2. \qquad \text{(AII-5)}$$

No sistema eletrostático CGS de unidades, o campo elétrico é expresso em dine/u.e. e, no SI, em newton/coulomb.

II.2.1 Linhas de força

O conceito de linha de força (Faraday) prevê uma maneira conveniente de visualizar a forma e a intensidade de um campo elétrico.

As linhas de força são imaginárias e traçadas de tal modo que seu número por meio de uma seção transversal de área unitária indica a intensidade do campo, cuja direção, em um dado ponto, é dada pela tangente à linha de força nesse ponto.

II.3 Energia de um sistema de cargas

Sejam as cargas q_1 e q_2 inicialmente separadas entre si por uma distância $r_{21} \rightarrow \infty$, podendo ser considerada nula, assim, a interação entre elas, $F_{21} \rightarrow 0$.

Procuremos trazer q_2 da infinidade até a distância r_{21} de q_1. Para um deslocamento dr, o trabalho realizado é dado por

$$dW = -F_2\, dr = -q_1 q_2\, dr/r^2 \qquad \text{(AII-6)}$$

e, por integração de ∞ a r_{21} e considerando as cargas constantes, tem-se

$$W_r = -qq \int r_{21}^{-2} dr = q_1 q_2 / r_{21}. \qquad \text{(AII-7)}$$

W_r dá o trabalho para trazer q_2 da infinidade à distância r_{21} de q_1, o que corresponde à energia potencial do sistema, E_P.

Se as cargas têm o mesmo sinal, tem-se $W_r > 0$, ou seja, trabalho terá de ser realizado sobre o sistema, para vencer a repulsão e trazer q_2 à distância desejada de q_1.

Para um sistema de várias cargas, a energia potencial total será dada pela soma de todas as energias potenciais dos diferentes pares de cargas:

$$E_P = (1/2) \sum_{I=1}^{N} \sum_{j \neq i} q_i q_j / r_{ij} \qquad \text{(AII-8)}$$

onde o coeficiente numérico ½ serve para corrigir o fato do cálculo ser executado duas vezes para cada par de cargas; r_{ij} = distância entre as cargas.

Se as cargas estão em um meio de constante dielétrica ε, esta constante deve ser levada em conta. E_P é a energia exigida para a montagem do sistema de cargas.

II.4 Potencial elétrico

Sejam as cargas q_i e q_j em uma distribuição de N cargas. A energia potencial E_{Pij} do sistema de duas cargas é dada por

$$E_{Pij} = q_i\, q_j \,/\, r_{ij}. \qquad \text{(AII-9)}$$

Dividindo (AII-10) por q_j, tem-se

$$\Psi_{ri} = E_{Pi} = q_i \,/\, r, \qquad \text{(AII-10)}$$

onde Ψ_{ri} define o potencial elétrico criado pela carga q_i a uma distância r da carga. Podemos dizer que Ψ_{ri} corresponde ao trabalho a ser feito para transportar a unidade de carga positiva da infinidade à distância r de q_i.

A energia potencial de uma carga q colocada à distância r de q_i é dada por $q\,\Psi_{ri}$.

II.4.1 Relação entre campo e potencial

O campo elétrico criado pela carga q é dado por

$$\mathbf{E} = q\,\mathbf{r} \,/\, r^2 \qquad \text{(AII-11)}$$

em ponto definido pelo vetor de posição r, cuja direção é dada pelo vetor unitário r.

A partir de (AII-10) e (AII- 11), vemos que a grandeza do campo está relacionada ao potencial elétrico por

$$E = \Psi \,/\, r. \qquad \text{(AII-12)}$$

Em termos mais gerais, tem-se

$$E = - d\Psi/dr = - \text{grad}\ \Psi \qquad \text{(AII-13)}$$

desde que a força é dada pelo gradiente negativo da energia potencial.

II.4.2 Campo e potencial em uma distribuição de carga sobre uma superfície esférica

Suponha-se uma distribuição uniforme de carga de densidade σ, sobre a superfície de uma esfera de raio r_o (Figura AII.1). A carga total Q, sobre toda a superfície, é dada por

$$Q = 4\pi\, r_o^{\,2}.$$

O potencial Ψ, a uma distância r do centro da esfera, mas fora da esfera, é expresso por

$$\Psi_{fora} = Q/r$$

e, dentro da esfera,

$$\Psi_{dentro} = Q/r_o,$$

que é constante.

A intensidade do campo elétrico fora da esfera, mas sobre a esfera, é dada por

$$E_{fora} = \Psi_{fora}/r_o = Q/\, r_o^{\,2} = 4\pi\sigma \qquad \text{(AII-14)}$$

E, dentro da esfera, $E_{dentro} = \text{-grad}\ \Psi_{dentro} = 0$, desde que $\Psi_{dentro} =$ constante. Assim, dentro da esfera, o potencial é constante e o campo elétrico é nulo. (Figura AII.1).

II.5 Fluxo de um campo elétrico

Seja uma distribuição contínua de cargas de densidade ρ (carga/-volume), em um volume V delimitado por uma superfície S. O fluxo de campo elétrico passando através de toda a superfície S é dado por

$$\Phi = \int_S \mathbf{E.dS}. \qquad \text{(AII-15)}$$

O fluxo de um campo elétrico é definido como o número de linhas de força que passa normalmente por meio de uma superfície.

Pelo teorema de Gauss (teorema da divergência) (Apêndice I), tem-se

$$\Phi = \int_S \mathbf{E.dS} = \int_V \nabla.\ \mathbf{E}dv \qquad \text{(AII-16)}$$

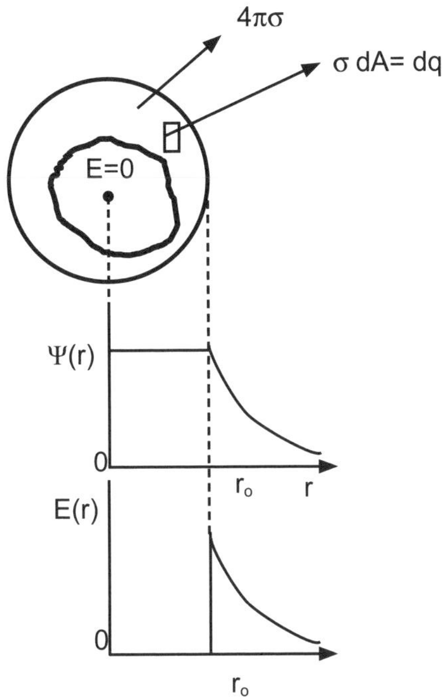

Figura AII.1 – **Distribuição de carga sobre uma superfície esférica (redesenhada de Berkeley Physics Course, v. 2)**

Pela lei de Gauss, tem-se

$$\Phi = \int_S \mathbf{E.dS} = 4\pi \int_V \rho \, dv = 4\pi Q, \qquad \text{(AII-17)}$$

Onde Q = carga total, no volume V.
Comparando (AII-16) e (AII-17), obtém-se

$$\nabla . \mathbf{E} = 4\pi \rho. \qquad \text{(AII-18)}$$

Assim, a divergência do campo elétrico **E** é igual a 4π vezes a densidade de carga ρ.

Para uma carga q, o campo elétrico constante a uma distância r pode ser obtido como

$$\int_S \mathbf{E.dS} = E \int_S dS = 4\pi r^3 E = 4\pi q$$

e

$$E = q/ r^2$$

como já foi visto anteriormente.

II.6 Equação de Poisson

A partir de (AII-13), obtém-se

$$\nabla . \mathbf{E} = - \nabla . \nabla \Psi = - \nabla^2 \Psi . \qquad \text{(AII-19)}$$

(Para os operadores diferenciais, veja o Apêndice I.)

A partir da lei de Gauss, em forma diferencial, tem-se

$$\nabla . \mathbf{E} = 4\pi \rho \qquad \text{(AII-20)}$$

e, desde que $E = -\nabla \Psi$, obtém-se

$$\nabla . \nabla \Psi = \nabla^2 \Psi = -4 \pi \rho , \qquad \text{(AII-21)}$$

que é a equação de Poisson, da qual a equação de Coulomb pode mostrar-se ser um caso particular.

II.7 Equação de Laplace

Para $\rho = 0$, isto é, não havendo cargas elétricas no espaço considerado, tem-se, a partir de (AII-21),

$$\nabla^2 \Psi = 0, \qquad \text{(AII-22)}$$

ou seja, o laplaciano do potencial elétrico deve ser nulo.

A equação de Laplace (AII-22) é satisfeita por funções harmônicas, as quais têm algumas propriedades notáveis.

II.8 Dipolo elétrico

Seja o sistema de duas cargas + q_1 e – q_2 separadas pela distância l, como mostra a Figura AII.2. É o que se chama de dipolo elétrico, em um exemplo simples. Se as cargas são permanentes, o dipolo é chamado de permanente, não dependendo da ação de outras cargas. O dipolo, em suas ações, funciona como uma entidade única, que age pelo seu momento, **μ**, o qual é um vetor cuja grandeza é dada por

$$\mu = q\, l \qquad \text{(AII-23)}$$

e que aponta, pela convenção aqui adotada, da carga negativa para a positiva, sendo paralelo à linha de união das cargas. É óbvio que, se l = 0, isto é, se as cargas coincidem, o momento dipolar é nulo. O momento dipolar é expresso em unidades de *debye* (nome dado em homenagem a Peter Debye):

$$\text{debye (D)} = 10^{-10}\ \text{u.e.} \times 10^{-8}\ \text{cm} = 10^{-18}\text{u.e.} \times \text{cm}.$$

Assim, o sistema de um elétron ($-4{,}8 \times 10^{-10}$ u.e.CGS) separado de um próton ($+4{,}8 \times 10^{-10}$u.e.CGS) por 1Å forma um dipolo com μ = 4,8 D.

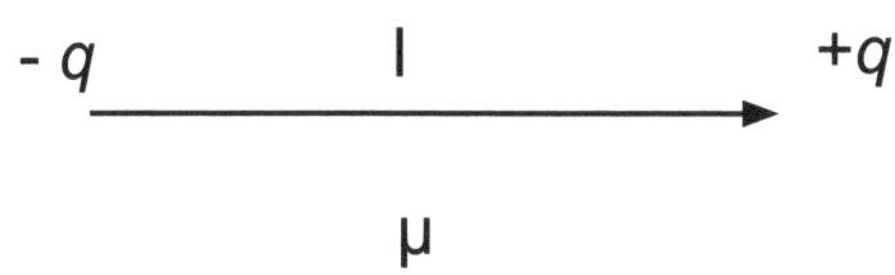

Figura AII.2 – **Dipolo elétrico: duas cargas iguais e de sinais opostos separadas pela distância l. μ: vetor momento dipolar**

II.8.1 Potencial elétrico de um dipolo

Seja um dipolo e achemos o potencial elétrico Ψ_P por ele criado no ponto P (Figura AII.2). Sejam r_-, r_+, r são as distâncias de -q, +q e do centro do dipolo (na origem) ao ponto P, respectivamente.

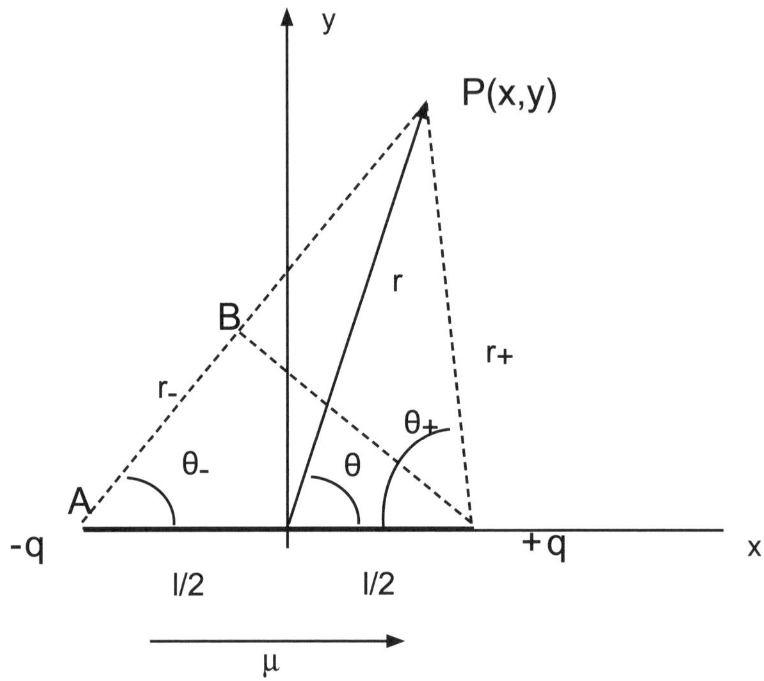

Figura AII.3 – **Potencial elétrico criado por um dipolo em um ponto P**

O potencial elétrico Ψ_P será dado por

$$\Psi_P = \Psi_+ + \Psi_- = q\ (\ 1/r_+ - 1/r_-\ ) = q\ [\ (\ r_+ - r_-\ )/r_+\ r_-].\qquad \text{(AII-24)}$$

A expressão (AII-24) é exata para Ψ_P. Se, entretanto, r >> l., isto é, para o caso do ponto P estar muito afastado do dipolo, aproximações justificáveis podem ser feitas. Assim, tirando-se uma perpendicular de +q a r, tem-se o triângulo formado pelas posições de -q, B, +q e, então,

$$AB = l\ \cos\theta = r_- - r_+.\qquad \text{(AII-25)}$$

Desde que se admite r >> l, tem-se $r \approx r_+ \approx r_-$, $r_+\ r_- = r^2$ e $\theta = \theta_-$. o que nos permite ter

$$\Psi_P = q\ l\ (\ \cos\theta\ /r^2\ ) = \mu\ \text{cós}\ /\ r^2.\qquad \text{(AII-26)}$$

II.8.2 Campo elétrico do dipolo

A partir da expressão para Ψ_P em (AII- 24), podemos deduzir a expressão para o campo elétrico E(P) criado pelo dipolo no ponto P.

Em termos de coordenadas x, y de P, tem-se

$$r^2 = x^2 + y^2 \qquad \text{(AII-27)}$$

e

$$\text{cós} = x/y = x / [(x^2 + y^2)^{1/2}]. \qquad \text{(AII-28)}$$

O vetor campo elétrico **E**(P), no ponto P, é dado pela soma de suas componentes, segundo as direções dos eixos x, y:

$$E(P) = E_x + E_y \qquad \text{(AII-29)}$$

$$E(P)^2 = E_x^2 + E_y^2 \qquad \text{(AII-30)}$$

$$E_x = -\,\partial\Psi_P/\partial x,\ E_y = -\,\partial\Psi_P/\partial y. \qquad \text{(AII-31)}$$

II.8.3 Dipolo em um campo elétrico

Dipolos são influenciados por campos elétricos onde estão imersos.

A seguir, veremos como se comportam dipolos em um campo elétrico.

1 – Dipolo em um campo elétrico uniforme

Um campo elétrico uniforme tem a mesma direção e intensidade em qualquer de seus pontos. Campos elétricos podem ser visualizados por suas linhas de força, isto é, trajetórias de cargas positivas sob a influência do campo. Em campos uniformes, essas linhas de força são paralelas e igualmente espaçadas.

Os efeitos de um campo elétrico sobre um dipolo são considerados sobre cada uma de suas cargas e, então, somados para que se tenha o efeito resultante sobre o dipolo.

Consideremos, como mostra a Figura AII.4, um dipolo em um campo elétrico uniforme e costante E.

Atuando sobre +q, E cria uma força F_+; agindo sobre -q, E gera a força F_-, tendo-se $F_+ = -F_- = qE$. As grandezas dessas forças são dadas por $F_+ = F_- = qE$.

Desde que | +q | = | -q | = q = constante e E = constante, F_+ e F_- são constantes.

F_+ e F_-, por suas respectivas componentes perpendiculares à linha do dipolo,

$$\mathbf{F}_+^{\perp} = \mathbf{F}_+ \operatorname{sen}\theta, \mathbf{F}_-^{\perp} = \mathbf{F}_- \operatorname{sen}\theta, \qquad \text{(AII-32)}$$

As quais formam um conjugado (forças paralelas, iguais e opostas) que tende a rotar o dipolo, alinhando-o com o campo **E**.

As componentes paralelas à linha do dipolo são iguais e opostas (não mostradas na Figura AII.4), não influenciam a rotação da dipolo.

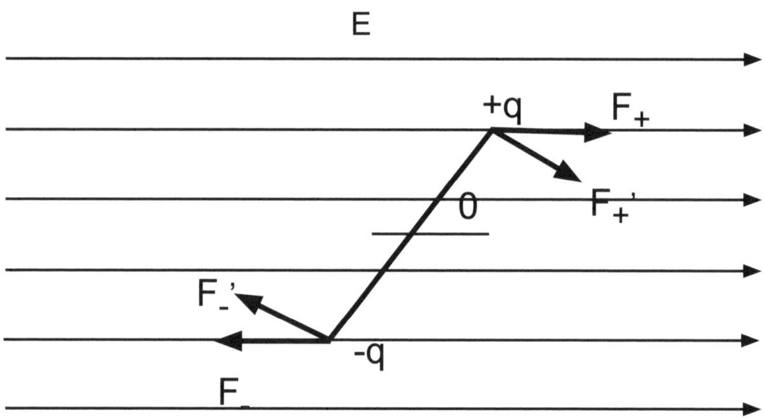

Figura AII.4 – **Dipolo permanente em um campo elétrico uniforme**

Da mecânica clássica, sabe-se que uma força **F**, atuando sobre um móvel capaz de rotar, causa um torque dado pelo produto vetorial:

$$\Gamma = L \times F, . \qquad \text{(AII-33)}$$

onde Γ é o torque e L é o raio vetor a partir do centro de rotação.

No caso do dipolo representado na Figura AII.3, o torque total é a soma dos torques causados pelas componentes normais dadas em (AII-32).

No caso do dipolo representado na figura Figura AII.3, o torque total é a soma dos torques causados pelas componentes perpendiculares dadas em (AII-32). Então, tem-se

$$\Gamma = 2\, F(l/2) \operatorname{sen}\theta. \qquad \text{(AII-34)}$$

Desde que F = qE e μ = ql, tem-se

$$\Gamma = qEl\ \text{sen}\theta = \mu E\ \text{sen}\theta, \qquad \text{(AII-35)}$$

ou, ainda, usando o simbolismo vetorial,

$$\mathbf{\Gamma} = \mathbf{\mu} \times \mathbf{F}. \qquad \text{(AII-36)}$$

II.8.4 Trabalho realizado pelo campo para rotar um dipolo

A rotação de um dipolo exige energia ou realização de trabalho pelo campo elétrico.

Sendo Γ a magnitude do torque e o deslocamento angular do dipolo d, o trabalho elementar é dado por

$$dW = \Gamma\ d\theta. \qquad \text{(AII-37)}$$

Vemos que esta expressão tem a forma análoga à do trabalho elementar em um deslocamento linear, com o torque correspondendo à força e o deslocamento angular ao linear.

O trabalho total, para um deslocamento angular de θ_1 a θ_2, é obtido pela soma dos trabalhos elementares entre esses limites:

$$W_{\theta 1 \to \theta 2} = \int_{\theta_1}^{\theta_2} \Gamma\ d\theta. \qquad \text{(AII-38)}$$

Entrando com (AII-35) em (AII-38), tem-se

$$W_{\theta 1 \to \theta 2} = \mu E \int_{\theta_1}^{\theta_2} \text{sen}\theta\ d\theta = -\ \mu E\ (\ \text{cós}\theta_2 - \cos\theta_1\ ). \qquad \text{(AII-39)}$$

Fazendo $\theta_1 = \pi/2$ como posição de referência (dipolo perpendicular às linhas do campo), a expressão (AII-39) pode ser escrita como

$$E_P = W_\theta = -\mu E \cos\theta, \qquad \text{(AII-40)}$$

onde E_P = energia potencial.

Assim, quando o dipolo é perpendicular ao campo, tem-se $E_P = W_{\pi/2} = 0$. Se $\theta = 0$, isto é, o dipolo tem a mesma direção do campo,

$$E_P = W_{\pi=0} = -\mu E = -\boldsymbol{\mu} \cdot \mathbf{E}, \qquad \text{(AII-41)}$$

ou seja, a energia potencial dada pelo produto escalar negativo do vetor momento dipolar pelo vetor campo elétrico.

Para o alinhamento máximo do dipolo com o campo. $\theta = 0$, tem-se o maior decréscimo na energia potencial.

A posição do dipolo perpendicular ao campo é a de um equilíbrio instável. Qualquer deslocamento do dipolo, diminuindo θ, tende a alinhá-lo com o campo, onde a energia potencial é mínima.

Se o dipolo é diametralmente oposto ao campo, $\theta = \pi$ e $E_P = +\mu E$.

II.8.5 Dipolo em um campo elétrico não uniforme

Vejamos, agora, a interação de um dipolo e um campo elétrico que não nais pode ser considerado como uniforme e constante ao longo do comprimento do dipolo. A intensidade do campo elétrico **E** é dependente da distância, aumentando fortemente na direção do eixo- x.

Suponha-se a carga -q do dipolo, na posição x; a carga +q estará em x + l, sendo l o comprimento do dipolo. As intensidades das forças elétricas sobre -q e +q são dadas por

$$F_- = -q\, E(x) \qquad \text{(AII-42)}$$

e

$$F_+ = +q\, E(x) = q\,[E(x) + l\, dE(x)/dx]. \qquad \text{(AII-43)}$$

Vê-se, então, que, em virtude da variação de E com x, se tem

$$|\, F_- \,| \neq |\, F_+ \,|.$$

No caso de um campo muito forte, o dipolo resulta bem alinhado a ele. Somando as forças elétricas, tem-se a força resultante sobre o dipolo:

$$F = F_- + F_+ = ql\ dE/dx = \mu\ dE/dx = \mu\ grad_x E. \qquad \text{(AII-44)}$$

F deslocará linearmente (translação) o dipolo na direção em que o campo aumenta.

É interessante notar que, apesar do dipolo ter uma carga líquida nula, ele é deslocado pelo campo elétrico como uma entidade única, mesmo sendo um sistema de duas cargas.

II.8.6 Dipolo de uma distribuição contínua de cargas (dipolo generalizado)

O dipolo geral de uma distribuição de N cargas é definido pela expressão

$$\boldsymbol{\mu} = \sum_{i}^{N} q_i\, \mathbf{r}_i, \qquad \text{(AII-45)}$$

onde q_i são cargas elétricas e r_i são os respectivos raios vetores.

Se a distribuição de cargas for contínua, tem-se

$$\mu = \int_{\mathbf{V}} \boldsymbol{\rho}(\mathbf{r})\ dv, \qquad \text{(AII-46)}$$

onde ρ(**r**) é a densidade de carga na posição dada por r e a soma abrange todo o volume V.

II.8.7 Quadrupolo

Dois dipolos agrupados de tal modo que o momento dipolar e a carga total do conjunto são nulos constituem um quadrupolo.

As interações eletrostáticas de quadrupolos são mais fracas do que as dos dipolos e são levadas em conta somente em casos de computação de alta precisão.

Enquanto o potencial gerado por uma carga varia com r^{-1} e o de um dipolo com r^{-2}, o potencial de um quadrupolo varia com r^{-3}. Assim, os efeitos eletrostáticos de um quadrupolo atenuam-se mais fortemente com a distância do que no caso de cargas e dipolos.

Somente o conhecimento da carga líquida (monopolo) de uma molécula é insuficiente para caracterizar a distribuição de suas cargas. O conhecimento de dipolos, quadrupolos, hexapolos, etc. contribui para melhor caracterização das distribuições de carga, as quais são de significação funcional em biomoléculas.

II.9 Polarizabilidade e polarização. Dipolos induzidos

A distorção ou distribuição eletrônica de moléculas, quando sob a ação de um campo elétrico, é chamada de polarizabilidade. Maior a polarizabilidade, mais facilmente será distorcida a distribuição de carga eletrônica da molécula. Algumas moléculas são mais polarizáveis do que outras. Como resultado dessa distorção, os centros das cargas negativas e positivas são afastados um do outro, fazendo surgir um dipolo induzido, o qual existe enquanto permanecer a ação do campo. Um dipolo induzido é caracterizado por seu momento dipolar, $\boldsymbol{\mu}_{ind}$, o qual se anula por supressão do campo.

O momento dipolar induzido médio de um meio é expresso por

$$\boldsymbol{\mu}_{ind(méd)} = \alpha \mathbf{E}, \qquad \text{(AII-47)}$$

onde α = polarizabilidade e **E** representa o campo elétrico, aqui considerado uniforme e constante.

No caso de um meio isotrópico, o qual não tem propriedades direcionais, α é uma constante e o vetor do momento dipolar induzido é paralelo ao campo. α tem as dimensões de um volume. Polarizabilidade α e constante dielétrica (permissividade relativa) são grandezas relacionadas.

Em meio anisotrópico (que apresenta direcionalidade em suas propriedades), a polarizabilidade assume a natureza de um tensor, o qual, geralmente, tem 3x3 componentes, não mais sendo adequado expressá-la por um escalar.

A polarizabilidade é dada pela soma de dois termos:

$$\alpha = \alpha_{perm} + \alpha_{ind}, \qquad \text{(AII-48)}$$

onde α_{perm} representa a contribuição que resulta da contribuição da orientação dos dipolos permanentes e α_{ind} corresponde à contribuição dos dipolos induzidos pelo campo.

Em ausência de dipolos permanentes tem-se $\alpha = \alpha_{ind}$, isto é, a polarizabilidade reduz-se à contribuição dos dipolos induzidos. Quando existem dipolos permanentes na molécula considerada, α_{perm} faz a maior contribuição.

II.9.1 Vetor de polarização

Consideremos um meio dielétrico (um meio com cargas localizadas e relativamente não deslocáveis) em que não ocorram dipolos permanentes e apliquemos um campo elétrico uniforme e constante **E**. Para cada unidade estrutural (átomo ou molécula), o campo promove a separação dos centros de cargas negativas e positivas, O_- e O_+, os quais são separados por uma distância l. Se Λ é o número de unidades estruturais por unidade de volume, o vetor de polarização **P** é dado por

$$\mathbf{P} = \Lambda\, q\, \mathbf{l}, \tag{AII-49}$$

onde $q = |q_-| = |q_+|$ = carga elétrica para cada átomo ou molécula.

O momento dipolar induzido é expresso por

$$\boldsymbol{\mu}_{ind} = q\, \mathbf{l}. \tag{AII-50}$$

Levando (AII-51) a (AII-50), tem-se

$$\mathbf{P} = \sum_{I} \Lambda_i\, \boldsymbol{\mu}_{ind,i,} \tag{AII-51}$$

onde Λ_i é o número de dipolos induzidos por unidade de volume.

O vetor de polarização, **P**, é assim definido pelo momento dipolar induzido médio por unidade de volume, sendo, portanto, uma propriedade macroscópica.

II.10 Campo local

Até agora, foi admitido, apesar de não declaradamente, que o campo aplicado a um meio dielétrico é igual ao campo experimentado pelas unidades estruturais desse meio. Entretanto, isto nem sempre é verdadeiro. Se é justificável para meios gasosos, onde as moléculas estão a distâncias relativamente grandes a suas dimensões, isso não ocorre no caso de líquidos e sólidos, onde essas distâncias são pequenas. Nesse caso, a polarização de moléculas e átomos vizinhos pode afetar o campo elétrico "sentido" pelas moléculas individuais, principalmente se ocorrem fortes interações estruturais.

O campo alterado, chamado de campo local, é expresso por

$$\mathbf{E}_{local} = \mathbf{E}_o + \mathbf{E}_1, \qquad \text{(AII-52)}$$

onde $\mathbf{E}_0$ é o campo externo aplicado e $\mathbf{E}_1$ é o campo gerado pela polarização de unidades estruturais mais próximas, que altera o campo original.

É realmente o campo local $\mathbf{E}_{local}$ que afeta cada molécula e que determina a extensão em que é polarizada e, assim, como afeta a constante dielétrica.

II.11 A abordagem de Lorentz

Considere-se um dielétrico ao qual é aplicado um campo elétrico externo e uniforme. Tomemos um ponto determinado nesse meio e centrada nele uma esfera que, apesar de pequena, é suficiente para conter um grande número de unidades estruturais (átomos ou moléculas).

O campo atuando nesse ponto, o campo local, é admitido ser a soma de três contribuições:

$$\mathbf{E}_{local} = \mathbf{E}_o + \mathbf{E}_{polar} + \mathbf{E}_L, \qquad \text{(AII-53)}$$

onde $\mathbf{E}_o$ = campo aplicado, $\mathbf{E}_{pola}$ = campo de polarização devido a dipolos induzidos fora da esfera de Lorentz e $\mathbf{E}_L$ = campo dentro da esfera L, o qual é admitido nulo. Lorentz mostrou que

$$\mathbf{E}_{polar} = -\,(4/3)\,\pi\,\mathbf{P} \qquad \text{(AII-54)}$$

Onde P é o vetor de polarização, já definido.

Finalmente, tem-se

$$\mathbf{E}_{local} = \mathbf{E}_o - (4/3)\,\pi\,\mathbf{P} \qquad \text{(AII-55)}$$

para a expressão do campo local.

II.12 Trabalho de polarização

Deslocamento ou distorção de elétrons e orientação de dipolos requerem realização de trabalho.

Suponha-se uma carga q a ser formada de um valor inicial q = 0 a um valor final q_f e que esteja na vizinhança de uma unidade polarizável ou em um meio dielétrico macroscópico.

A carga q gera um potencial que lhe é proporcional:

$$\Psi = C\,q. \qquad \text{(AII-56)}$$

Para a formação da carga, de q = 0 a q_f, o trabalho a ser realizado é dado por

$$W_1 = \int_0^{q_f} \Psi\,dq = (C/2)\,q_f^2 = (1/2)\Psi_f\,q_f < 0. \qquad \text{(AII-57)}$$

W_1 terá de ser despendido para levar a carga de q = 0 a q_f.

A seguir, vamos trazer de volta a carga q_f a q = 0, mas mantendo Ψ_f constante, isto é, a carga é reduzida a zero mas a polarização é mantida. Então, tem-se

$$W_2 = \int_{q_f}^{0} \Psi_f\,dq = -\,\Psi_f\,q_f > 0. \qquad \text{(AII-58)}$$

Por fim, fechemos o ciclo, retornando à etapa inicial, tendo-se

$$W_1 + W_2 + W_3 = 0, \quad \text{(AII-59)}$$

onde

$$W_3 = -(1/2)\,\Psi_f\, q_f. \quad \text{(AII-60)}$$

Referências

DAUNE, M. *Molecular biophysics*: structures in motion. Great Britain: Oxford University Press, 2004.

FEYNMAN, R. P.; LEIGHTON, R. B.; SANDS, M. *The Feynman lectures on physics.* Redwood City, CA: Addison-Wesley, 1977. Volume II.

GABLER, R. *Electrical interactions in molecular biophysics*: an introduction New York: Academic Press, 1978.

PURCELL, E. M. *Electricity and magnetism*. volume 2. Berkeley Physics Course. New York: McGraw-Hill Book Company, 1965.

Este livro foi composto em Minion 11/15
no formato 155 x 225 mm e impresso no sistema off-set sobre
papel AP 75 g/m^2, com capa em papel
Cartão Supremo 250 g/m^2.